石墨烯超级电容器

国家出版基金项目
NATIONAL PUBLICATION FOUNDATION

"十三五"国家重点
出版物出版规划项目

战 略 前 沿 新 材 料
——石墨烯出版工程
丛书总主编 刘忠范

阮殿波 著

Graphene Supercapacitor

GRAPHENE

09

华东理工大学出版社
EAST CHINA UNIVERSITY OF SCIENCE AND TECHNOLOGY PRESS

·上海·

上海高校服务国家重大战略出版工程资助项目

图书在版编目(CIP)数据

石墨烯超级电容器/阮殿波著.—上海：华东理
工大学出版社,2020.5

战略前沿新材料——石墨烯出版工程/刘忠范总主编
ISBN 978-7-5628-5981-9

Ⅰ.①石… Ⅱ.①阮… Ⅲ.①石墨－纳米材料－电容
器－研究 Ⅳ.①TM53

中国版本图书馆 CIP 数据核字(2020)第 045740 号

内容提要

本书总结了近年来石墨烯在超级电容器领域的理论研究与实际应用,包括石
墨烯基赝电容、石墨烯混合型超级电容器、石墨烯超级电容器工程化技术,石墨烯
超级电容的应用、石墨烯在双电层电容器中的应用,以及石墨烯超级电容器专利
分析等内容。

本书可供从事超级电容器材料研究的科技工作者使用,也可作为高等院校相
关专业的参考用书。

项目统筹 / 周永斌　马夫娇
责任编辑 / 李佳慧
装帧设计 / 周伟伟
出版发行 / 华东理工大学出版社有限公司
　　　　　　地址：上海市梅陇路 130 号,200237
　　　　　　电话：021－64250306
　　　　　　网址：www.ecustpress.cn
　　　　　　邮箱：zongbianban@ecustpress.cn
印　　刷 / 上海雅昌艺术印刷有限公司
开　　本 / 710 mm×1000 mm　1/16
印　　张 / 26.25
字　　数 / 443 千字
版　　次 / 2020 年 5 月第 1 版
印　　次 / 2020 年 5 月第 1 次
定　　价 / 298.00 元

总序 一

2004 年，英国曼彻斯特大学物理学家安德烈·海姆（Andre Geim）和康斯坦丁·诺沃肖洛夫（Konstantin Novoselov）用透明胶带剥离法成功地从石墨中剥离出石墨烯，并表征了它的性质。仅过了六年，这两位师徒科学家就因"研究二维材料石墨烯的开创性实验"荣摘 2010 年诺贝尔物理学奖，这在诺贝尔授奖史上是比较迅速的。他们向世界展示了量子物理学的奇妙，他们的研究成果不仅引发了一场电子材料革命，而且还将极大地促进汽车、飞机和航天工业等的发展。

从零维的富勒烯、一维的碳纳米管，到二维的石墨烯及三维的石墨和金刚石，石墨烯的发现使碳材料家族变得更趋完整。作为一种新型二维纳米碳材料，石墨烯自诞生之日起就备受瞩目，并迅速吸引了世界范围内的广泛关注，激发了广大科研人员的研究兴趣。被誉为"新材料之王"的石墨烯，是目前已知最薄、最坚硬、导电性和导热性最好的材料，其优异性能一方面激发人们的研究热情，另一方面也掀起了应用开发和产业化的浪潮。石墨烯在复合材料、储能、导电油墨、智能涂料、可穿戴设备、新能源汽车、橡胶和大健康产业等方面有着广泛的应用前景。在当前新一轮产业升级和科技革命大背景下，新材料产业必将成为未来高新技术产业发展的基石和先导，从而对全球经济、科技、环境等各个领域的发展产生深刻影响。中国是石墨资源大国,也是石墨烯研究和应用开发最活跃的国家,已成为全球石墨烯行业发展最强有力的推动力量,在全球石墨烯市场上占据主导地位。

　　作为21世纪的战略性前沿新材料,石墨烯在中国经过十余年的发展,无论在科学研究还是产业化方面都取得了可喜的成绩,但与此同时也面临一些瓶颈和挑战。如何实现石墨烯的可控、宏量制备,如何开发石墨烯的功能和拓展其应用领域,是我国石墨烯产业发展面临的共性问题和关键科学问题。在这一形势背景下,为了推动我国石墨烯新材料的理论基础研究和产业应用水平提升到一个新的高度,完善石墨烯产业发展体系及在多领域实现规模化应用,促进我国石墨烯科学技术领域研究体系建设、学科发展及专业人才队伍建设和人才培养,一套大部头的精品力作诞生了。北京石墨烯研究院院长、北京大学教授刘忠范院士领衔策划了这套"战略前沿新材料——石墨烯出版工程",共22分册,从石墨烯的基本性质与表征技术、石墨烯的制备技术和计量标准、石墨烯的分类应用、石墨烯的发展现状报告和石墨烯科普知识等五大部分系统梳理石墨烯全产业链知识。丛书内容设置点面结合、布局合理,编写思路清晰、重点明确,以期探索石墨烯基础研究新高地、追踪石墨烯行业发展、反映石墨烯领域重大创新、展现石墨烯领域自主知识产权成果,为我国战略前沿新材料重大规划提供决策参考。

　　参与这套丛书策划及编写工作的专家、学者来自国内二十余所高校、科研院所及相关企业,他们站在国家高度和学术前沿,以严谨的治学精神对石墨烯研究成果进行整理、归纳、总结,以出版时代精品作为目标。丛书展示给读者完善的科学理论、精准的文献数据、丰富的实验案例,对石墨烯基础理论研究和产业技术升级具有重要指导意义,并引导广大科技工作者进一步探索、研究,突破更多石墨烯专业技术难题。相信,这套丛书必将成为石墨烯出版领域的标杆。

　　尤其让我感到欣慰和感激的是,这套丛书被列入"十三五"国家重点出版物出版规划,并得到了国家出版基金的大力支持,我要向参与丛书编写工作的所有同仁和华东理工大学出版社表示感谢,正是有了你们在各自专业领域中的倾情奉献和互相配合,才使得这套高水准的学术专著能够顺利出版问世。

最后,作为这套丛书的编委会顾问成员,我在此积极向广大读者推荐这套丛书。

中国科学院院士

刘云圻

2020 年 4 月于中国科学院化学研究所

总序　二

"战略前沿新材料——石墨烯出版工程"：
一套集石墨烯之大成的丛书

2010年10月5日，我在宝岛台湾参加海峡两岸新型碳材料研讨会并作了"石墨烯的制备与应用探索"的大会邀请报告，数小时之后就收到了对每一位从事石墨烯研究与开发的工作者来说都十分激动的消息：2010年度的诺贝尔物理学奖授予英国曼彻斯特大学的 Andre Geim 和 Konstantin Novoselov 教授，以表彰他们在石墨烯领域的开创性实验研究。

碳元素应该是人类已知的最神奇的元素了，我们每个人时时刻刻都离不开它：我们用的燃料全是含碳的物质，吃的多为碳水化合物，呼出的是二氧化碳。不仅如此，在自然界中纯碳主要以两种形式存在：石墨和金刚石，石墨成就了中国书法，而金刚石则是美好爱情与幸福婚姻的象征。自20世纪80年代初以来，碳一次又一次给人类带来惊喜：80年代伊始，科学家们采用化学气相沉积方法在温和的条件下生长出金刚石单晶与薄膜；1985年，英国萨塞克斯大学的 Kroto 与美国莱斯大学的 Smalley 和 Curl 合作，发现了具有完美结构的富勒烯，并于1996年获得了诺贝尔化学奖；1991年，日本 NEC 公司的 Iijima 观察到由碳组成的管状纳米结构并正式提出了碳纳米管的概念，大大推动了纳米科技的发展，并于2008年获得了卡弗里纳米科学奖；2004年，Geim 与当时他的博士研究生 Novoselov 等人采用粘胶带剥离石墨的方法获得了石墨烯材料,迅速激发了科学界的研究热情。事实上,人类对石墨烯结构并不陌生,石墨烯是由单层碳原子构成的二维蜂窝状结构,是构成其他维数形式碳材料的基本单元,因此关于石墨烯结构的工作可追溯到 20 世纪 40 年代的理论研究。1947 年,Wallace 首次计算了石墨烯的电子结构,并且发现其具有奇特的线性色散关系。自此,石墨烯作为理论模型,被广泛用于描述碳材料的结构与性能,但人们尚未把石墨烯本身也作为一种材料来进行研究与开发。

石墨烯材料甫一出现即备受各领域人士关注,迅速成为新材料、凝聚态物理等领域的"高富帅",并超过了碳家族里已很活跃的两个明星材料——富勒烯和碳纳米管,这主要归因于以下三大理由。一是石墨烯的制备方法相对而言非常简单。Geim 等人采用了一种简单、有效的机械剥离方法,用粘胶带撕裂即可从石墨晶体中分离出高质量的多层甚至单层石墨烯。随后科学家们采用类似原理发明了"自上而下"的剥离方法制备石墨烯及其衍生物,如氧化石墨烯;或采用类似制备碳纳米管的化学气相沉积方法"自下而上"生长出单层及多层石墨烯。二是石墨烯具有许多独特、优异的物理、化学性质,如无质量的狄拉克费米子、量子霍尔效应、双极性电场效应、极高的载流子浓度和迁移率、亚微米尺度的弹道输运特性,以及超大比表面积,极高的热导率、透光率、弹性模量和强度。最后,特别是由于石墨烯具有上述众多优异的性质,使它有潜力在信息、能源、航空、航天、可穿戴电子、智慧健康等许多领域获得重要应用,包括但不限于用于新型动力电池、高效散热膜、透明触摸屏、超灵敏传感器、智能玻璃、低损耗光纤、高频晶体管、防弹衣、轻质高强航空航天材料、可穿戴设备,等等。

因其最为简单和完美的二维晶体、无质量的费米子特性、优异的性能和广阔的应用前景,石墨烯给学术界和工业界带来了极大的想象空间,有可能催生许多技术领域的突破。世界主要国家均高度重视发展石墨烯,众多高校、科研机构和公司致力于石墨烯的基础研究及应用开发,期待取得重大的科学突破和市场价值。中国更是不甘人后，是世界上石墨烯研究和应用开发最为活跃的国家，拥有一支非常庞大的石墨烯研究与开发队伍，位居世界第一，没有之一。有关统计数据显示，无论是正式发表的石墨烯相关学术论文的数量、中国申请和授权的石墨烯相关专利的数量，还是中国拥有的从事石墨烯相关的企业数量以及石墨烯产品的规模与种类，都远远超过其他任何一个国家。然而，尽管石墨烯的研究与开发已十六载，我们仍然面临着一系列重要挑战，特别是高质量石墨烯的可控规模制备与不可替代应用的开拓。

十六年来，全世界许多国家在石墨烯领域投入了巨大的人力、物力、财力进行研究、开发和产业化，在制备技术、物性调控、结构构建、应用开拓、分析检测、标准制定等诸多方面都取得了长足的进步，形成了丰富的知识宝库。虽有一些有关石墨烯的中文书籍陆续问世，但尚无人对这一知识宝库进行全面、系统的总结、分析并结集出版，以指导我国石墨烯研究与应用的可持续发展。为此，我国石墨烯研究领域的主要开拓者及我国石墨烯发展的重要推动者、北京大学教授、北京石墨烯研究院创院院长刘忠范院士亲自策划并担任总主编，主持编撰"战略前沿新材料——石墨烯出版工程"这套丛书，实为幸事。该丛书由石墨烯的基本性质与表征技术、石墨烯的制备技术和计量标准、石墨烯的分类应用、石墨烯的发展现状报告、石墨烯科普知识等五大部分共 22 分册构成，由刘忠范院士、张锦院士等一批在石墨烯研究、应用开发、检测与标准、平台建设、产业发展等方面的知名专家执笔撰写，对石墨烯进行了 360°的全面检视，不仅很好地总结了石墨烯领域的国内外最新研究进展，包括作者们多年辛勤耕耘的研究积累与心得，系统介绍了石墨烯这一新材料的产业化现状与发展前景，而且还包括了全球石墨烯产业报告和中国石墨烯产业报告。特别是为了更好地让公众对石墨烯有正确的认识和理解，刘忠范院士还率先垂范，亲自撰写了《有问必答：石墨烯的魅力》这一科普分册，可谓匠心独具、运思良苦，成为该丛书的一大特色。我对他们在百忙之中能够完成这一巨制甚为敬佩，并相信他们的贡献必将对中国乃至世界石墨烯领域的发展起到重要推动作用。

刘忠范院士一直强调"制备决定石墨烯的未来",我在此也呼应一下："石墨烯的未来源于应用"。我衷心期望这套丛书能帮助我们发明、发展出高质量石墨烯的制备技术,帮助我们开拓出石墨烯的"杀手锏"应用领域,经过政产学研用的通力合作,使石墨烯这一结构最为简单但性能最为优异的碳家族的最新成员成为支撑人类发展的神奇材料。

中国科学院院士

成会明,2020 年 4 月于深圳

清华大学,清华－伯克利深圳学院,深圳

中国科学院金属研究所,沈阳材料科学国家研究中心,沈阳

石墨烯超级电容器

丛书前言

石墨烯是碳的同素异形体大家族的又一个传奇,也是当今横跨学术界和产业界的超级明星,几乎到了家喻户晓、妇孺皆知的程度。当然,石墨烯是当之无愧的。作为由单层碳原子构成的蜂窝状二维原子晶体材料,石墨烯拥有无与伦比的特性。理论上讲,它是导电性和导热性最好的材料,也是理想的轻质高强材料。正因如此,一经问世便吸引了全球范围的关注。石墨烯有可能创造一个全新的产业,石墨烯产业将成为未来全球高科技产业竞争的高地,这一点已经成为国内外学术界和产业界的共识。

石墨烯的历史并不长。从 2004 年 10 月 22 日,安德烈·海姆和他的弟子康斯坦丁·诺沃肖洛夫在美国 *Science* 期刊上发表第一篇石墨烯热点文章至今,只有十六个年头。需要指出的是,关于石墨烯的前期研究积淀很多,时间跨度近六十年。因此不能简单地讲,石墨烯是 2004 年发现的、发现者是安德烈·海姆和康斯坦丁·诺沃肖洛夫。但是,两位科学家对"石墨烯热"的开创性贡献是毋庸置疑的,他们首次成功地研究了真正的"石墨烯材料"的独特性质,而且用的是简单的透明胶带剥离法。这种获取石墨烯的实验方法使得更多的科学家有机会开展相关研究,从而引发了持续至今的石墨烯研究热潮。2010 年 10 月 5 日,两位拓荒者荣获诺贝尔物理学奖,距离其发表的第一篇石墨烯论文仅仅六年时间。"构成地球上所有已知生命基础的碳元素,又一次惊动了世界",瑞典皇家科学院当年发表的诺贝尔奖新闻稿如是说。

从科学家手中的实验样品,到走进百姓生活的石墨烯商品,石墨烯新材料产业的前进步伐无疑是史上最快的。欧洲是石墨烯新材料的发祥地,欧洲人也希望成为石墨烯新材料产业的领跑者。一个重要的举措是启动"欧盟石墨烯旗舰计划",从 2013 年起,每年投资一亿欧元,连续十年,通过科学家、工程师和企业家的接力合作,加速石墨烯新材料的产业化进程。英国曼彻斯特大学是石墨烯新材料呱呱坠地的场所,也是世界上最早成立石墨烯专门研究机构的地方。2015 年 3 月,英国国家石墨烯研究院(NGI)在曼彻斯特大学启航;2018 年 12 月,曼彻斯特大学又成立了石墨烯工程创新中心(GEIC)。动作频频,基础与应用并举,矢志充当石墨烯产业的领头羊角色。当然,石墨烯新材料产业的竞争是激烈的,美国和日本不甘其后,韩国和新加坡也是志在必得。据不完全统计,全世界已有 179 个国家或地区加入了石墨烯研究和产业竞争之列。

中国的石墨烯研究起步很早,基本上与世界同步。全国拥有理工科院系的高等院校,绝大多数都或多或少地开展着石墨烯研究。作为科技创新的国家队,中国科学院所辖遍及全国的科研院所也是如此。凭借着全球最大规模的石墨烯研究队伍及其旺盛的创新活力,从 2011 年起,中国学者贡献的石墨烯相关学术论文总数就高居全球榜首,且呈遥遥领先之势。截至 2020 年 3 月,来自中国大陆的石墨烯论文总数为 101 913 篇,全球占比达到 33.2%。需要强调的是,这种领先不仅仅体现在统计数字上,其中不乏创新性和引领性的成果,超洁净石墨烯、超级石墨烯玻璃、烯碳光纤就是典型的例子。

中国对石墨烯产业的关注完全与世界同步,行动上甚至更为迅速。统计数据显示,早在 2010 年,正式工商注册的开展石墨烯相关业务的企业就高达 1 778 家。截至 2020 年 2 月,这个数字跃升到 12 090 家。对石墨烯高新技术产业来说,知识产权的争夺自然是十分激烈的。进入 21 世纪以来,知识产权问题受到国人前所未有的重视,这一点在石墨烯新材料领域得到了充分的体现。截至2018年底,全球石墨烯相关的专利申请总数为69 315件,其中来自中国大陆的专利高达47 397件,占比68.4%,可谓是独占鳌头。因此,从统计数据上看,中国的石墨烯研究与产业化进程无疑是引领世界的。当然,不可否认的是,统计数字只能反映一部分现实,也会掩盖一些重要的"真实",当然这一点不仅仅限于石墨烯新材料领域。

中国的"石墨烯热"已经持续了近十年,甚至到了狂热的程度,这是全球其他国家和地区少见的。尤其在前几年的"石墨烯淘金热"巅峰时期,全国各地争相建设"石墨烯产业园""石墨烯小镇""石墨烯产业创新中心",甚至在乡镇上都建起了石墨烯研究院,可谓是"烯流滚滚",真有点像当年的"大炼钢铁运动"。客观地讲,中国的石墨烯产业推进速度是全球最快的,既有的产业大军规模也是全球最大的,甚至吸引了包括两位石墨烯诺贝尔奖得主在内的众多来自海外的"淘金者"。同样不可否认的是,中国的石墨烯产业发展也存在着一些不健康的因素,一哄而上,遍地开花,导致大量的简单重复建设和低水平竞争。以石墨烯材料生产为例,2018年粉体材料年产能达到5 100吨,CVD薄膜年产能达到650万平方米,比其他国家和地区的总和还多,实际上已经出现了产能过剩问题。2017年1月30日,笔者接受澎湃新闻采访时,明确表达了对中国石墨烯产业发展现状的担忧,随后很快得到习近平总书记的高度关注和批示。有关部门根据习总书记的指示,做了全国范围的石墨烯产业发展现状普查。三年后的现在,应该说情况有所改变,随着人们对石墨烯新材料的认识不断深入,以及从实验室到市场的产业化实践,中国的"石墨烯热"有所降温,人们也渐趋冷静下来。

这套大部头的石墨烯丛书就是在这样一个背景下诞生的。从2004年至今,已经有了近十六年的历史沉淀。无论是石墨烯的基础研究,还是石墨烯材料的产业化实践,人们都有了更多的一手材料,更有可能对石墨烯材料有一个全方位的、科学的、理性的认识。总结历史,是为了更好地走向未来。对于新兴的石墨烯产业来说,这套丛书出版的意义也是不言而喻的。事实上,国内外已经出版了数十部石墨烯相关书籍,其中不乏经典性著作。本丛书的定位有所不同,希望能够全面总结石墨烯相关的知识积累,反映石墨烯领域的国内外最新研究进展,展示石墨烯新材料的产业化现状与发展前景,尤其希望能够充分体现国人对石墨烯领域的贡献。本丛书从策划到完成前后花了近五年时间,堪称马拉松工程,如果没有华东理工大学出版社项目团队的创意、执着和巨大的耐心,这套丛书的问世是不可想象的。他们的不达目的决不罢休的坚持感动了笔者,让笔者承担起了这项光荣而艰巨的任务。而这种执着的精神也贯穿整个丛书编写的始终,融入每位作者的写作行动中,把好质量关,做出精品,留下精品。

本丛书共包括22分册,执笔作者20余位,都是石墨烯领域的权威人物、一线专家或从事石墨烯标准计量工作和产业分析的专家。因此,可以从源头上保障丛书的专业性和权威性。丛书分五大部分,囊括了从石墨烯的基本性质和表征技术,到石墨烯材料的制备方法及其在不同领域的应用,以及石墨烯产品的计量检测标准等全方位的知识总结。同时,两份最新的产业研究报告详细阐述了世界各国的石墨烯产业发展现状和未来发展趋势。除此之外,丛书还为广大石墨烯迷们提供了一份科普读物《有问必答:石墨烯的魅力》,针对广泛征集到的石墨烯相关问题答疑解惑,去伪求真。各分册具体内容和执笔分工如下:01分册,石墨烯的结构与基本性质(刘开辉);02分册,石墨烯表征技术(张锦);03分册,石墨烯材料的拉曼光谱研究(谭平恒);04分册,石墨烯制备技术(彭海琳);05分册,石墨烯的化学气相沉积生长方法(刘忠范);06分册,粉体石墨烯材料的制备方法(李永峰);07分册,石墨烯的质量技术基础:计量(任玲玲);08分册,石墨烯电化学储能技术(杨全红);09分册,石墨烯超级电容器(阮殿波);10分册,石墨烯微电子与光电子器件(陈弘达);11分册,石墨烯透明导电薄膜与柔性光电器件(史浩飞);12分册,石墨烯膜材料与环保应用(朱宏伟);13分册,石墨烯基传感器件(孙立涛);14分册,石墨烯宏观材料及其应用(高超);15分册,石墨烯复合材料(杨程);16分册,石墨烯生物技术(段小洁);17分册,石墨烯化学与组装技术(曲良体);18分册,功能化石墨烯及其复合材料(智林杰);19分册,石墨烯粉体材料:从基础研究到工业应用(侯士峰);20分册,全球石墨烯产业研究报告(李义春);21分册,中国石墨烯产业研究报告(周静);22分册,有问必答:石墨烯的魅力(刘忠范)。

　　本丛书的内容涵盖石墨烯新材料的方方面面,每个分册也相对独立,具有很强的系统性、知识性、专业性和即时性,凝聚着各位作者的研究心得、智慧和心血,供不同需求的广大读者参考使用。希望丛书的出版对中国的石墨烯研究和中国石墨烯产业的健康发展有所助益。借此丛书成稿付梓之际,对各位作者的辛勤付出表示真诚的感谢。同时,对华东理工大学出版社自始至终的全力投入表示崇高的敬意和诚挚的谢意。由于时间、水平等因素所限,丛书难免存在诸多不足,恳请广大读者批评指正。

刘忠范

2020年3月于墨园

前　言

　　材料是科学技术进步的物质基础与先导。现代高技术的发展，更是紧密依赖于材料的发展。一种新材料的突破，无不孕育着一项新技术的诞生，甚至引发一个领域的技术革命。

　　石墨烯是 21 世纪发现的最具颠覆性的新材料之一，具有电子迁移率快、强度高、导电性/导热性佳、透光率高、重量轻等优异特性，在新能源、石油化工、电子信息、复合材料、生物医药和节能环保等传统领域和新兴领域的应用都有望引发相关行业的变革。因此，石墨烯成为引领新一代工业技术革命的战略性前沿新材料，受到了世界各国的高度关注。

　　因其优异的特性，石墨烯在能源存储领域的应用被寄予厚望。超级电容器具有极高的安全性、百万次循环寿命、超大功率特性、高能量转换效率、低温性能好、环境友好，是储能与工业节能的优秀器件。但目前商品化超级电容器的单体容量小、能量密度低，限制了它的大规模应用。基于传统的活性炭基超级电容器能量密度接近极限，迫切需要开发应用新型储能材料。石墨烯材料堪当此任，它能充分发挥"导电"和"储能"的双重特性，大幅提升超级电容器的性能，受到了学术界和产业界的高度关注，并已形成了良好的技术基础。近年来，在石墨烯基超级电容器储能技术"政产学研用资"的联动推进过程中，逐步走向产业链的下游，处于产业化应用的前夜，对于未来超级电容器储能技术的推进非常值得期待。

　　本书取名为《石墨烯超级电容器》，总结了近年来石墨烯在超级电容器领域的研究应用发展状况。本书可供从事超级电容器材料研究的科技工作者使用。

在本书撰写过程中，宁波中车新能源科技有限公司超级电容研究所全体成员做了大量的文献收集、数据整理、图表绘制等工作，在此向他们表示衷心的感谢！

由于石墨烯超级电容器涉及学科层面较广，加之目前处于多种技术交叉研究，数据更新较快，同时限于作者的知识、能力，书中难免存在疏漏与不足之处，敬请同行与读者批评指正。

阮殿波

2019 年 3 月于宁波

目 录

● 第7章 石墨烯超级电容的应用

第 1 章

石墨烯概述

1.1 石墨烯发展概述

1.1.1 石墨烯的起源

　　碳——自然界万事万物中最重要的物质,在元素周期表中,其位于第2周期第4主族,以单质和化合物的形式广泛分布在自然界中,是构成有机生命体的重要元素,维系着人类的生存和发展。碳元素核外电子排布方式为 $1s^2 2s^2 2p^2$,当碳原子与碳原子之间相互成键时,碳原子的 2s 电子会同 2p 轨道电子以 sp 的形式进行杂化,形成 sp、sp^2、sp^3 三种不同的杂化轨道,构筑了丰富多彩的碳质材料世界。1985 年,零维(0D)富勒烯(Fullerene)的发现,开辟了碳纳米材料的新时代,1991 年,一维(1D)碳纳米管(Carbon Nano-Tube,CNT)的发现,则又进一步推动了人们对碳材料的认识。自此,零维的富勒烯、一维的碳纳米管、"二维"的石墨、三维的金刚石组成了完整的碳系家族,如图 1-1 所示。但石墨并不是真正意义上的二维材料,单层碳原子厚度的石墨才是准二维结构的碳材料。由于二维晶体在平面内具有无限重复的周期结构,但在垂直平面的方向只具有纳米尺度,可以看作是宏观尺寸的纳米材料,表现出许多独特的性质。因此,人们一直在试图找到一种方法来制备出碳元素的准二维材料。

　　关于碳元素的准二维材料存在的可能性,科学界一直有争论。早在1934 年,Peierls 就提出准二维晶体材料由于其本身的热力学不稳定性,在室温环境下会迅速分解或拆解。1966 年,Mermin 和 Wagner 提出Mermin - Wagner 理论,指出长的波长起伏也会使长程有序的二维晶体受到破坏。因此碳元素的准二维材料只是作为研究碳质材料的理论模型,一直未受到广泛关注。直到 2004 年,曼彻斯特大学的安德烈·海姆(Andre Geim)和康斯坦丁·诺沃肖洛夫(Kostya Novoselov)首次成功分离出稳定的碳元素的准二维材料,而他们分离的方法也极为简单,他们把

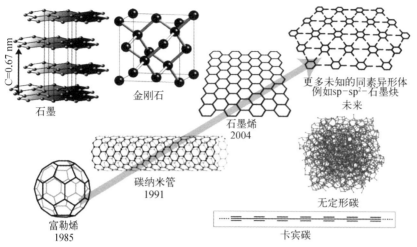

图 1-1 碳系家族

石墨薄片粘在胶带上,把有黏性的一面对折,再把胶带撕开,这样石墨薄片就被一分为二。通过不断地重复这个过程,片状石墨越来越薄,最终得到单原子厚度的石墨烯晶体称为石墨烯,被视为可提供给人类的最强晶体。石墨烯开启了在其他二维原子晶体上的实验闸门,形成了巨大的二维晶体群。2010 年,石墨烯的两位发现者被授予诺贝尔物理学奖。

1.1.2 石墨烯的结构

石墨烯的英文名称"Graphene"和富勒烯"Fullerene"有异曲同工之妙。"-ene"这个后缀在化学上用于"烯"的命名,说明石墨烯与烯类分子某种程度上的相似性。联想到石墨烯是由碳原子紧密排列成苯环结构而形成的单层结构,这样命名就不足为奇了。"石墨烯"这个词早期也用来非正式地描述外延生长的石墨、碳纳米管及多环芳烃。在理论上,石墨烯是除金刚石外所有碳晶体的基本结构单位。因此,在计算石墨和碳纳米管特性时,通常都是从石墨烯这个基本单元出发的。

石墨烯是一种由碳原子以 sp^2 杂化轨道组成六角型呈蜂巢状晶格的平面薄膜,是一种只有一个原子层厚度的二维材料。如图 1-2 所示,石墨烯的原胞由晶格矢量 a_1 和 a_2 定义每个原胞内有两个原子,分别位于 A

和 B 的晶格上。C 原子外层 3 个电子通过 sp^2 杂化形成强 σ 键（蓝），相邻两个键之间的夹角 120°，第 4 个电子为公共，形成弱 π 键（紫）。石墨烯的碳-碳键长度约为 0.142 nm，每个晶格内有三个 σ 键，所有碳原子的 p 轨道均与 sp^2 杂化平面垂直，且以肩并肩的方式形成一个离域 π 键，其贯穿整个石墨烯。

图 1-2 石墨烯的结构

 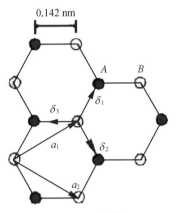

（a）石墨烯中碳原子的成键形式　　　　（b）石墨烯的晶体结构

理想的石墨烯结构是平面六边形点阵，每个碳原子通过 sp^2 杂化与周围碳原子构成正六边形，每一个六边形单元实际上类似一个苯环，每一个碳原子都贡献一个未成键的电子，单层石墨烯的厚度仅为 0.335 nm，约为头发丝直径的二十万分之一。石墨烯被认为是构成所有 sp^2 杂化碳质材料的基本组成单元，可视为无限大的芳香族分子。如图 1-3 所示，石墨烯可以卷曲成零维的富勒烯，卷成一维的碳纳米管或者堆垛成三维的石墨（Graphite）。

为了更准确地认识石墨烯的概念和规范其领域的发展，中国石墨烯产业技术创新战略联盟（CGIA）标准委员会对石墨烯及其衍生物的概念给出了明确的定义，具体概念如下所示。

石墨烯按照层数划分，大致可分为单层、双层和少数层石墨烯。前两类具有相似的电子谱，均为零带隙结构半导体（价带和导带相较于一点的半金属），具有空穴和电子两种形式的载流子。双层石墨烯又可分为对称

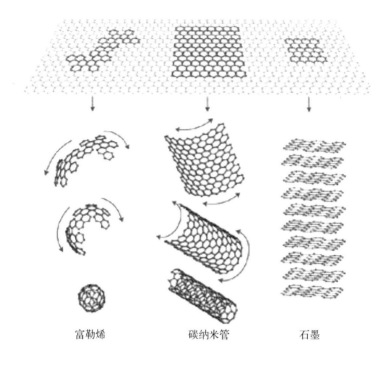

图 1-3 石墨烯是构成其他碳材料的基本单元

富勒烯　　　　　　碳纳米管　　　　　　石墨

双层和不对称双层石墨烯,前者的价带和导带微接触,并没有改变其零带隙结构;而对于后者,其两片石墨烯之间会产生明显的带隙,但是通过设计双栅结构,能使其晶体管呈示出明显的关态。

单层石墨烯(Graphene):指由一层以苯环结构(六角形蜂巢结构)周期性紧密堆积的碳原子构成的一种二维碳材料。

双层石墨烯(Bilayer or Double-Layer Graphene):指由两层以苯环结构(六角形蜂巢结构)周期性紧密堆积的碳原子以不同堆垛方式(包括 AB 堆垛,AA 堆垛,AA′堆垛等)堆垛构成的一种二维碳材料。

少层石墨烯(Few-Layer or Multil-Layer Graphene):指由 3～10 层以苯环结构(六角形蜂巢结构)周期性紧密堆积的碳原子以不同堆垛方式(包括 ABC 堆垛,ABA 堆垛等)堆垛构成的一种二维碳材料。

石墨烯(Graphenes):是一种二维碳材料,是单层石墨烯、双层石墨烯和少层石墨烯的统称。

由于二维晶体在热力学上的不稳定性,所以不管是以自由状态存在或是沉积在基底上的石墨烯都不是完全平整,而是在表面存在本征的微观尺度的褶皱,蒙特卡洛模拟和透射电子显微镜都证明了这一点。这种微观褶皱在横向上的尺度为 8~10 nm,纵向尺度为0.7~1.0 nm。这种三维的变化可引起静电的产生,所以使石墨单层容易聚集。同时,褶皱大小不同,石墨烯所表现出来的电学及光学性质也不同。

除了表面褶皱之外,在实际中石墨烯也不是完美存在的,而是会有各种形式的缺陷,包括形貌上的缺陷(如五元环,七元环等)、空洞、边缘、裂纹、杂原子等。这些缺陷会影响石墨烯的本征性能,如电学性能、力学性能等。但是通过一些人为的方法,如高能射线照射,化学处理等引入缺陷,却能有意地改变石墨烯的本征性能,从而制备出不同性能要求的石墨烯器件。

1.1.3 石墨烯的性质

石墨烯是一种超轻材料,面密度为 0.77 mg/m^2,其主要具备以下性能。(1) 具有超强的导电性。在室温下,石墨烯的电子迁移率高达 $2 \times 10^5 \text{ cm}^2/(\text{V} \cdot \text{s})$,比碳纳米管或晶体硅高,比硅高 200 倍。(2) 具有超强的导热性。石墨烯的热导率高达 5 300 W/(m·K),优于碳纳米管,是铜、铝等金属的数十倍。(3) 具有超强的力学性,石墨烯的硬度超过金刚石,断裂强度达到钢铁的 100 倍。(4) 具有超强的透光性。石墨烯的吸光率非常小,透光率高达 97.7%。(5) 具有超高的比表面积。石墨烯的比表面积高达 2 630 m^2/g,比普通的活性炭高出 1 000 m^2/g。

1. 石墨烯的电学性能

石墨烯的每个碳原子均为 sp² 杂化,并贡献剩余一个 p 轨道电子形成 π 键,π 电子可以自由移动,赋予石墨烯优异的导电性。石墨烯中的电子在轨道中移动时,不会因晶格缺陷或引入外来的原子而发生散射。另外,由于碳原子之间很强的相互作用力,因此,即使在室温下周围碳原子发生挤撞,石墨烯中电子受到的干扰也非常小。石墨烯最大的特性是其中电子的运动速度达到了光速的1/300,远远超过了电子在一般导体中的运动速度。这使得石墨烯中的电子,或者更准确地应称为"载荷子"(Electric Charge Carrier),其性质和相对论中的中微子非常相似。

石墨烯中传输迁移率 $2×10^5$ cm^2/(V·s),比硅高200倍。其电导率可达 10^6 S/m,而电阻率只约 10^{-6} Ω·cm,比铜或银更低,为世上电阻率最小的材料。因其电阻率极低,电子迁移的速度极快,因此被期待可用来发展更薄、导电速度更快的新一代电子元件或晶体管。由于石墨烯实质上是一种透明、良好的导体,也适合用来制造透明触控屏幕、光板。此外,石墨烯在能源领域引发了极大的关注,电化学储能领域被认为是最有可能在短期内实现石墨烯规模应用的产业领域,特别是在超级电容器和电池领域,因此受到了科技界和产业界的高度关注,并已形成良好的技术基础。

石墨烯的出现在科学界激起了巨大的波澜。人们发现,石墨烯具有非同寻常的导电性能,超出钢铁数十倍的强度和极好的透光性,它的出现有望在现代电子科技领域引发一轮革命。在石墨烯中,电子能够极为高效地迁移,而传统的半导体和导体,例如硅和铜远没有石墨烯表现得好。由于电子和原子的碰撞,传统的半导体和导体用热的形式释放了一些能量。例如,电脑芯片在通常情况下,将以这种方式多耗费72%～81%的电能,石墨烯则不同,它的电子能量不会被损耗,这使它具有了非同寻常的优良特性。

2. 石墨烯的力学性能

石墨烯是人类已知材料中强度和硬度最高的物质,比钻石还坚硬,强度比世界上最好的钢铁还要高100倍左右。哥伦比亚大学的物理学家对石墨烯的机械特性进行了全面的研究。在试验过程中,他们选取了一些直径为10～20 μm的石墨烯微粒作为研究对象。研究人员先是将这些石墨烯样品放在了一个表面被钻有小孔的晶体薄板上,这些孔的直径为1~1.5 μm。之后,他们用金刚石制成的探针对这些放置在小孔上的石墨烯施加压力,以测试它们的承受能力。理论计算和实验测试表明,石墨烯的抗拉强度和弹性模量分别可达到 125 GPa[①] 和1.1 TPa[②],如图1-4所示。研究人员发现,在石墨烯样品微粒开始碎裂前,它们每100 nm距离上可承受的最大压力居然达到了大约2.9 μN。据科学家们测算,这一结果相当于要施加55 N的压力才能使1 m长的石墨烯断裂。如果物理学家们能制取出厚度相当于普通食品塑料包装袋(厚度约 100 nm)的石墨烯,那么需要施加约两万牛的压力才能将其扯断。换句话说,如果用石墨烯制成包装袋,那么它将能承受大约 2 t 重的物品。

图1-4 石墨烯的力学性能

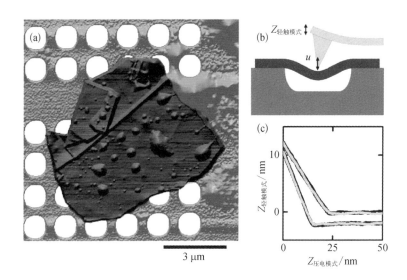

因石墨烯材料是目前已知材料中最轻、最薄、力学性能最佳的碳纳米材料,应用前景可做"太空电梯"缆线。据科学家称,地球上很容易找到石墨原料,而石墨烯堪称是人类已知的强度最高的物质,它将拥有众多令人神往的发展前景。它不仅可以开发制造出纸片般薄的超轻型飞机材料、

① 1 Gpa=10^9 Pa。
② 1 TPa=10^{12} Pa。

可以制造出超坚韧的防弹衣,甚至还为"太空电梯"缆线的制造打开了一扇"阿里巴巴"之门。美国研究人员称,能否成功制造出"太空电梯"的最重要因素,就是能否制造出一根从地面连向太空卫星、长达约37 000 km并且足够强韧的缆线。而地球上强度最高的物质"石墨烯"完全适合用来制造太空电梯缆线! 人类通过"太空电梯"进入太空,所花的成本将比通过火箭进入太空便宜很多。为了激励科学家发明出制造太空电梯缆线的坚韧材料,美国 NASA 此前还发出了 400 万美元的"悬赏"。

3. 石墨烯的热学性能

石墨烯是一种层状结构材料,其热学性质主要是由晶格振动引起的,有文献报道通过计算石墨烯内光学声子与声学声子的色散曲线,发现在石墨烯内有六种极性声子,分别为:

(1) 平面外的声学声子(ZA 模声子)和光学声子(ZO 模声子);

(2) 平面内横向声学声子(TA 模声子)和横向光学声子(TO 模声子);

(3) 平面内的纵向声学声子(LA 模声子)和纵向光学声子(LO 模声子)。

研究人员通过研究声子的弛豫时间以及弛豫时间随波矢、频率和温度的变化关系发现,声学声子对热导率的贡献可高达 95%。石墨烯中参与热传导的主要是 3 类声学声子,即 LA 模声子、TA 模声子、ZA 模声子,其中前两类是面内传输模式,有着线性的散射关系,后一类是面外传输模式,存在非线性的二次散射关系。Lindsay 等认为,ZA 模声子对传热的贡献大于 LA 模声子和 TA 模声子之和,可占到 75%。

基于以上理论研究,石墨烯被预测存在超高的热导率。在室温下,石墨烯的热导率约为 5×10^3 W/(m·K),明显高于碳纳米管和金刚石,是室温下铜的热导率的 10 倍多,如表 1-1 和图 1-5 所示。优异的导热性能使石墨烯有望作为未来超大规模集成电路的散热材料,以及 LED、手机等电子产品的散热片等。

表 1-1 室温下石
墨烯和碳纳米管的
热导率

样品类型	K/[W/(m·K)]	制备方法	评 价	参 考
单层石墨烯	4 840~5 300	光 学	单个;悬浮	本文
多壁碳纳米管	>3 000	电 学	单个;悬浮	Kim 等
单壁碳纳米管	约 3 500	电 学	单个;悬浮	Pop 等
单壁碳纳米管	1 750~5 800	热耦合	束状	Hone 等

图 1-5 石墨烯的
热导率

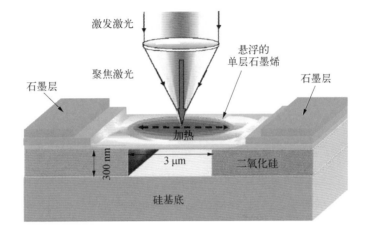

声子的传输模式和散射机制对石墨烯的热导率有重要影响,热导率
主要由石墨烯声子频率、声子自由程、声子作用过程等因素决定。研究发
现影响热导率的因素有缺陷、基底及边缘等。

4. 石墨烯的化学性能

石墨烯因为同时具有面内的碳-碳 σ 键和面外的 π 电子,所以一方面
具有很高的结构稳定性以及热和化学稳定性;另一方面如果进行适当的
官能团的修饰将具有丰富的化学活性。例如氧化、氢化等几种代表性的
化学吸附和掺杂修饰。

化学氧化还原法是大规模制备石墨烯材料的一种重要的方法。在石
墨材料中,各片层之间通过范德瓦尔斯力(van der Waals force)相互作用
形成间距为 0.34 nm 的紧密结合。在化学氧化还原方法中,首先在氧化、
超声振动等环境下将多层石墨各层之间的范德瓦尔斯力相互作用破坏,
从而形成单原子层的氧化石墨烯(Graphene Oxide,GO)。氧化过程中,

在石墨烯的表面引入了大量的环氧键、羟基和边缘的羧基。氧化石墨烯通过化学还原的方法进行还原,得到氧化还原石墨烯(Reduced Graphene Oxide,RGO)。石墨烯被氧化后的物理性质有显著的改变。首先是环氧基中 C—O—C 键角发生弯曲,而氧原子向石墨内方向运动,由此得到其杨氏模量为 610 GPa,较石墨烯的 1.1 TPa 低。在高载荷下氧原子与石墨烯中的碳原子共平面,而后材料的断裂从碳-碳键处开始,于是其拉伸强度和石墨烯相比并无大的改变。此外,石墨烯的电子结构也因环氧基的引入有很大的变化,从石墨烯的零带隙金属变为半导体。

石墨烯和碳纳米管等碳纳米材料由其极大的比表面积和较小的密度,被认为是吸附储氢的理想材料。石墨烯表面的孤立 π 电子可以与游离的氢原子反应,形成氢化物石墨烯结构。在此结构中,每个碳原子最多可与一个氢原子形成共价键,从而形成碳氢化合物 CH。在完全氢化的石墨烯中,氢的质量达到 7.7%,超过了美国国家能源部氢项目的预期目标6%。使用石墨烯材料储氢的一个特点是化学吸附的氢原子可以通过热退火的方法进行释放。

除了氧化和氢化之外,其他化学修饰与掺杂也引起学术界的关注。例如,通过含氟官能团的修饰,石墨烯可以从导体转变为绝缘体,因为其结构和化学稳定性很好,且仍然具有超过钢的力学性质,被认为可以作为Teflon 的替代材料。此外,同传统的硅等半导体一样,石墨烯也可以通过硼、氮等元素在石墨烯的面内或者边缘进行有效的 p 型或 n 型掺杂。通过空位和拓扑缺陷对石墨烯进行掺杂也是一种对石墨烯进行改性的有效方法。

5. 石墨烯的光学性能

石墨烯是目前最薄、最坚硬的纳米材料,它几乎是完全透明的,只吸收 2.3% 的光,具有优异的光学性能。理论和实验结果表明,单层石墨烯吸收 2.3% 的可见光,即透过率为 97.7%,如图 1-6 所示。从基底到单层石墨烯、双层石墨烯的可见光透射率依次相差 2.3%,因此可以根据石墨烯薄膜的可见光透射率来估算其层数。结合非交互狄拉克-费米子理论，模拟石墨烯的透射率，可以得出与实验数据相符的结果。

图1-6 石墨烯的透光性

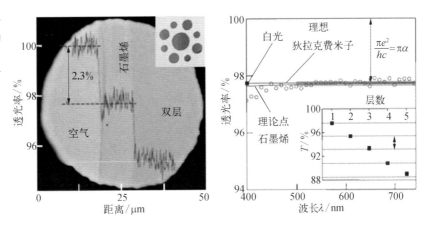

根据折射和干涉原理，不同层数的石墨烯在光学显微镜下会显示出不同的颜色和对比度，为石墨烯层数的辨别提供了方便。

理论和实验表明大面积石墨烯薄膜同样具有优异的光学性能，且其光学特性随石墨烯的厚度发生变化。石墨烯薄膜是一种典型的透明导电薄膜，可以取代氧化铟锡（Indium Tin Oxide，ITO）、掺氟氧化锡（F-doped Tin Oxide，FTO）等传统薄膜材料，不仅可以克服 ITO 薄膜的脆性缺点，还可解决因铟资源稀缺会对应用产生限制等诸多问题。石墨烯透明导电薄膜可作为染料敏化太阳能电池和液晶设备的窗口层电极。

另外，当入射光的强度超过某一临界值时，石墨烯的吸收值会达到饱和。这一非线性光学行为成为饱和吸收。在近红外光谱区，在强光辐照下，由于其宽波段吸收和零带隙的特点，石墨烯会慢慢接近饱和吸收。利用这一性质，石墨烯可用于超快速光子学，如光纤激光器等。

6. 石墨烯的磁学性能

石墨烯氢化以后往往会具有铁磁性，主要是由于石墨烯在氢化以后，在边缘处有孤对电子对，这样就使得石墨烯有磁性。研究人员还在有磁场的情况下,通过改变温度,看能否让石墨烯的磁性有所变化。确定磁场强度为 1 T,当温度 $T < 90$ K 时,石墨烯会呈现出顺磁特性;当温度 $T > 90$ K 时,石墨烯会呈现出反磁特性。

综上所述,石墨烯是 21 世纪发现的最具颠覆性的新材料,具有特别突出的性能特点:理论比表面积高达 2 630 m^2/g,紫外及可见光波段的透光率达 97.7%,具有突出的热导率[5×10^3 W/(m·K)],以及室温下超高速的电子迁移率[2×10^5 cm^2/(V·s)],同时,石墨烯具有极高的力学性能,其本征强度和弹性模量分别达到 125 GPa 和 1.1 TPa。这些独特的性能特点是石墨烯在电子器件(场效应、射频电路等),光学器件(激光器、超快光子学器件等),量子效应器件,化学、生物传感器,复合材料、储能材料与器件(超级电容器、锂离子电池、燃料电池等)领域有广泛的应用。在不久的将来,石墨烯有可能会替代硅材料在电子信息、光伏材料领域的应用;在复合材料中替代碳纤维在飞机制造、航天工程等领域的应用;在能量储存应用中替代传统的活性炭和碳纳米管提高储能器件(超级电容器和锂离子电池)的容量、功率密度、寿命及效率等;在透明电极应用中替代ITO、FTO 导电玻璃。总之,石墨烯在新能源、石油化工、电子信息、复合材料、生物医药和节能环保等传统领域和新兴领域的应用都有望引发相关行业的变革,石墨烯成为引领新一代工业技术革命的战略性前沿新材料。

1.1.4 石墨烯产业发展概述

石墨烯是 21 世纪最具颠覆性的新材料,在锂离子电池、太阳能电池、超级电容器、传感器、生物医药、复合材料、环保、柔性显示、半导体行业等传统领域和新兴领域的应用都引起了巨大的变革。2004 年,胶带剥离高定向石墨制备单晶石墨烯方法的出现,开启了石墨烯研究和产业化的新纪元。2008 年以来,全球石墨烯相关论文和专利数量迅速增加。特别是2010 年后,有关文章和专利数量更是呈井喷式增长。石墨烯具有卓越的性能、广阔的市场前景和潜在的巨大经济效益,吸引了众多科研机构、企业及投资机构进入。我国石墨烯产业发展几乎与国外发达国家同步,在某些领域甚至走在世界前列,但国内石墨烯产业链不成熟、下游应用环节未打通、市场需求有待培育、自主知识产权有待加强等制约产业发展的瓶颈问题突出。美国、日本、韩国、英国等国家的石墨烯产业发展各有特点,其研发和产业化的做法和经验对加速我国石墨烯产业发展具有借鉴意义。

1. 国外石墨烯产业发展概述

在 2010 年石墨烯发现者获得诺贝尔物理学奖后,全球科技界和工业界竞相关注,各国政府也加大了对石墨烯研发的支持力度,争抢石墨烯研发的竞争先机,抢占产业化制高点。在全球石墨烯大国中,美国、欧盟及其成员国、日本和韩国先后从国家战略高度开展相关部署,出台多项支持政策和研究扶持计划,处于全球石墨烯研究与产业化的前列,如表 1 - 2 所示。

表 1-2 国外主要国家在石墨烯领域的相关政策及支持计划

国际及支持机构	时 间	相关政策及支持计划	支 持 领 域
美国国家自然科学基金会	2002—2013 年	资助石墨烯项目近 500 项,约 3 300 万美元	研究石墨烯复合材料、电子器件、晶体管、连续制备工艺、生物传感器等
美国高级计划研究局	2008 年 7 月	投资 2 200 万元开发碳电子射频应用项目	开发新款石墨烯晶体管
美国国防部	2009 年	投入 750 万美元开展多学科大学研究计划	研究空军石墨烯材料和器件、纳米结构石墨烯电子带隙裁剪
石墨烯利益相关方联合会	2013 年上半年	在纽约州布法罗成立	促进研究人员、大学、政府机构和企业之间的教育培训、技术合作、科学交流以及商业化
欧洲研究理事会	2007—2010 年	投入 177.5 万欧元	研究石墨烯薄膜及其特性、石墨烯电荷载体、石墨烯晶体管应用
欧盟第七框架计划	2008 年 1 月	石墨烯基纳米电子器件联合研究项目	超越互补金属氧化物半导体(Complementary Metal Oxide Semiconductor, CMOS)

国际及支持机构	时　间	相关政策及支持计划	支　持　领　域
欧盟第七框架计划	2010 年	—	悬浮石墨烯纳米结构及石墨烯的纳米级应用项目
欧盟第七框架计划	2011 年 6 月	超级电容器石墨烯电极项目	超级电容器相关开发
欧洲科学基金会	2009 年 6 月	欧洲石墨烯项目	石墨烯功能复合材料、外延石墨烯晶体管、石墨烯基自旋电子系统、碳化硅晶圆石墨烯、光电石墨烯器件等
欧盟委员会	2013 年初	未来新兴技术旗舰项目	投入 10 亿欧元进行石墨烯研发与产业应用
英国工程和自然科学研究委员会	2007—2012 年	石墨烯器件基础研究	石墨烯基晶体管传输模拟项目、石墨烯基自旋器件模拟项目
英国政府	2011 年	《促进增长的创新与发展战略》	重点发展的 4 项新技术之一，5 000 万英镑用于研发和商业化
英国政府	2011 年	曼彻斯特发展战略，建立石墨烯产业联盟	将石墨烯作为国家未来 4 个重点发展方向之一
英国财政部	2011 年 10 月	拨款 5 000 万英镑	建立国家石墨烯研究所，开展石墨烯前沿研究
英国财政部	2012 年末	追加 1 000 万英镑	石墨烯商业化，空客、BAE、劳斯莱斯、Dyson 等额外匹配 1 200 万英镑
英国政府	2014 年 9 月	在曼彻斯特大学投资 6 000 万英镑	建设"石墨烯工程创新中心"，加速石墨烯产品产业化、市场化
德国科学基金	2009 年 7 月	启动石墨烯新兴前沿研究项目	新型石墨烯基电子产品
德国科学基金	2010 年	3 年投入 1 060 万欧元	启动优先研究项目——石墨烯
巴斯夫和马普学会高分子所	2012 年	共同投资 1 000 万欧元	建设碳材料创新中心，石墨烯合成与表征及在能源和电子领域应用潜力评估
日本科学技术振兴机构	2007 年	石墨烯及器件技术开发项目	开发石墨烯材料工艺技术并实现大规模集成的器件技术
日本经济产业省	2011 年	低碳社会实现之超轻、高轻度创新融合材料项目	重点支持碳纳米管和石墨烯批量合成技术
韩国教育科学部门	2007—2009 年	提供 1 900 万美元	资助 90 个石墨烯相关项目
原韩国知识经济部	2012—2018 年	提供 2.5 亿美元资助	1.24 亿美元用于技术研发，其余用作商业化

国际及支持机构	时　间	相关政策及支持计划	支　持　领　域
韩国产业通商资源部	2013 年 5 月	拟在未来 6 年投资 4 200 万美元	推动石墨烯相关技术商业化
韩国产业通商资源部	2013 年 12 月	2014—2018 年产业技术开发战略	石墨烯材料及零部件商业化
马来西亚	2013 年 12 月	创办国家石墨烯中心	
马来西亚	2014 年	国家石墨烯行动计划(NGAP2020)	石墨烯在橡胶添加剂、锂电池阳极、导电油墨、纳米流体和塑料添加剂行业产业化

数据来源：赛迪智库原材料工业研究所整理。

据不完全统计，全球有近 300 家公司涉足石墨烯研发，其中包括 IBM、英特尔、美国晟碟、陶氏化学、通用、杜邦、施乐、洛克希德-马丁、波音、诺基亚、三星、LG、日立、索尼、3M、东丽、东芝、华为、辉锐、深圳鸿海等。

国外主要研发机构有：美国麻省理工学院、康奈尔大学、哈佛大学、佐治亚理工、莱斯大学、罗格斯大学、普林斯顿大学、斯坦福大学、西北大学、哥伦比亚大学、宾夕法尼亚大学、加州大学河滨分校、加州大学伯克利分校、加州大学洛杉矶分校、劳伦斯伯克利国家实验室、布鲁克海文国家实验室、得克萨斯大学奥斯汀分校、北卡罗来纳大学、圣母大学；英国曼彻斯特大学、剑桥大学、兰卡斯特大学等；日本东北大学、东京工业大学、AIST、日本半导体能源研究所、日本国立材料研究所等；韩国首尔国立大学、庆熙大学、成均馆大学、延世大学、蔚山科学技术大学、KAIST 等。我国国内石墨烯研究机构主要集中在高校和中科院及一些石墨产品生产企业。据不完全统计，目前国内有 80 多所一流大学和研究机构涉足石墨烯研究。

国外掌握了大量的石墨烯核心专利，在石墨烯产业化进程中扮演着重要角色。美国石墨烯产业布局比较全面，覆盖了从石墨烯材料制备到半导体器件开发整个产业链。韩国在纳米器件领域具有领先优势，但在石墨烯制备方面弱于中国和美国。日本在薄膜晶体管领域处于领先地位。其中,韩国三星、美国 IBM、韩国成均馆大学、韩国科学技术研究所、日本东芝公司、美国赖斯大学等的影响力较高。与石墨烯制备及应用相关的三大核心技术专利分别由美国普林斯顿大学、日本佳能公司和美国 Zhamu Aruna 教授拥有,并在大多数国家申请了专利保护。

我国的研究主要集中在石墨烯的 bottom-up 方法制备、石墨烯在锂离子电池电极中的应用以及石墨烯复合材料方面,在半导体器件方面实力弱,且研究多集中于科研院所而非企业。前者拥有大量的相关专利,但在企业层面却只有深圳鸿海具有一定优势,且专利数量远远落后于三星、IBM 等国外企业。石墨烯研发过程中企业的主体作用亟待加强。

目前,石墨烯处于产业化初期,主要应用在锂电池导电添加剂、涂料、导热膜等低端产品,预计全球所需石墨不会超过 2 000 t。不完全统计,业务涉及石墨烯的公司有近 300 家。国外一些公司已具备提供石墨烯的能力,但主要应用于试验和应用研究,真正实现高端应用的较少,且相关企业的年产能大多不超过百吨级,并以石墨烯粉体为主。随着政策支持力度加大、资本投入以及宏量制备技术的突破,未来 5～10 年,多数企业年产能将达到千吨级,少部分大型企业年产能有望达到万吨级。目前国内的石墨烯企业多为处于成长期的中小企业,尽管企业数量初具规模,但龙头企业数量不多、规模相对较小,制约着整个产业链的发展和完善。

国外石墨烯主要生产企业有英国的 Applied Graphene Materials、Graphene Industries,美国的 Angstron Materials、Vorbeck Materials、XG Science、Carbon Science、Graphene Frontiers、CVD equipment,韩国的 Graphenen Square、三星电子,以及日本东丽、东芝、索尼产研和信越化学等公司。

美国拥有 IBM、英特尔、波音等众多大型企业,良好的创业环境也催生了众多小型石墨烯企业,产业化和应用进展较快;其石墨烯产业布局呈多元化,已形成相对完整的产业链,覆盖从制备及应用研究到石墨烯产品生产直至石墨烯产品下游应用整个环节。

欧盟拥有诺基亚等大型企业以及众多小型专业化石墨烯企业,对石墨烯技术的开发各有侧重;欧盟各成员国从国家战略高度发展石墨烯产业,政产学研通力合作,且资金支持力度大,但目前主要是从事石墨烯粉体、石墨烯薄膜、石墨烯复合材料制备,涉足下游应用的企业较少,未形成完整的产业链。英国有多家大型企业从事石墨烯开发及商业化推广,同时涌现出众多专业从事石墨烯研发的新兴企业,来自政府的支持力度很大,其产业化和应用进程加快,但其产业格局与欧洲整体相似。

韩国和日本石墨烯产业主要集中在 CVD 石墨烯薄膜制备及其在电子器件领域中的应用。韩国石墨烯产业发展产学研结合紧密,主要集中在 CVD 薄膜宏量制备及其在半导体、触摸屏、柔性显示、可穿戴设备等领域应用。

2. 我国石墨烯产业发展概述

我国政府高度重视石墨烯产业发展,发布了一系列相关政策进行系统布局,在新一轮的竞争中抢占石墨烯产业发展制高点。自 2012 年 2 月,工信部发布《新材料产业"十二五"发展规划》,首次提出支持石墨烯产业发展,至 2014 年 9 月,科技部将石墨烯研发列入"863"计划纳米材料专项,石墨烯正式进入国家支持层面。2015 年 5 月,《中国制造 2025》将石墨烯列入重点布局行列,同年 11 月,工信部、发改委、科技部联合发布第一部国家层面石墨烯专项政策,《关于加快石墨烯产业创新发展的若干意见》明确提出将石墨烯打造为先导产业。《意见》为石墨烯产业发展带来新的契机。自此之后,国家陆续颁布实施了一系列相关政策举措,将石墨烯列入"十三五"规划 165 项重大工程、前沿新材料先导工程、重大环保技术装备目录等,以营造良好的政策环境支持石墨烯产业发展。2007—2012 年,中国国家自然科学基金委员会对石墨烯项目累计资助经费达到3.30 亿元,科技部和中国科学院对石墨烯的累计资助经费分别达到了5 915 万元和 4 605 万元。

在国家战略指引下,石墨烯相关研发成果呈现出爆发式增长,2005—2014 年,全球关于石墨烯的专利共有 25 855 项,其中 2014 年有超过 9 000

项申请。我国对石墨烯的研究和开发与国际一直保持同步,并在石墨烯技术研发方面处于国际前列,石墨烯研发和专利持有已在全球占据一席之地,截至 2014 年,我国石墨烯申请专利占全球总专利数的 47%,遥遥领先于第二名的美国(占比 18%)。此外,截至 2015 年 8 月,中国在石墨烯领域发表文章占全球的 34%,远高于第二名美国(19%)。

但同时也应看到,我国的石墨烯专利数量虽多但质量较差,基础专利少、应用专利多,且大多集中在导电添加剂、防腐涂料等低端应用领域,而美国、欧洲等则将主要目标瞄准高频晶体管、光电探测器以及传感器等高端应用领域。

现阶段石墨烯制备仍处于实验室阶段,实现石墨烯的工业化生产一直是业界的一个难题,这是造成石墨烯成本高的直接原因。虽然有企业表示实现了石墨烯量产,但其品质不稳定性仍成为制约石墨烯下游产品发展的重要原因。石墨烯专利量高质低,"高端坑"占得少。专利总是先于市场,石墨烯也不例外,石墨烯的产品现在虽然不算多,但是关于石墨烯的专利市场已经是热闹非凡了。我国的石墨烯申请量居世界第一,从数量上,已远超欧美发达国家。然而,市场对于我国石墨烯产品的反馈并不理想。这种产品与专利的不匹配性因何而来?

经过对我国石墨烯专利的进一步分析,并结合业内专家的意见,可以发现,我国石墨烯专利存在以下诸多问题。

(1)重视数量,忽视质量。我国石墨烯专利数量庞大,说明大家已经开始重视保护自主知识产权,懂得让自己的技术提前在专利市场中"占坑"。但对专利质量的忽视,使得专利技术成果的转换大打折扣,也降低了技术应用中可能获利的概率。经过几年的积累,我国在石墨烯领域占的"坑"不少,但是由于忽视质量,"坑"占得很鸡肋。

(2)基础专利少。石墨烯相关专利,从宏观上来看可以分为基础专利和应用专利。基础专利是涉及石墨烯原材料(石墨烯/氧化石墨烯粉体、石墨烯薄膜等)及其制备工艺的专利,这也是石墨烯核心技术分布区域,占据石墨烯相关产业链的上游。应用专利是涉及石墨烯应用的专利,如基于石墨烯材料的电池、芯片等,此部分技术入门门槛相对较低,市场广,附加值也较高。基础专利少,并非是指数量少,而是指能够应用于市场、用于制约竞争对手的专利较少,即真正达到高质量保护效果的基础专利少。基础专利关乎原材料技术,位于石墨烯产业链的最顶端,谁在基础专利上获得有利地位,谁就拥有了权威话语权,更需要研究者利用专利布局占"坑",抢占市场制高点。

(3)技术研发,专利先行。虽然石墨烯专利数量上风光无限,却大部分集中在下游应用产品上,且下游应用产品的开发受制于石墨烯的原材料量产技术,而量产技术的专利国人持有比例偏低,能真正做到实质保护技术和产品的专利更是少之又少。希望更多的石墨烯量产技术能得到有效保护,使国人在新型材料领域占有更多的话语权。

产业化方面,2013年包括华为、东旭光电在内的主流企业与清华大学等科研机构共同建立了"中国石墨烯产业技术创新战略联盟"(CGIA),以构建产学研一体化平台,共同推动石墨烯的产业化发展。在地方政府的支持下,宁波、常州、无锡、青岛、重庆五地设立石墨烯产业园区,集中发展石墨烯产业,无锡市计划在2015年石墨烯及相关产业规模突破50亿元,2020年达到300亿元。宁波市在三年内设立9 000万的财政资金,并在10年内打造千亿级规模的产业特色群。此外,江苏、内蒙古、山东等地相继成立石墨烯联盟,旨在促进政、企、产、学、研相结合,构建以石墨烯原材料、研发、制备、应用为主体的产业链。各方的共同推动使我国石墨烯产业化进程进入快车道,石墨烯产业呈现出蓬勃发展的势头,第六元素、宁波墨西、重庆墨希、二维碳素等优秀石墨烯企业不断涌现。

自2004年石墨烯被首次制备以来,研究人员发展了多种方法制备石墨烯,各类制备方法可归纳为两个主流路线,即自上而下(Top-Down)和自下而上(Down-Top)的方法。前者通常以石墨为原料,采用物理或化学的方法将石墨解离成单层或多层的石墨烯,制成的石墨烯单晶一般尺寸较小,以微片形式存在。包括机械剥离法、液相剥离法、氧化还原法等。后者通常以含碳气体或固体化合物为原料,通过化学方法利用碳原子构建石墨烯。除此之外,还有一些比较另类的生产方法如碳纳米管展开法、分子自组装法等。目前,高质量大面积石墨烯单晶的制备还处于探索阶段,不同制备方法得到的石墨烯,其物理化学特性不一样,对应着不同的应用领域。

我国石墨烯制备的产业化现状是低端领域生产已经初具规模。目前,国内部分厂家如第六元素、宁波墨西、重庆墨希、二维碳素等厂家已经实现了氧化还原法或液相剥离法石墨烯粉体以及化学气相沉积法(Chemical Vapor Deposition,CVD)石墨烯薄膜的规模化生产。根据不完全统计,目前我国石墨烯粉体产能共计 3 450 吨/年,石墨烯薄膜产能 10^5 万平方米/年,但目前生产的石墨烯质量较差,仅能满足涂料、锂电池添加剂、复合材料添加剂、触摸屏等低端领域的需求。

高端领域生产短期内较难突破。高速电子器件、光电探测器等高端领域需要大面积高质量的石墨烯单晶,与普通多晶态石墨烯薄膜相比,单晶石墨烯薄膜制备异常困难,目前只能做到毫米级大小,与可实用化的晶圆级大小仍有相当距离,短期内较难突破,化学气相沉积法是最具开发潜力的制备技术。

在石墨烯产业下游应用方面:低端需求逐步打开,高端领域受制于高质量石墨烯的制备。随着批量化生产以及大尺寸薄膜制备等难题的逐步突破,石墨烯的产业化应用步伐正在加快,目前锂离子正极材料导电添加剂、导热材料、塑料添加剂、导电油墨等低端应用领域即将进入或已经实现产业化。我国石墨烯产业正逐渐由产业化初期步入快速成长期。

3. 未来石墨烯产业发展预测

随着石墨烯产业化方向逐渐清晰,石墨烯已成为我国未来重点发展产业之一。世界范围内,欧洲偏理论研究,美韩两国原创应用多,产业基础好;中国产业化规模最大,产业集群效应显著。全球石墨烯市场巨大,中国将成最大消费国。目前全球石墨烯年产能已达到百吨级,业内预计未来 5～10 年,石墨烯年产能将达到千吨级。未来 5～10 年,导电添加剂、防腐涂料、触摸屏等低端应用领域的产业化将趋于成熟,超级电容、传感器、电子芯片等中高端领域也将逐渐进入产业化,石墨烯产业将进入快速成长期,市场空间将快速扩大。

专业统计显示,2015 年全球石墨烯市场规模约为 453 万美元,石墨烯正处于大规模化前夕,预计到 2020 年市场规模可达到 3.85 亿美元,2025 年石墨烯规模将达 21.03 亿美元。

中国石墨烯产业联盟统计显示,中国石墨烯生产企业已经从 2015 年的 300 多家增长到 2016 年的 400 多家,石墨烯产业规模从 2015 年的 1 630 万美元增长到 2016 年的 3 842 万美元,发展态势喜人。随着石墨烯量产的解决和石墨烯下游的拓展,产业联盟预计中国 2020 年石墨烯市场规模将达到 2 亿美元,占世界市场规模超过一半,成为全球最大的石墨烯消费国家。2023 年石墨烯下游主要市场领域包括超级电容、显示、结构材料等。

1.2　石墨烯在化学电源中的应用

在化石资源日渐减少、环境问题日益严重的今天,能源问题成为现阶段制约人类社会可持续发展的关键因素。实现可替代传统化石能源的可再生能源(如风能、太阳能等)的有效利用,是解决能源危机的重要手段。而大规模储能技术的引入将有效提高可再生能源发电的入网效率。同时,混合动力车和电动汽车的逐步市场化以及各种便携式用电装置的快速发展,均需要高效实用的电能存储系统。

优异的储能材料是储能系统的核心部分,而具有特殊结构的碳材料一直是储能材料大家族的重要成员,特别是 2004 年发现的石墨烯。石墨烯是一种拥有独特结构及优异性能的新型材料,它单原子层二维蜂窝状结构,被认为是富勒烯、碳纳米管和石墨的基本结构单元。由于石墨烯具有高导电性、高导热性、高比表面积、高强度和刚度等诸多优良特性,在储能、光电器件、化学催化等诸多领域获得了广泛的应用。

从电化学角度来讲,石墨烯在储能器件中所起的作用主要有四种:一种是石墨烯不参与电化学反应,仅仅通过与电解液形成双电层作用来存储电荷,提高电容效果,这种情况主要出现在超级电容器中;另一种则是与活性物质发生电化学反应,通过电子转移而产生法拉第电流,并为电化学反应的生成物提供存储场所,如锂离子电池等,或者虽然不发生电化学反应,但是可以通过与生成物相互作用而将其固定,同样提供存储场所,如锂硫电池;同时,石墨烯还可以为电化学反应提供催化效果,降低电化学反应所需的能量势垒,如 ORR 等;还有一种则是利用自身导电性提高电极的电导率,降低充放电过程中的欧姆电阻。最后一种跟具体电极制备过程密切相关。

1.2.1　石墨烯在超级电容器中的应用

超级电容器充放电速度快,能量功率密度大,拥有电容与电池的双重特性,是一种新型绿色环保储能元器件。石墨烯具有高电导率、超大比表面积、高化学稳定性以及特有的层状结构。其中,石墨烯的层状结构有利于电解液在其内部迅速扩散,从而大大提高电子元件的瞬时大功率充放电性能。把掺杂有石墨烯的导电高分子材料或金属氧化物做成超级电容器的电极,能使超级电容器的电极性能得到很大程度的提高,故超级电容器最完美的电极材料是石墨烯基体的复合材料(图 1-7)。

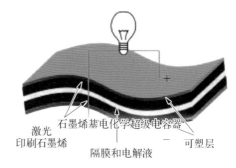

图 1-7　石墨烯基电化学超级电容器

石墨烯基电化学超级电容器

激光印刷石墨烯

隔膜和电解液

可塑层

与锂电池不同,超级电容器是以活性材料表面吸附电荷或通过表面氧化还原反应来储存能量的。考虑到单层石墨烯两个表面都可以用来储存电荷,因此有 550 F/g 的理论容量。然而,一个值得注意的问题是石墨烯通常有非常低的堆积密度($0.05\sim0.75$ g/cm^3),这使得它在制备高功率或高能量密度超级电容器时遇到挑战,以至许多石墨烯超级电容器虽然有较高的重量比容量($>200\ F/g$),但却表现出一般的体积比容量(约$18\ F/cm^3$)。

1. 石墨烯作导电剂

石墨烯作为导电性极佳的"至柔至薄"二维材料,是一种高性能导电添加剂。它可以与超级电容器电极中活性炭颗粒形成二维导电接触,在电极中构建"至柔-至薄-至密"的三维导电网络,降低电极内阻,改善电容的倍率性能和循环稳定性。

刘兆平团队通过石墨插层剥离法制备宏量石墨烯,所生产的石墨烯产品平均厚度为 2.4 nm(平均层数 7 层),并且具有结晶性好、结构缺陷少、导电率高等优点。针对石墨烯粉体难以在其他材料中进行均匀分散的行业难题,设计了具有高导电性极易分散的石墨烯/炭黑复合导电剂粉体(石墨烯含量在 50% 以上),利用炭黑的阻隔作用,可实现石墨烯在电极中的均匀分散,从而构建三维导电通路,有效提升了超级电容的性能。

2. 石墨烯作超级电容器电极材料

石墨烯材料应用于超级电容器有其独特的优势。石墨烯是完全离散的单层石墨材料,其整个表面可以形成双电层;但是在形成宏观聚集体过程中,石墨烯片层之间互相杂乱叠加,会使得形成有效双电层的面积减少(一般化学法制备获得的石墨烯具有 $200\sim1\,200\ m^2/g$)。即使如此,石墨烯仍然可以获得 $100\sim230\ F/g$ 的比电容。如果其表面可以完全释放,将获得远高于多孔炭的比电容。在石墨烯片层叠加,形成宏观体的过程中,形成的孔隙集中在 100 nm 以上,有利于电解液的扩散,因此基于石墨烯的超级电容器具有良好的功率特性。

石墨烯作为超级电容器电极材料使用时其主要储能机理为双电层电容储能。2005 年,科研人员 Vivekchand 等首次制备出石墨烯电容器,在电解液为硫酸的情况下,其比容量高达 117 F/g。自此,石墨烯基材料在超级电容器电极和电解液中的应用研究广泛开展起来。Ruoff 及其合作者开发石墨烯双电层超级电容器(图1-8),他们利用化学改性的石墨烯作为电极材料。在水及有机电解液体系中,测试了基于石墨烯的超级电容器的性能,这种石墨烯电极比容量分别为 135 F/g 和 99 F/g,其电容保持率为93%。

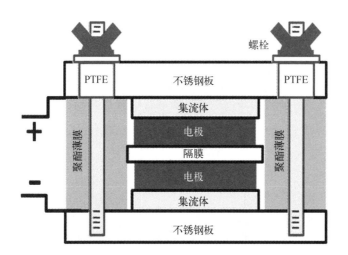

图1-8 超级电容器示意图

3. 石墨烯材料

（1）石墨烯/金属氧化物

由于石墨烯超级电容器电极材料主要储能机理为双电层储能,因此其比电容较低。单纯的石墨烯作为电极材料仍然存在能量密度低的问题,为了克服石墨烯比电容较小的缺点,将石墨烯作为其他材料的载体来制备复合材料成了一种优选的解决方法。石墨烯和赝电容电极材料复合成为新的研究热点,既保留了新型碳材料石墨烯的各种优势也利用了赝电容电极材料的高比电容和高能量密度的特点,常见的金属氧化物赝电容电极材料有 RuO_2、MnO_2、Co_3O_4、Fe_2O_3、ZnO。Dong 等采用化学气相沉积法以镍基泡沫为骨架制备了三维石墨烯,再通过水热过程在石墨烯上原位合成氧化钴,制备了三维石墨烯/氧化钴超级电容器材料,如图1-9所示。该材料在电流密度10 A/g下放电比容量达到1 100 F/g,且具有较优的循环寿命。

图 1-9 三维石墨烯/氧化钴超级电容器电极材料

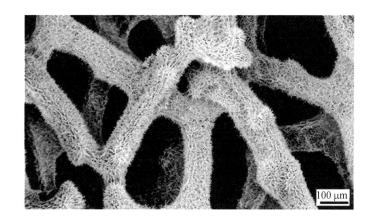

（2）石墨烯与导电聚合物

石墨烯与导电聚合物复合是超级电容器目前研究的热点。导电聚合物的优点是高比容量，但是受限于结构特点和储能特性，不能充分发挥本身优势。例如在充放电过程中，全掺杂态和全脱掺杂态两种状态下的聚苯胺的导电率都很低，导致超容内阻升高。同时在充放电过程体积反复膨胀和收缩，导致高分子链的破坏，循环性能变差等。作为新型的能源材料石墨烯恰好可以弥补这一缺陷。石墨烯是一种新型的二维碳材料，由碳原子以 sp^2 杂化形式形成的六边形，呈蜂窝晶格的平面薄膜，且只有一个碳原子厚的二维材料，具有良好的导电性和较大的比表面积。因此，聚苯胺/石墨烯复合材料可以优势互补，解决单一材料的比电容、稳定性差等问题。

Cao 等通过原位聚合法制备了聚苯胺/石墨烯的纳米复合材料，复合材料扫描电子显微镜（Scanning Electron Microscope，SEM）图像见图 1-10，由于石墨烯片相互连接，具有高效的导电网络，极大增强了聚苯胺的导电性。此外，微球体系结构有效防止聚苯胺/石墨烯复合纳米片的堆叠，从而促进电解质的快速扩散。用复合材料制备超级电容器电极，在 1 mol/L H_2SO_4 电解质中，20 mV/s 的扫描电压下，电极比电容达到 338 F/g，经 10 000 次循环后电容量率为 87.4%。

（3）石墨烯-导电聚合物-金属氧化物三元复合

Li 等制备了石墨烯-聚苯胺-二氧化锰三元复合超级电容器电极材料

图 1-10

（a）聚苯胺 SEM;（b）聚苯胺/石墨烯 SEM; 插图为高倍率下 SEM, 聚苯胺纳米线竖直生长在石墨烯表面

（G-P-Mn）。如图 1-11 所示，采用苯胺将氧化石墨烯还原为石墨，然后在油-水界面使用二元氧化剂 KMnO$_4$ 和（NH$_4$）$_2$S$_2$O$_8$ 将苯胺聚合成有序纳米纤维状聚苯胺。G-P-Mn 电极在 0.4 A/g 电流密度下放电比容量达到 800.1 F/g。

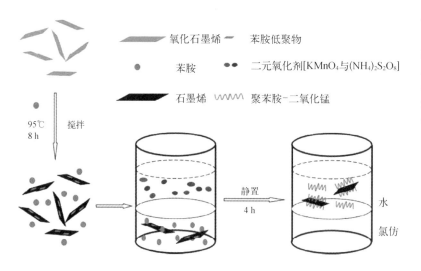

图 1-11 石墨烯-聚苯胺-二氧化锰三元复合超级电容器电极材料制备示意图

1.2.2　石墨烯在锂离子电池中的应用

锂离子电池主要由正极、负极以及电解液组成。石墨烯因其超高的导电性以及独特的结构而被引入到锂离子电池的正、负极中（图 1-12）。

在正极应用中主要用作正极导电剂,在负极应用中主要用作负极材料或者负极材料添加剂。

图 1-12　石墨烯电池原理图

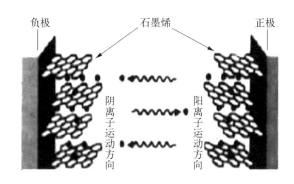

理想的石墨烯是真正的表面性固体,其所有碳原子均暴露在表面,具有用作锂离子电池正负极材料的独特优势。

(1) 石墨烯具有超大的比表面积($2\,630\ \text{m}^2/\text{g}$),比表面积的增大可以降低电池极化,减少电池因极化造成的能量损失。

(2) 石墨烯具有优良的导电和导热特性,即本身已具有了良好的电子传输通道,而良好的导热性确保了其在使用中的稳定性。

(3) 在聚集形成的宏观电极材料中,石墨烯片层的尺度在微纳米量级,远小于体相石墨的,这使得 Li^+ 在石墨烯片层之间的扩散路径较短;而且片层间距也大于结晶性良好石墨的,更有利于 Li^+ 的扩散传输。因此,石墨烯基电极材料同时具有良好的电子传输通道和离子传输通道,非常有利于锂离子电池功率性能的提高。

1. 正极材料中的应用

在正极材料的制备中,加入石墨烯材料会明显提高正极材料的倍率性能以及循环性能,因为石墨烯具有极其优异的导电性,可以有效提高电极材料的电导率,从而提高倍率性能;另外石墨烯柔韧的二维层状结构可以有效抑制电极材料在充放电过程中的粉化,从而一定程度提高循环性能。

2. 负极材料中的应用

石墨烯负极在锂离子电池中的应用方向是高比功率电池。一种动力学性能良好的负极材料应该满足：（1）良好的电子传输通道；（2）良好的 Li^+ 传输通道。石墨烯本身良好的导电性已经确保其良好的电子通道,石墨烯片层的尺度在微纳米量级, Li^+ 在石墨烯片层间的扩散路径较短; Li^+ 在石墨层间的嵌入和脱出只能从层间的侧面进行,而石墨烯与 Li^+ 的结合可以在整个表面同时进行,所以石墨烯也具有良好的 Li^+ 传输性能。

石墨烯的储锂容量跟电极中片层的堆积方式、层间距有很大关系,所以不同报道中电极比容量有很大差别。日本的 Zhou H-S 组首先报道了石墨烯作为锂离子电池负极材料的研究,并与石墨进行了对比。当采用 50 mA/g 的电流密度充放电时,这种石墨烯电极材料的比容量为 540 mA/g;如果在其中掺入 C_{60} 和碳纳米管后增加其层间距,其比容量可高达 784 mA/g 和 730 mA/g;经 2 000 次循环后,容量均有一定程度的衰减。此后,国内外对石墨烯负极开展了一系列的研究。

锂离子电池负极材料选用石墨烯复合材料来充当是目前材料界的研究热点,锂离子电池无污染、自放电效应小、充电效率高、能量密度大、循环稳定性好,把石墨烯作为锂离子电池的柔性衬底,可以提高电池电极的导电性和循环稳定性。

目前作为主要锂电池负极材料的石墨碳的理论比容量仅为 372 mAh/g。石墨具有结晶的层状结构,易于锂离子在其中的嵌入/脱嵌,形成层间化合物 LiC_6 ,是一种性能稳定的负极材料。但石墨负极理论比容量仅为 372 mAh/g,因此要实现锂离子电池高比能量化,必须研发高容量的负极材料。石墨烯大的比表面积和良好的电学性能决定了其在锂离子电池领域的巨大潜力。因为石墨烯由单层碳原子排列而成,所以锂离子不仅可以存储在石墨烯片层的两侧,还可以在石墨烯片层的边缘和空穴中存储,其理论容量为 740～780 mAh/g,为传统石墨材料的 2 倍多。此外,采用石墨烯作为锂离子电池负极材料,锂离子在石墨烯材料中的扩散路径比较短,且电导率较高,可以大幅提高其倍率性能。

但是纯石墨烯材料直接用作锂离子电池负极材料存在问题,如第一周期库仑效率低,充放电平台和循环稳定性差,因而无法替代目前商用的碳材料。石墨烯作为优良的基体材料在锂离子电池复合电极材料中发挥更大的作用。通常石墨烯与天然石墨、碳纳米管和富勒烯碳复合材料,可以充分利用石墨烯的特殊层结构,提高材料的力学性能和电子传输能力。同时,石墨烯层掺杂后间距增大,提供更多的锂存储空间。

石墨烯作为动力电池的负极材料可使动力电池结合锂离子电池高比能量和超级电容器高比功率的特点。美国俄亥俄州 Nanotek 仪器公司的研究人员利用石墨烯材料开发出一种新型储能设备,称为"表面交换电池",可将充电时间从过去的数小时之久缩短到不到 1 min。采用石墨烯电极的新型电池的比功率为 100 kW/kg,比商业锂离子电池高 100 倍;比能量为 160 kW/kg,与商品锂离子电池相当。

3. 在复合电极中的应用

石墨烯在锂离子电池中的另一个重要应用是石墨烯复合电极。石墨烯优异的机械性能,使其可适应电极材料的体积变化,其优异的导电性能可作为电极的电子传输通道。

石墨烯在锂离子电池中的另一个重要应用是石墨烯复合电极。石墨烯优异的机械性能,使其可适应电极材料的体积变化,其优异的导电性能可作为电极的电子传输通道。比如硅、锡等合金类负极材料具有远高于石墨的理论比容量,硅的理论比容量高达 4 200 mAh/g,锡的理论比容量为 990 mAh/g,这类材料在嵌锂前后体积发生巨大的膨胀和收缩,使活性材料碎裂,活性材料与导电炭黑、集流体之间建立的导电网络被破坏,影响锂离子电池的循环性能。将石墨烯添加到这类材料中形成纳米复合电极,可得到高容量和高循环性能的负极材料,在这种复合电极中石墨烯可能同时起到了导电添加剂和储存能量的作用。

1.2.3　石墨烯在锂硫电池中的应用

锂二次电池作为一种高比能电池,在能源储存领域取得了巨大的成就并已实现了大规模商业化。其中,具有高能量密度和高容量的锂硫电池更是受到研究工作者的广泛关注。锂硫电池的理论比容量可高达 1 675 mAh/g,理论能量密度高达 2 600 Wh/kg,实际能量密度可达到 390 Wh/kg,可以推测未来几年可以提高到 600 Wh/kg 左右,远大于现阶段所使用的商业化二次电池,成为近年来最具研究价值和应用前景的二次锂电池体系之一。但锂硫电池要应用在实际中面临着严峻的问题:单质硫及中间产物硫化锂导电性极差,近乎绝缘;中间产物多硫化锂溶解在醚类电解液中引起穿梭效应,导致电池的库仑效率低;充放电过程中巨大的体积变化导致正极结构坍塌,造成电池性能恶化。通过将石墨烯与单质硫复合,石墨烯一方面能够有效提高电极材料的导电性,还可以缓解充放电过程中电极的体积膨胀和吸附硫在充放电过程中生成的多硫化锂,减缓穿梭效应。

郑家飞等采用水热还原氧化石墨烯对碳纳米管/硫纳米复合材料进行包覆,形成石墨烯/碳纳米管/硫复合正极材料,石墨烯因其独特二维结构和优良的物理化学性质非常适合用来包覆在碳硫纳米复合材料表面形成包覆结构(图 1-13),从而避免在充放电过程中多硫聚合物过多地溶解在电解液中产生穿梭现象导致容量的剧烈衰减,提高锂硫电池的循环性能,能将硫的利用率提高到 70%,库仑效率达到 92.8%。

Wang 等合成了含硫 70% 的石墨烯-PEO-硫复合材料。石墨烯-PEO硫复合材料通过两步反应制得:首先用原位沉淀法制得硫颗粒,再用 PEO 包覆对硫颗粒进行表面改性,最后经过温和氧化,和炭黑修饰后的石墨烯复合。PEO 和石墨烯包覆层在锂硫电池放电过程中有重要意义:有效调节硫颗粒在放电过程中的体积膨胀而保持电极结构完整;抑制聚硫化物在电解液中的溶解;使硫颗粒处于良好的导电网络中。石墨烯-PEO-硫复合材料在 0.2 C 充放电倍率下,首放比容量达到

750 mAh/g,循环 100 次后仍保留 600 mAh/g。

图 1-13

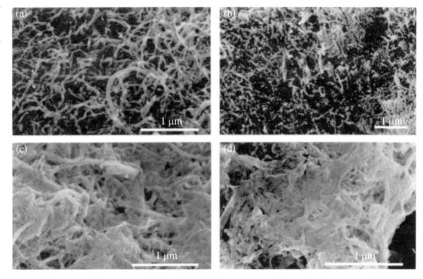

（a）碳纳米管 SEM 图；（b）碳纳米管-硫 SEM 图；（c）～（d）石墨烯/碳纳米管-硫 SEM 图

1.2.4　石墨烯在储氢领域的应用

氢气有望在汽车领域,甚至在其他可携带器械(如手机和笔记本)中成为一种有前景的能源。如果具备有效的储存装置,氢气的储存形态可以是气态或者液态。由于氢气与储氢材料之间的结合主要决定于微弱的范德瓦尔斯力,在常温下能储存的氢气少之又少。因此,高比表面积、合适的孔径是高储氢量的关键所在。石墨烯的高比表面积,为其在储氢领域的应用提供了可能。A. Ghosh 采用化学剥离法制备了少层石墨烯样品,在低温和常温下都表现出了较高的储氢能力。在 77 K、1 atm[①] 下,储氢能力达到 1.7%(质量分数),储氢量与材料比表面积呈线性关系,据此推论,同样条件下单层石墨烯的储氢能力应达到 3%(质量分数)以上。当外界条件升到 298 K、100 atm 时,所制备的少层石墨烯样品储氢能力达到 3%(质量分数)

———————

①　1 atm(标准大气压)＝101 325 Pa(帕)。

以上。同时,他们发现在195 K、1 atm下对CO储存能力高达35%(质量分数),根据第一性原理计算,同样条件下,如果采用单层石墨烯,储氢能力可达7.7%(质量分数)。2008年G. K. Dimitrakakis等将碳纳米管与石墨烯层进行结合形成三维纳米多孔材料提高储氢能力。通过调节孔隙尺寸及比表面积,采用多尺度理论计算了石墨烯-碳纳米管三维体系在室温条件下的储氢能力[图1-14(a)],在掺杂Li$^+$的条件下理论上储氢能力高达41 g H$_2$/L,接近美国能源部2010年对汽车可逆储氢实际应用标准(45 g H$_2$/L)。

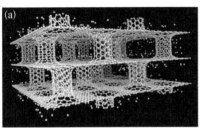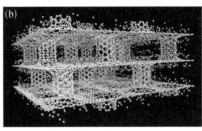

图 1 - 14

(a)77 K、3 bar① 条件下 GCMC 理论模拟纯柱状石墨烯-碳纳米管三维体系,绿色小球代表 H$_2$;(b)与(a)相同条件下,GCMC 理论模拟 Li$^+$ 掺杂的柱状石墨烯-碳纳米管三维体系,绿色小球代表 H$_2$,紫色小球代表锂原子

1.2.5 石墨烯在太阳能电池中的应用

太阳电池目前主要采用的透明电极材料是氧化铟锡,氟掺杂的氧化锡和掺杂的氧化锌,其中氧化铟锡已成为商业标准。目前氧化铟锡可见光范围的透过率为80%~90%,面电阻 Rs 为 10~100 Ω,随着透过率增加而面电阻增大。两者相互矛盾,因此需要开发具有合适透光率和电阻值的透明电极,以提高太阳能电池光电转换效率。

石墨烯具有诸多优异的性能,比氧化铟锡拥有更好的综合品质,存在替代作为太阳能电池透明电极的可能性。在可见光谱区具有高透过率;石墨烯单层厚度仅为 0.34 nm,在可见光内,石墨烯的光吸收率与层数呈

———————

① 1 bar(巴)=10^5 Pa(帕)。

线性关系。超高的载流子迁移率[室温下可达 $2 \times 10^5\ \mathrm{cm^2/(V \cdot s)}$];一方面即使载流子浓度较低,石墨烯的导电性也足够高,另一方面载流子浓度低则反射率低,相对容易穿过更大波长范围的光。说明石墨烯可以同时具备高透过率和良好的导电性,高机械强度特性和热、化学稳定性。

许多学者已经利用石墨烯制备柔性透明电极,比其他材料具有更优良的透光性,可应用于太阳能电池中。Hsu 等通过化学气相沉积法制备了大比表面积石墨烯材料,如将四氰基对醌二甲烷(Tetracyano-Quinodimethane,TCNQ)嵌入在两层石墨烯间进行掺杂制备三明治型复合材料,并作为聚合物太阳能电池中的透明电极。验证表明,将掺杂 TCNQ 的石墨烯电极与纯石墨烯电极相比较,其能量转换效率由 0.45% 增加到 2.58%,方块电阻则降低了 67%。

Chang 等研制了基于石墨烯/聚(3-辛基-噻吩)(P_3OT)纳米复合材料的新型光电化学电池(Photoelectrochemical Cell,PEC)用于光伏太阳能转换。通过对比研究,掺杂石墨烯的 P_3OT 薄膜显著改善了 PEC 电池的光电流,光电转换效率达到 10 倍以上,且石墨烯/P_3OT 纳米复合材料的开-关光电流比最高达到 100。另外,光电化学电池的性能在很大程度上取决于石墨烯/P_3OT 纳米复合材料中石墨烯的含量和形态,当纳米复合材料中石墨烯质量比为 5% 时,光电转换效率最高。

1.2.6 石墨烯在锂-空气电池中的应用

锂-空气电池具有高比能量密度,还直接贡献着电池的输出电压/输出功率,是近几年来的研究热点,其理论比容量和理论比能量分别为 3 828 mAh/g、11 425 Wh/kg(有机体系,不计氧气质量)。锂空气电池中使用的催化剂需要满足以下条件:对氧化还原反应及氧析出反应具有足够高的催化活性;稳定,不与电解液、活性物质、充放电过程中间产物反应;不会发生巨大的体积变化;电导率大;放电电压高,充电电压低,两者尽可能接近,以得到高的循环效率。最近研究发现锂-空气电池放电电压基本不受催化剂的影响,但充电电压与催化剂有很大的关系。

早期开发的混合电解液的锂-空气电池一直使用固定了的催化剂的空气电极,这种电极是以高温烧结制作出来的贵金属和贵金属合金等超微颗粒催化剂为基础,由具有高比表面积的碳材料用黏结剂黏结的缓和催化剂层及疏水处理过的空气扩散层组成,其制作工艺非常复杂,成本很高。碳类催化剂具有较多的孔隙,导电性良好,成本低,且既可做催化剂又可做催化剂载体,成为锂空气电池中使用最多的催化剂材料。石墨烯电极用于锂-空气电池领域的研究已经取得了一定的进展。石墨烯作为催化剂或催化剂基底在锂-空气电池中表现出良好的潜能,其巨大的比表面积提升了锂-空气电池的放电容量。作为催化剂使用可以有效提升锂-空气电池的循环性能;作为催化剂基底,可以在其表面牢固黏附催化剂。石墨烯同时还可以有效地降低锂-空气电池的过电位。Zhou 等用化学还原剥离的氧化石墨烯制备石墨烯片层(Graphene Nanosheet,GNS),在混合体系锂-空气电池 Li//1 mol/L LiClO$_4$/ED/DEC//LISICON//1 mol/L LiNO$_3$ + 0.5 mol/L LiOH//O$_2$ 中使用,石墨烯纳米片层单独作电极。在电流密度 0.5 mA/cm 下,GNSs/Li 电池比铂/碳电池放电电压高 20%,因为石墨烯片层表面具有大量的缺陷和边缘位,为化学反应提供活性位点。作者还研究了热处理后的石墨烯纳米片层在锂-空气电池中的应用,结果证明经过热处理,GNSs 不仅对空气中的氧气还原提供催化活性,还能改善电池的循环性能。作者解释为热处理后 GNSs 表面石墨化程度高,石墨烯纳米片表面吸收的功能团被移除,更耐 O$_2$ 腐蚀。

1.2.7　石墨烯在铝-空气电池中的应用

铝-空气燃料电池是一种新型高比能电池,金属铝作负极,空气电极作正极,电解液一般为中性盐溶液或强碱性溶液,图 1-15 为其结构示意图。具有理论比能量高(8 100 Wh/kg)、比功率中等、使用寿命长、无毒、无有害气体产生、适应性强、电池负极原料铝廉价易得等优点。

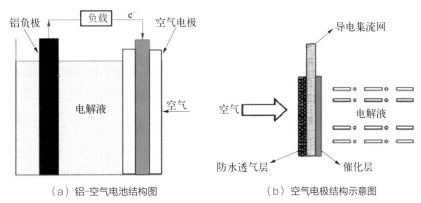

图 1-15 铝-空气
燃料电池结构示
意图

（a）铝-空气电池结构图　　　　（b）空气电极结构示意图

　　铝-空气电池的缺点是充电和放电速度较缓慢,电压滞后,这一特性由氧电极决定。氧电极是铝空气电池的核心,也是制约其产业化的关键因素。氧电极的研究主要集中在两个方面:电极结构优化,提高氧的气相传质速度;高效催化剂,克服氧还原过程中严重的电化学极化。铝-空气电池中,催化层是空气电极的最关键部分,对其电化学性能起着决定性的作用,研制高活性、长寿命、价格低廉的催化剂是提高空气电极性能的关键,而催化剂中载体起着至关重要的作用。催化剂的载体应当具有以下特征:(1)导电性能优异,能对电极反应需要的电子和电极反应产生的电子快速导入、导出;(2)结构合理,物理性能稳定;(3)比表面积大,可减少贵金属使用量、提高催化剂分散度;(4)抗腐蚀能力良好,不与电解质发生反应。碳基载体,如炭黑、乙炔黑、碳纳米管等,因其具有良好的传输电子能力及结构稳定性成为金属-空气电池催化剂载体的理想选择。石墨烯厚度只有 0.335 nm,是目前世界上发现最薄的材料。相对于其他碳基载体,具有更大的理论比表面积(约为 $2\,630\ m^2/g$)和更好的电子传导能力[约为 $2\times10^5\ cm^2/(V\cdot s)$],成为铝-空气电池催化剂载体的研究热点。

　　刘臣娟研究了石墨烯载体在铝-空气电池中的应用。采用改进的Hummers 法制备氧化石墨(Graphite Oxide,GO),热膨胀法和聚苯胺修饰法制备石墨烯,并通过微波辅助乙二醇方法制备了一系列石墨烯基 Pt-Co合金催化剂,氧化还原活性得到明显提高。他们还将石墨烯与 XC-72 和

MWCNT复合,制备多维复合型载体,当氧化石墨烯(Graphene Oxide,GO)与XC‐72质量之比为2∶1时,催化剂相对于商业催化剂(SECSA为92.8 m²/g,半波电位0.49 V)具有较高的电化学活性和更小的电化学极化(SECSA为179.4 m²/g,半波电位0.56 V),但是得到的空气电池,放电平台在恒流放电电流为30 mA时比商业催化剂低0.025 V。当GO与MWCNT质量之比为2∶1时,相对于商业催化剂具有较高的电化学活性和更小的电化学极化(SECSA为105.4 m²/g,半波电位0.54 V),放电平台在恒流放电电流为30 mA时比商业催化剂高0.06 V。

中科院宁波材料所在石墨烯复合催化剂、新结构空气阴极、金属阳极合金化、单电池制备工艺等方面取得了一系列进展,其中采用石墨烯复合锰基氧化物催化剂以及新型石墨烯基高效空气阴极将单体电池功率密度提高了25%,大幅度提升了金属空气电池综合性能。研究团队于2017年6月成功研制出基于石墨烯空气阴极的千瓦级铝空气电池发电系统,该电池系统能量密度高达510 Wh/kg、容量20 kWh、输出功率1 000 W。

1.2.8 石墨烯在能源发电装置中的应用

1. 燃料电池

石墨烯在燃料电池中作阴极催化剂载体。燃料电池在常温下不能发生反应,需要加入催化剂降低反应的活化能。目前研究最热的是负载型合金催化剂,因为负载型催化剂采用的载体一般来说比表面积大,更有利于金属的负载,能提高贵金属的利用率。燃料电池催化剂中载体的介入旨在提高催化剂中贵金属的利用率,并使催化剂经久耐用。这就要求催化剂的载体必须有良好的电导性,以利于电子的传递;较大的表面积,以使铂纳米粒子能较好地分散在载体上。碳材料因具有与催化剂物质相关的物理和化学性质,在早年就被应用于工业贵金属催化剂中。石墨烯碳材料因导电性好,力学性能好,具有孔结构且分配均匀等特性而引起了人们的关注。

Kou等对功能化的石墨烯负载的铂催化剂的氧化还原性能进行了研

究,其中功能化的石墨烯是氧化石墨经膨胀后制得的,浸渍法制备的石墨烯负载铂催化剂中铂粒子均匀分布在石墨烯上,铂的平均粒径约为2 nm,通过各种手段进行表征发现该催化剂的催化性能比商业催化剂的催化性能好。

李叶等用改进的 Hummers 法制备了氧化石墨,采用低温冷冻干燥后的氧化石墨为载体的前驱体制备了铂-镍比例为 3∶1 的 $Pt_3Ni/Graphene$ 催化剂,通过物理表征发现石墨烯上负载的是合金颗粒,粒径大小约为 3.7 nm(图 1-16),该催化剂的半波电位为 0.5 V,比商业催化剂的半波电位小,但是比商业催化剂的电化学稳定性好。他们认为石墨烯是燃料电池阴极催化剂的优良载体,用其作为载体不仅可以提高负载粒子的利用率,而且还具有很好的耐腐蚀性和电化学稳定性。

图 1-16　$Pt_3Ni/$Graphene 催化剂样品的透射显微镜照片,晶格间距及粒径分布图

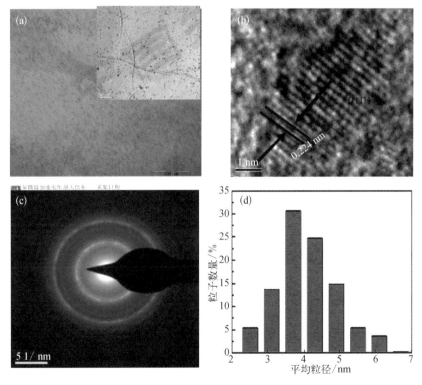

(a)$Pt_3Ni/Graphene$ 催化剂的透射电镜照片;(b)$Pt_3Ni/Graphene$ 的晶面间距图;(c)$Pt_3Ni/Graphene$ 的电子衍射图谱;(d)$Pt_3Ni/Graphene$ 粒径分布图

在质子交换膜燃料电池中，铂基电催化剂广泛应用于阴极和阳极，作氢气氧化和氧气还原的电催化剂，Jafri 等在质子交换膜燃料电池分别使用石墨烯纳米层和氮掺杂石墨烯纳米层作铂纳米颗粒载体，在阳极作为氧气还原的电催化剂，燃料电池功率密度达到 390 mW/cm^2 和 440 mW/cm^2。

2. 微生物-燃料电池

微生物燃料电池（Microbial Fuel Cells，MFC）能利用产电微生物来催化不同的电化学反应，直接将生物质能转化为电能。由于 MFC 在去除有机污染物的同时产生电能，是一种清洁可持续能源，被认为是极具前景的生物质能技术，因此近几年受到研究者的广泛关注。图 1-17 是微生物

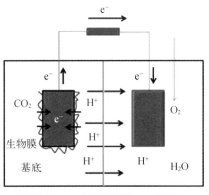

图 1-17　微生物燃料电池的工作原理示意图

阳极室　　离子交换膜　　阴极室

燃料电池的工作原理示意图。从 MFC 的构成来看，阳极是产电微生物附着的载体，不仅影响着产电微生物的附着量，还影响电子从微生物向阳极的传递，因此阳极材料对 MFC 性能的提高有着至关重要的影响。研究人员从提高电子在产电微生物和阳极材料之间的传递速率、使产电微生物能更容易、更多地附着于阳极材料等方面着手，对阳极材料的表面进行相关修饰，使其作为微生物燃料电池阳极具有良好的性能。研究人员利用碳纳米材料（碳纳米管、碳纳米纤维、石墨烯等）修饰阳极材料以使 MFC 的产电性能得到提高，其主要原因是经碳纳米材料修饰后能促进电子的转移速率和产电微生物的稳定附着。

石墨烯是二维碳纳米材料，一般研究将其作为 MFC 阴极催化剂载体，石墨烯作为催化剂时，其催化活性较差，研究中多将其作为催化剂载体。华南理工大学的 Zhang 等以石墨烯作为双室 MFC 阴极催化剂时，仅得到 118 mW/m^2 的输出功率，以四磺基铁酞氰负载于石墨烯作为催化

剂时,得到 817 mW/m² 的输出功率,与 Pt/C‑MFC 相当。Li 同时将 Fe‑N 掺杂进石墨烯,对应 MFC 功率密度为 Pt/C 的 2.1 倍。冯雷雨等采用微观爆炸法制备高含氮量(N/C = 12.5%)的氮掺杂石墨烯,应用于 MFC 阴极催化剂,得到了与 Pt/C 阴极 MFC 相当的输出功率,此方法制备氮掺杂石墨烯成本为 2.5 美元/克,大大低于 Pt 的 327.7 美元/克,具备替代优势。

3. 酶生物燃料电池

酶型生物燃料电池是一类利用酶或者微生物组织作为催化剂,将燃料的化学能转化为电能的发电装置。在酶的催化作用下,阳极燃料(糖类、醇类或胺类等)发生氧化反应产生电子,电子流经外部负载到达阴极,在阴极上氧气在酶的催化作用下接受电子发生还原反应,产生电流,如图 1‑18 所示。酶生物燃料电池有望成为一种"in‑vivo"能源植入式医疗设备,如起搏器,其最有特色的地方是可以使用人体葡萄糖和其他碳水化合物作为燃料。但是由于功率密度低、稳定性差而限制了其使用,这两个问题都与酶催化剂的固定有关。与传统无机燃料电池相比其低功率密度的原因在于酶的活性位点埋在蛋白质外壳下,阻碍了酶的活性位点与电极之间的电子传递途径。因此,需要借助氧化还原介质来提高反应过程中物质之间的电子转移速率。石墨烯具有优良的导电性能,室温下的电子

图 1‑18 石墨烯基无隔膜酶生物燃料电池示意图

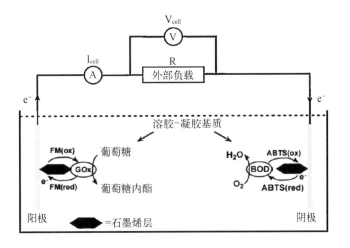

迁移率高、比表面积大,特别是石墨烯可合成为具有许多表面活性官能团部分,如羧酸、酮、醛和 C ═ C,这些羧酸和酮基都具有反应活性,可以与葡萄糖氧化酶共价结合。此外,石墨烯中扩展 C ═ C 键也能起到穿梭电子的作用。因此,石墨烯有望应用在酶生物电池中并作为电子传输媒介,从而改善酶生物燃料电池电化学性能。

参考文献

［1］ Novoselov K S，Geim A K，Morozov S V，et al. Electric field effect in atomically thin carbon films［J］. science，2004，306(5696)：666 - 669.

［2］ 刘金养.石墨烯及其复合结构的设计,制备和性能研究［J］.博士学位论文.合肥：中国科学技术大学，2013.

［3］ 何冰.石墨烯的制备表征及其性能的研究［D］.北京化工大学，2014.

［4］ Novoselov K S，Geim A K. The rise of graphene［J］. Nat. Mater，2007，6(3)：183 - 191.

［5］ Son Y W，Cohen M L，Louie S G. Half-metallic graphene nanoribbons［J］. Nature，2006，444(7117)：347.

［6］ Lee C，Wei X，Kysar J W，et al. Measurement of the elastic properties and intrinsic strength of monolayer graphene［J］. science，2008，321(5887)：385 - 388.

［7］ Zhang Y，Pan C. Measurements of mechanical properties and number of layers of graphene from nano-indentation［J］. Diamond and Related Materials，2012，24：1 - 5.

［8］ Poot M，van der Zant H S J. Nanomechanical properties of few-layer graphene membranes［J］. Applied Physics Letters，2008，92(6)：063111.

［9］ Lindsay L，Broido D A，Mingo N. Flexural phonons and thermal transport in graphene［J］. Physical Review B，2010，82(11)：115427.

［10］ Balandin A A，Ghosh S，Bao W，et al. Superior thermal conductivity of single-layer graphene［J］. Nano letters，2008，8(3)：902 - 907.

［11］ 朱宏伟,徐志平,谢丹.石墨烯——结构、制备方法与性能表征［M］.北京：清华大学出版社，2011.

［12］ Park S，Ruoff R S. Chemical methods for the production of graphenes［J］. Nature nanotechnology，2009，4(4)：217.

［13］ Zhu Y，Murali S，Cai W，et al. Graphene and graphene oxide：synthesis，properties，and applications［J］. Advanced materials，2010，22(35)：

3906 -3924.

[14] Xu Z, Xue K. Engineering graphene by oxidation: a first-principles study [J]. Nanotechnology, 2009, 21(4): 45704.

[15] Robinson J T, Burgess J S, Junkermeier C E, et al. Properties of fluorinated graphene films[J]. Nano letters, 2010, 10(8): 3001-3005.

[16] Martins T B, Miwa R H, Da Silva A J R, et al. Electronic and transport properties of boron-doped graphene nanoribbons [J]. Physical review letters, 2007, 98(19): 196803.

[17] Lherbier A, Blase X, Niquet Y M, et al. Charge transport in chemically doped 2D graphene[J]. Physical review letters, 2008, 101(3): 036808.

[18] Carr L D, Lusk M T. Defect engineering: Graphene gets designer defects [J]. Nature nanotechnology, 2010, 5(5): 316.

[19] Lusk M T, Wu D T, Carr L D. Graphene nanoengineering and the inverse Stone-Thrower-Wales defect [J]. Physical Review B, 2010, 81 (15): 155444.

[20] Nair R R, Blake P, Grigorenko A N, et al. Fine structure constant defines visual transparency of graphene[J]. Science, 2008, 320(5881): 1308-1308.

[21] 王本力.美欧日韩石墨烯产业发展现状及启示[OL].石墨烯网,2016-11-20,www.graphene.tv/201611209690/.

[22] Stoller M D, Park S, Zhu Y, et al. Graphene-based ultracapacitors[J]. Nano letters, 2008, 8(10): 3498-3502.

[23] Dong X C, Xu H, Wang X W, et al. 3D graphene-cobalt oxide electrode for high-performance supercapacitor and enzymeless glucose detection[J]. ACS nano, 2012, 6(4): 3206-3213.

[24] Cao H, Zhou X, Zhang Y, et al. Microspherical polyaniline/graphene nanocomposites for high performance supercapacitors [J]. Journal of Power Sources, 2013, 243: 715-720.

[25] Li K, Guo D, Chen J, et al. Oil-water interfacial synthesis of graphene-polyaniline-MnO2 hybrids using binary oxidant for high performance supercapacitor[J]. Synthetic Metals, 2015, 209: 555-560.

[26] Li C, Shi G. Three-dimensional graphene architectures[J]. Nanoscale, 2012, 4(18): 5549-5563.

[27] 杨德志,沈佳妮,杨晓伟,等.石墨烯基超级电容器研究进展[J].储能科学与技术,2014(1): 1-8.

[28] Liang M, Zhi L. Graphene-based electrode materials for rechargeable lithium batteries [J]. Journal of Materials Chemistry, 2009, 19 (33): 5871-5878.

[29] Liang M, Luo B, Zhi L. Application of graphene and graphene-based materials in clean energy-related devices [J]. International Journal of

Energy Research，2009，33(13)：1161－1170.

[30] He G，Ji X，Nazar L. High "C" rate Li-S cathodes：sulfur imbibed bimodal porous carbons[J]. Energy & Environmental Science，2011，4(8)：2878－2883.

[31] 郑加飞,郑明波,李念武,等.石墨烯包覆碳纳米管-硫(CNT－S)复合材料及锂硫电池性能[J].无机化学学报,2013,29(7)：1355－1360.

[32] Wang H，Yang Y，Liang Y，et al. Graphene-wrapped sulfur particles as a rechargeable lithium-sulfur battery cathode material with high capacity and cycling stability[J]. Nano letters，2011，11(7)：2644－2647.

[33] Ghosh A，Subrahmanyam K S，Krishna K S，et al. Uptake of H_2 and CO_2 by graphene[J]. The Journal of Physical Chemistry C，2008，112(40)：15704－15707.

[34] Dimitrakakis G K，Tylianakis E，Froudakis G E. Pillared graphene：a new 3-D network nanostructure for enhanced hydrogen storage [J]. Nano letters，2008，8(10)：3166－3170.

[35] 张超,陈学康,郭磊,等.石墨烯太阳能电池透明电极的可行性分析[J].真空与低温,2012,18(3)：160－166.

[36] Pang S，Hernandez Y，Feng X，et al. Graphene as transparent electrode material for organic electronics[J]. Advanced Materials，2011，23(25)：2779－2795.

[37] Hsu C L，Lin C T，Huang J H，et al. Layer-by-layer graphene/TCNQ stacked films as conducting anodes for organic solar cells[J]. AcsNano，2012，6(6)：5031－5039.

[38] Chang H，Liu Y，Zhang H，et al. Pyrenebutyrate-functionalized graphene/poly （ 3-octyl-thiophene ） nanocomposites based photoelectrochemical cell [J]. Journal of electroanalytical chemistry，2011，656(1－2)：269－273.

[39] 黄澍,王玮,王康丽,等.石墨烯在化学储能中的研究进展[J].储能科学与技术,2014(2)：85－95.

[40] Yoo E，Zhou H. Li-air rechargeable battery based on metal-free graphene nanosheet catalysts[J]. ACS nano，2011，5(4)：3020－3026.

[41] 刘臣娟.铝-空气电池阴极催化剂的制备及表征[D].哈尔滨工业大学,2013.

[42] 苏石香.中科院宁波材料所用石墨烯研制千瓦级铝空气电池.中国科学报,2017－06－12. http：//news. sciencenet. cn/htmlnews/2017/6/378984. shtm.

[43] Cao R，Lee J S，Liu M，et al. Recent progress in non-precious catalysts for metal-air batteries[J]. Advanced Energy Materials，2012，2(7)：816－829.

[44] Yoo E J，Kim J，Hosono E，et al. Large reversible Li storage of graphene nanosheet families for use in rechargeable lithium ion batteries[J]. Nano

letters，2008，8(8)：2277 - 2282.

[45] Jang B Z，Liu C，Neff D，et al. Graphene surface-enabled lithium ion-exchanging cells：next-generation high-power energy storage devices[J]. Nano letters，2011，11(9)：3785 - 3791.

[46] Kou R，Shao Y，Wang D，et al. Enhanced activity and stability of Pt catalysts on functionalized graphene sheets for electrocatalytic oxygen reduction[J]. Electrochemistry Communications，2009，11(5)：954 - 957.

[47] 李叶.石墨烯基燃料电池阴极催化剂的制备及氧还原性能研究[D].哈尔滨工业大学,2014.

[48] Jafri R I，Rajalakshmi N，Ramaprabhu S. Nitrogen doped graphene nanoplatelets as catalyst support for oxygen reduction reaction in proton exchange membrane fuel cell[J]. Journal of Materials Chemistry，2010，20(34)：7114 - 7117.

[49] Brownson D A C，Kampouris D K，Banks C E. An overview of graphene in energy production and storage applications[J]. Journal of Power Sources，2011，196(11)：4873 - 4885.

第 2 章

石墨烯的制备

2.1 简介

　　石墨烯作为一种二维纳米材料,自 2004 年被发现以来引起了人们的广泛关注,"石墨烯热"主要归功于其优异的性能和广阔的应用前景。电性能方面,单层石墨烯是半金属性质,其载体是可用狄拉克方程描述的无质量的狄拉克费米子。同时,单层石墨烯中的电子结构在第一布里渊区的两个狄拉克点处具有带重叠,室温下的电子迁移率可以达到$2.5 \times 10^5 \ cm^2/(V \cdot s)$,单层石墨烯可以承受的最大电流密度是铜的几百万倍。机械性能方面,单层石墨烯的杨氏模量为 0.5～1.0 TPa,内在强度约为 130 GPa,接近理论预测值。此外,单层石墨烯具有约为 $3\,000 \ W/(m \cdot K)$ 的较高热导率,极高的气体渗透阻力以及约为 97.7% 的透明度等。这些独特的性能使石墨烯适用于如电子器件、光子器件、先进复合材料、涂料、能源等存储、传感器、计量学以及生物学等诸多应用,进而也刺激了石墨烯的生产制备的研究发展。

　　时至今日,用于生产石墨烯的制备方法已经被提出很多,这些方法可以分为两大类,即自上而下方法和自下而上方法。前者建立在石墨的剥离技术上,后者则依赖于分子的化学反应构建块区来形成共价连接的二维网络。而机械剥离法、化学剥离法、化学合成法以及热化学沉积法是目前最常用的几种方法。化学气相沉积法和外延生长法是典型的自下而上的技术,其制备的石墨烯质量高、缺陷少,是电子器件的良好备选材料。然而,这些基于衬底的技术受到成本和规模的限制,并且不能满足石墨烯的宏量要求。而液相剥离石墨的直接剥离方法已经证明了自上而下技术用于低成本大规模生产石墨烯的可能性。此外,诸如纳米管裁剪、微波合成等一些其他技术也被相继报道出来,但仍需进一步的拓展研究。图 2-1 中给出了一些石墨烯合成技术的总览。

　　1975 年,通过化学分解方法少层石墨在单晶铂表面被合成,但当时并未被认定为石墨烯,其原因可能是当时表征技术的缺少或是其自身应

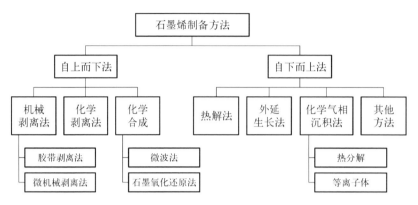

图2-1 石墨烯制
备方法概览

用可能性的限制。

1999年，为了通过减少石墨层数实现单原子层石墨烯的制备，高度
有序热解石墨（Highly Ordered Pyrolytic Graphite，HOPG）原子力显微镜
（Atomic Force Microscope，AFM）下的机械剥离方法被首次提出。然而
单层石墨烯首次制备成功并报道却在2004年，实验中，研究者使用胶带
反复在基体上进行粘贴、剥离，最终得到石墨烯层。研究者发现这项技术
可以用于制备不同层数的石墨烯，并且简单有效。AFM下的机械剥离同
样被认为是制备少层石墨烯的可行性方案，但是受其制备过程限制，所制
备的石墨烯厚度在10 nm左右，相当于30层左右。

化学剥离法是在分散后的石墨溶液中进行，通过在石墨层间嵌入大
尺寸的碱离子完成剥离。相似地，化学合成法包含了合成氧化石墨、溶剂
中分散、联氨还原等过程。

同碳纳米管的合成类似，催化热化学沉积法则证明是制备大尺寸石
墨烯的最佳方式之一。其中将热分离碳置于一种催化活性转变金属表
面，在大气压或低压下高温环境中形成一种蜂窝状石墨框架。当热化学
沉积过程在电阻加热炉中实现时，被叫作热化学沉积法；而当热化学沉积
过程中包含了等离子辅助生长技术，则被叫作等离子增强化学沉积法
（Plasma-Enhanced Chemical Vapor Deposition，PECVD）。

总之，上述的各种制备方法是其各自领域中的标准，并依赖于石墨烯
的最终应用手段，所有的合成方法都有其各自的优势与劣势。例如，机械

剥离法可用于制备单层或少层石墨烯,但是其获得的结构在相似度及可靠性上较低,同时,在制备大尺寸石墨烯时使用机械剥离法仍存在一系列挑战。

单层或少层石墨烯可以通过胶带剥离法轻松获得,而大量研究需要先进的设备制造提供先决条件,这使得生产工艺向产业化转变的难度大大增加。

此外,化学合成工艺(包括氧化还原制备法)是低温加工,这使得石墨烯在不同类型的基体上进行室温下的制备更加容易,特别是熔点较低的聚合物基体;然而通过这种制备方法获得的大尺寸石墨烯在均匀性和一致性上仍然不能满足要求。另一方面,氧化还原石墨烯(RGO)制备常常伴随着氧化物的还原过程的不完全,导致依赖还原程度的电学性能的退化,具体表现为导电性的降低。相反,热化学沉积法在大尺寸器件制备上更有优势,并且对未来代替硅基半导体的互补型金属氧化物传感器(Complementary Metal Oxide Sensor,CMOS)技术的发展更加有利。

SiC 表面的热石墨化过程,即外延生长制备方法是石墨烯的另一种制备方法,但由于其工艺温度过高,无法通过任何载体进行转移,使得其通用性受到限制。由此而言,热化学沉积法在制备过程中热化学催化的碳原子可以存储于金属表面,并能通过基体进行大范围转移,这使其成为具有独特性的技术,然而石墨烯层的可控性和低温石墨烯合成也同时成为这项技术的挑战。

下面的章节将会对一些石墨烯的制备方法和它们的原理及关键技术进行详细描述。

2.2　机械制备法

2.2.1　机械剥离机制

石墨烯的物理制备法是在保存石墨片层晶体晶格的完整性的同时,

通过破坏石墨片层间的 π－π 键的作用得到石墨烯。机械剥离法是物理制备法的主要方法,也被认为是石墨烯制备的最早方法,其原理是采用一定的剪切力、摩擦力、拉伸力等机械力作用在石墨材料上,将石墨烯从石墨基体上剥离出来。

在自上而下概念中,石墨烯是通过剥离石墨来制备的。在这个过程中,理想的情况是石墨烯可以逐层从块状石墨上剥离,其要克服的阻力是相邻石墨烯薄片之间的范德瓦尔斯吸引力。而如何克服这种范德瓦尔斯吸引力、完成层间剥离获得石墨烯,则一定程度上属于一个机械问题。

通常,将石墨剥离成石墨烯薄片的机械途径有两种,即法向拉力和侧向的剪切力。当剥离两个石墨层时,可以通过施加法向拉力来克服范德瓦尔斯吸引力,例如通过透明胶带进行微机械解理。另一种剥离方式是通过石墨的横向自润滑能力,可以通过施加剪切力来促进两个石墨层之间的相对运动。这两种机械路线如图 2-2 所示,应该注意的是,在迄今为止报道的所有剥离技术中,这两种机械路线是生产石墨烯的必要条件。可以预期,通过定制这两种机械路线,可以控制石墨的剥离以高效地获得高质量的石墨烯。

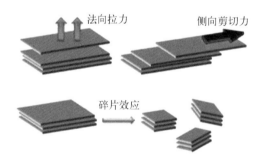

图 2-2 石墨剥离石墨烯薄片的两种力学途径及破碎辅助途径示意图

此外还有一种辅助途径是剥离过程中的碎裂效应,剥离技术产生的力也可以将大石墨颗粒或石墨烯层分解成较小的颗粒,如图 2-2 所示。这种碎片效应具有双重性,一方面它使石墨烯的横向尺寸减小,不利于获得大面积石墨烯;另一方面,由于较小的石墨片层间的集体范德瓦尔斯相互作用力较小,使得较小的石墨片比较大的石墨片更容易剥落,它有利于层片的剥离。就上述两种机械路线而言,下面的章节将回顾几种机械剥离技术。

2.2.2　微机械剥离

这种方法最早是由 1999 年 RUOFF 等提出,他们首次提议采用原子力显微镜尖端对柱状 HOPG 进行等离子刻蚀。如图 2-3(a)(b)所示,剥离出的石墨层片最薄厚度约为 200 nm,即包含 500~600 片原子石墨烯片层。这种制备方法应用自上而下的纳米技术,通过这种技术可使层状结构材料表面产生纵向或横向的压力,再利用透明胶带或原子力显微镜(AFM)尖端从材料基体上进行剥离,得到单层或少层石墨烯。堆叠在一起的单原子石墨烯层片在微弱的范德瓦尔斯力的作用下形成石墨,其中层片间距为 0.334 nm,层间表面能为 2 eV/nm^2。

图 2-3　HOPG上进行 AFM 尖端机械剥离石墨薄片层的扫描电镜照片

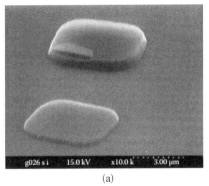
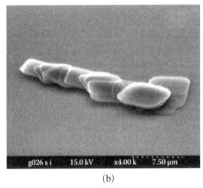

(a)　　　　　　　　　　　(b)

2005 年 Zhang 等试图通过使用无定形 AFM 悬臂切割 HOPG,使石墨烯生产方法在较大规模上得到进一步改进,这种受控剥离技术包含一种预定了弹簧常数的悬臂,其作用是为剥离石墨薄片传递所需的剪切应力。应用该技术制备的石墨烯薄片厚度最薄约 10 nm,但是该技术无法获得单层或双层石墨烯。其研究显示,应用机械剥离法从石墨烯上剥离一个单原子厚度的石墨烯层需要外部提供的应力约为 300 nN/μm^2。

然而首例真正问世的石墨烯片和 2010 年的诺贝尔物理学奖的诞生都归功于 2004 年的微机械解理 HOPG 制备方法。这种方法的主要思路是对大块 HOPG 表面的石墨烯层进行剥离。如图 2-4 所示,该方法的剥离力学是通过透明胶带施加到 HOPG 表面上的法向力实现的,石墨层会随着这种法向作用力的多次重复施加变得越来越薄,最后可获得单层石墨烯。应用该方法制备石墨烯,样品质量高、尺寸大,但是比较耗费人力和时间,仅限于实验室研究,几乎无法实现产业化。

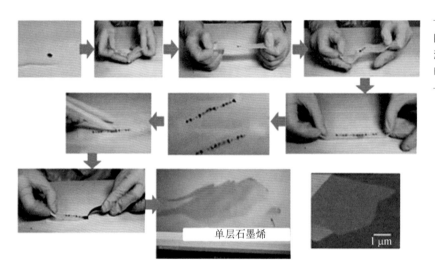

图 2-4 基于胶带法的微机械切割 HOPG 的流程

2004 年曼彻斯特大学的 A. K. GEIM 和 K. S. Novoselov 等通过机械分离法首次成功制备了名为石墨烯(Graphene)的以 sp² 轨道杂化方式连接的 C 单原子按正六边形紧密排列成的蜂窝状的二维原子晶体结构。图 2-5 为石墨烯的结构示意图。

在 2004 年 A. GEIM 和 K. Novoselov 报道了 SiO_2/Si 基体上制备单层或少层石墨烯的机械剥离法及其性能后,学术界爆发了碳基纳米材料的研究热潮。由于新型制备方法的提出和薄层石墨特殊性能的发现,A. Geim 和 K. Novoselov 被认为为石墨烯行业乃至学术界做出了巨大贡献,并获得了 2010 年诺贝尔物理学奖。

A. Geim 和 K. Novoselov 等使用胶带从 1 mm 厚的 HOPG 上实现了

图 2-5　石墨烯的
结构示意图

石墨烯层片的机械剥离制备技术。其制备过程如下：首先使用氧等离子
体在石墨片晶顶部干燥刻蚀出毫米级厚度的石墨平台；随后将得到的石
墨台面表面压在玻璃衬底上的 1 mm 厚的湿光刻胶层上，再进行烘干处
理，使 HOPG 台面紧密地附着于光刻胶层上；然后，使用透明胶带逐渐剥
离石墨片并将其溶解于丙酮中，使用 Si 晶片（附着于 SiO_2 顶层的 n 掺杂
的 Si）将石墨烯（单层和少层共存）从丙酮溶液转移到 Si 基板上，并用水和
丙醇进行清洗；最终，在晶片的表面上发现附着其上的石墨烯薄片（厚度
小于 10 nm），两者间的附着力被认为是范德瓦尔斯力或毛细作用力。图
2-6 所示为使用透明胶带剥离方法在 SiO_2/Si 基底上切片得到的石墨烯
薄片的光学显微照片，根据图 2-6(b)所示，使用机械剥离可以同时制备
具有不同层数的多种类型石墨烯薄片。

图 2-6

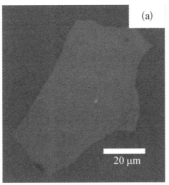
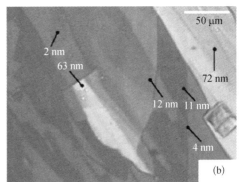

　　（a）SiO_2/Si 基体上通过胶带剥离法制备的少层石墨烯薄片（约 3 nm 厚）光学显微照片
（白光下）；（b）AFM 下多种厚度的石墨化薄膜

为了节省劳动力和提高效率,Jayasena 等设计了一种类似车床的实验装置来切割 HOPG 样品以产生石墨烯薄片,如图 2-7 所示。将 HOPG 样品嵌入环氧树脂中并修剪成金字塔形状,如图 2-7(a)和图 2-7(b)所示,并将其置于与切割工具对齐位置。用于切割 HOPG 的工具是一种超锐利的单晶金刚石楔形块,其装于超声波振荡系统上,如图 2-7(c)所示。当 HOPG 工件材料向下朝固定的金刚石楔的超锐利边缘缓慢进给时,会发生类似"车床"的行为,而从金刚石楔表面滑落的"车床产品"则是裂开的石墨薄片。该方法的应用类似车床,且可以在可用的车床技术中按比例放大,但所获得的薄片较厚,其厚度达数十纳米。为了获得高质量的石墨烯,需要进一步精确控制金刚石楔。

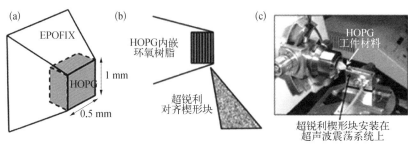

图 2-7

(a)嵌入环氧树脂并修剪成金字塔形状 HOPG 工件;(b)HOPG 层的楔形装置对齐示意图;(c)实际实验装置

另一种受胶带法启发的微机械技术是关于三辊研磨设备配合聚合物黏合剂的应用,制备工艺如图 2-8 所示。将聚二氯乙烯(PVC)溶于邻苯二甲酸二辛酯(DOP)中作为黏合剂,其在原始微机械剥离中起到与透明胶带类似的作用。石墨薄片的分散和剥离都发生在黏合剂中,如图 2-8 所示,移动的轧辊可以驱动石墨薄片以倒 S 形曲线从进给辊运转到皮圈辊,然后再运转回进给辊,从而实现连续剥离。然而,尽管三辊轧机是橡胶工业中非常普遍的工业技术,且应用此种方法进行剥离确实行之有效,但产物中残留的 PVC 和 DOP 却很难完全去除。

石墨烯超级电容器

图 2-8 通过三辊
研磨机剥离天然石
墨示意图

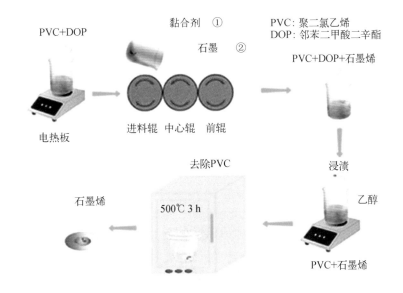

2.2.3 球磨

如图 2-1 中所示,除了基于法向作用力为主导的剥离方式外,剪切作用力也可用于石墨横向剥离石墨烯薄片中。球磨是粉末生产行业中一种常用技术,能够有效提供剪切作用力。图 2-9 中给出了球磨剥离石墨烯过程中产生的机械作用力,在大多数球磨设备中,会产生剥离和破碎两

图 2-9 通过球磨
进行剥离的力学原
理示意图

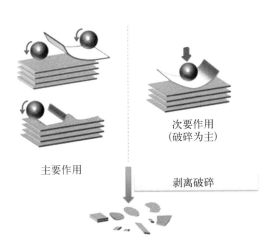

种效果。剪切力是产生机械剥离主要的作用力,所产生的效果也是制备大尺寸石墨烯薄片过程中期望获得的;而另一种效果,则是球在滚动动作中施加的碰撞或垂直冲击所产生的破碎效果,会将大片破碎成小片,有时甚至会将晶体结构破坏成无定形或非平衡相,是制备过程中的二次效应,因此,为获得高质量和大尺寸石墨烯需要将产生破碎效果的二次效应降到最低。

1. 湿法球磨

最初,球磨技术只是用来减小石墨的尺寸,随后的使用过程中研究者发现,通过球磨可以获得低至 10 nm 厚度的石墨片,但是这种研磨方案无法更进一步地获得石墨烯。直到 2010 年,基于与超声液相剥离石墨烯相同的想法,Knieke 等和 Zhao 等改进了研磨技术,使得石墨烯能够以此方式获得。行星式球磨和搅拌介质研磨两种球磨技术才开始被广泛使用。

近几年,湿法行星式球磨石墨制备石墨烯的方法一直被持续研究。Zhao 等将石墨分散在如 DMF、NMP、四甲基脲等"合适"的溶剂中,利用二者间足以克服石墨烯片层间范德瓦尔斯力的表面能,通过行星式球磨机湿法球磨技术制备出了石墨烯。该方案依赖于长时间(约 30 h)的球磨,球磨过程中行星式旋转托盘应控制在约 300 r/min 的低速条件下进行旋转,以确保剪切应力占主导地位。如十二烷基硫酸钠一类的表面活性剂的水溶液也可以用作球磨石墨的湿润介质,但其剥离程度相对较低,需要后续进行超声处理。为了提高剥离程度和效率,Aparna 等将高能球磨技术和强力水性剥离剂相结合,将石墨分散到 1-芘羧酸和甲醇的混合液中,发现与使用 DMF 相比,剥离速度有较大提升。与上述方案相似,Rio-Castillo 等使用三聚氰胺作为剥离剂插入石墨层,发现球磨过程中加入少量溶剂可以增强插层效果,从而有效促进石墨层剥离,并成功将碳纳米纤维通过球磨剥离制备成单层石墨烯,其示意图如图 2-10 所示。

值得注意的是,上述工作都是采用行星式球磨方式。行星式球磨的

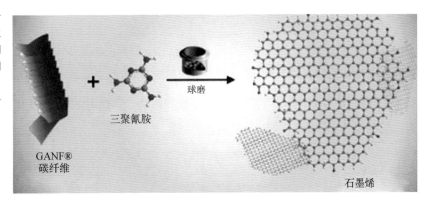

图 2- 10 采用三聚氰胺作为剥离剂球磨碳纳米纤维剥离石墨烯示意图

GANF® 碳纤维
＋
三聚氰胺
球磨→
石墨烯

优点在于其高能量有利于组合功能化和剥离的形成,而其缺点是处理时间较长,需要几十小时,有时甚至需要超声等辅助手段进行后续分散处理。Knieke 等和 Damm 等采用搅拌介质湿法研磨,与行星式球磨相比,其研磨过程中使用的研磨介质更小且温度控制更方便。从技术角度来看,他们完成了对剥离过程中的铣削工具、分层介质尺寸和搅拌器转速的优化。通过使用振动板作为铣削工具进行 1 h 的分散处理,他们发现分散的碳浓度随着 ZrO_2 珠粒尺寸的增加而增大,而少层石墨烯(FLG)浓度和占比在 ZrO_2 珠粒尺寸为 100 μm 时达到最大,如图 2 - 11(a)所示。图 2 - 11(b)给出了搅拌器叶尖速度对搅拌介质研磨效果的影响,采用 100 μm 直径的 ZrO_2 珠粒作为分层介质进行搅拌研磨 1 h,对比发现其分散碳浓度和 FLG 浓度明显高于振动板中的浓度,该结果表明搅拌介质研磨机比振动板更有效。

图 2- 11

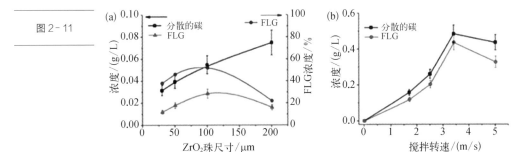

(a)分散的碳浓度和 FLG 浓度以及产品中 FLG 的百分比 ZrO_2 珠粒尺寸变化的拟合曲线;(b)分散的碳浓度和 FLG 浓度随搅拌尖端速度的变化

2. 干法球磨

除湿磨外，干磨也可用于石墨烯的制备。通过球磨石墨与化学惰性水溶性无机盐的混合物，可以实现石墨中的层间位移，随后对产物进行水洗或超声处理可以得到石墨烯粉末，其过程如图2-12所示。此外，在组合官能化和剥离方面，干磨的实用性也更强。

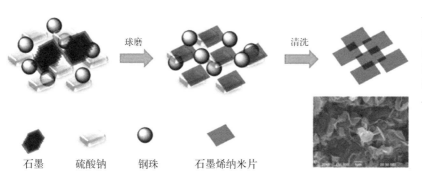

图2-12 可溶性盐辅助球磨制成石墨烯纳米片粉末的示意图

石墨　硫酸钠　钢珠　石墨烯纳米片

Lin等利用类似于硫和石墨烯的电负性以及它们之间的巨大吸引力，对化学改性石墨与单质硫的混合物进行球磨，得到石墨烯/硫复合物。其中硫分子被固定在石墨烯片层上，如图2-13所示。Leon等利用了氢键网络与石墨烯表面形成的多点交互作用，通过球磨处理实现了固体条件下石墨与三聚氰胺的交互作用，并成功剥离出石墨烯。

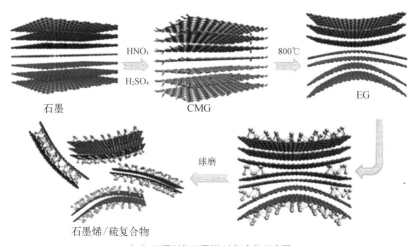

图2-13

（a）石墨制备石墨烯/硫复合物示意图

（b）球磨石墨片与硫制备的石墨烯/硫复合物

不同于以上这些基于石墨烯基面功能化的方法,Jeon 提出了一种基于石墨烯边缘功能化的球磨制备石墨烯的方法,此方法可实现石墨烯的大规模制备。他们将石墨在氢气、二氧化碳、三氧化硫或二氧化碳/三氧化硫气氛下进行干燥研磨石墨,随后将产物置于潮湿空气中获得官能化的石墨烯薄片。将纯净的原始石墨与干冰一同进行 48 h 球磨后,获得了均匀且更细小的羧化边缘石墨颗粒(100~500 nm)。羧化边缘石墨在各种溶剂中都有较高的分散度,并且可以自剥离成单层和少层石墨烯纳米片。

虽然球磨技术被认为是石墨烯大规模生产的一种可行方案,但研磨介质的高能碰撞下所引起的缺陷不十分清楚。由于在研磨过程中不能防止研磨介质之间的碰撞,因此碎裂和缺陷是不可避免的。球磨技术对于石墨烯的制备是一把双刃剑,一方面可用于功能化石墨烯制备,并有利于石墨烯层剥离的有效实现,另一方面,又会减少石墨烯的尺寸并引入缺陷,尤其是基底缺陷,因此球磨方式的选择应取决于不同级别石墨烯的要求。

2.2.4 其他

值得一提的还有两种机械剥离方法,虽然还不太深入。一种是爆轰技术,它依赖于强大冲击波和热能来实现高能剧烈的剥离。尽管此种方法非常有效,但由于使用氧化石墨作为前驱体,其产物是氧化石墨烯而非纯净的石墨烯。另一种是超临界流体辅助剥离,它依赖于超临界流体的高扩散性、可扩展性和溶剂化能力。超临界流体可以渗透到石墨层之间的间隙中,一旦进行快速减压,超临界流体将迅速膨胀,产生用于剥离石墨的法向作用力。

Pu 等通过将膨胀的 CO_2 气体排放到含有分散剂十二烷基硫酸钠的溶液中,从而获得了石墨烯薄片,是含有约 10 个原子层的典型石墨烯薄片。Rangappa 等扩展了超临界流体的概念,他们利用乙醇、NMP 和 DMF 的超临界流体直接将石墨晶体剥离成石墨烯薄片。如图 2-14 所示,将溶剂加热至高于其临界温度,由于具有低界面张力、优异的表面润湿性和高扩散系数,这些超临界流体可以快速渗透到具有高溶剂化能力的石墨夹层中,并可以在 15 min 的最短反应时间内实现石墨向下少于 10 层的剥离片层。其中 90%～95% 的剥离片低于 8 层,单层石墨烯 6%～10%。

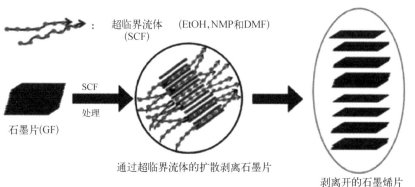

超临界流体 (EtOH,NMP和DMF)
(SCF)

SCF
处理

石墨片(GF)

通过超临界流体的扩散剥离石墨片

剥离开的石墨烯片
(1~10层)

图 2-14 使用乙醇(EtOH)、NMP 和 DMF 的超临界流体将石墨晶体剥离成石墨烯的示意图

应用以上制备方法制备石墨烯工艺简单、样品质量高,但存在较大的偶然性,其制备出的石墨烯尺寸大多较小且产量较低,无法满足石墨烯的大面积和规模化制备,只适用于实验室的基础研究。

这些机械剥离技术所生产的石墨烯被用于 FET 器件的制造,由于其对未来电子应用科学技术的影响,使得碳纳米电子学领域爆发了石墨烯研究的热潮。目前为止,与石墨烯相关的出版物数量一直呈指数增长,而基于此种原因,该工艺也被扩展到一些其他二维平面材料的制备,例如氮化硼(BN)、二硫化钼(MoS_2)、$NbSe_2$ 和 $Bi_2Sr_2CaCu_2O$ 等。

然而,对于大规模、无缺陷、高纯度的石墨烯,机械剥离过程需要进一步改进,以使其能够应用于纳米电子学中。针对这方面,Liang 等提出了

石墨烯超级电容器

一种有趣的晶圆级石墨烯的制备方法,通过对集成电路的切割和选择转印方法来实现,但是具有层数受控的一致性、大尺寸石墨烯的制备仍然是一个挑战。

2.3　纳米管裁切

Chen 等提出了一种新的石墨烯合成方法,其过程是通过使用化学和等离子体蚀刻方法对碳纳米管(Carbon Nanotubes,CNT)进行纵向裁剪,裁剪后的碳纳米管形成了一条边缘笔直的细长的石墨烯条带,被称为石墨烯纳米带(Graphene Nanoribbon,GNR)。随着石墨烯纳米带宽度方向尺寸的不断缩减,其电子状态可以从半金属转变为半导体。因此,有关薄带石墨烯纳米带电子特性的研究目前仍属于热点研究。根据初始纳米管的类型是多壁还是单壁,最终产物将分别对应多层石墨烯和单层石墨烯。

Cano-Marquez 等通过嵌入锂(Li)和氨(NH_3)随后进行剥离的方法,给出了一种纵向展开多壁碳纳米管(Multiwalled Carbon Nanotubes,MWNTs)的新型化学路径。他们将 CVD 法制备的 MWNTs 分散在干燥四氢呋喃(THF)中,然后加入纯度 99.95%的 NH_3 水溶液,同时置于干冰浴中并保持温度于 $-77℃$。以锂/碳比为 10∶1(Li∶C = 10∶1)的比例向 MWNTs 中加入锂,使嵌入过程持续若干小时。随后,将 HCl 掺入混合溶液中进行混合,促进剥离进一步完全。他们提出了一种插层剥离机制,并表示其是由带负电的 MWNTs 和 NH_3 中溶剂化的 Li^+ 之间的静电引力引发的。当 HCl 与 Li 离子反应,并且同时中和 NH_3 导致纳米管进一步变形时会产生放热反应,这部分反应放出的热量会促进一些未脱落或部分脱落的纳米管因热处理而进一步脱落。该方法制备的完全剥离的 MWNTs 约 60%,其中包括非常少量($0 \sim 5\%$)的部分剥离的MWNTs。

同一时间,Tour研究小组对通过不同化学过程裁剪纳米管进行了研究。他们报道了通过使用 H_2SO_4、$KMnO_4$ 和 H_2O_2 基于溶液的逐步的氧化过程来打开 CNT 的侧壁。通过对溶液中氧化剂 $KMnO_4$ 浓度的连续增加(100%~500%)促进 MWNTs 连续层的更大程度展开。然而,所得产物是氧化的 GNR,为了恢复其电性能,需要使用1%(体积分数)的氢氧化铵(NH_4OH)和1%(体积分数)的一水合联氨($N_2H_4 \cdot H_2O$)对其进一步还原。此外,MWNT 的初始直径为 40~80 nm,使得其展开后所得到的 GNR 的厚度增加到 100 nm 以上,而 GNR 的长度与 MWNT 的初始长度相同,约为 4 mm。文中作者还介绍了单壁纳米管(SWNT,平均高度13 nm)的打开及其生成的局部缠绕的 GNR,打开后平均厚度减小约 1 nm。

Jiao 等报道了一种简单易操作的裁切技术,他们称之为受控裁切技术。图 2 - 15 给出的纳米管制备纳米带的过程如下:将原始直径为 4~18 nm 的 MWNTs 悬浮液沉积到经过 3 - 氨丙基-三乙氧基硅烷预处理的 Si 基材上;将聚甲基丙烯酸甲酯(PMMA)溶液旋涂在基底上,随后在 170℃ 下烘烤 2 h;再在 80℃ 下使用 1 mol/L KOH 溶液剥离 PMMA 涂覆

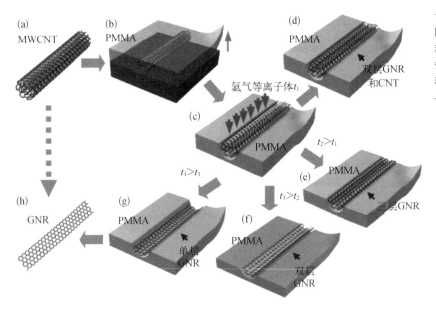

图 2 - 15 等离子刻蚀剪裁纳米管制备石墨烯纳米带流程示意图

后的 MWNTs 薄膜；之后，使用 Ar 等离子体将 MWNT 壁蚀刻掉，再以丙酮蒸气除去 PMMA。MWNTs 的平均直径为 6～12 nm，经等离子体蚀刻后所得 GNR 宽度为 10～20 nm。

Jiao 等制备的代表性的单层 GNR 和少层 GNR 的台阶高度为0.8～2.0 nm，他们表示在保持较高的过程产率的同时，此过程极易产生具有不同层数的高质量 GNR。在这种情况下，单层到几层 GNR 的产量还取决于直径、MWNTs 同心管的数量和等离子体蚀刻时间。

同时，最近的几份研究报告显示了纳米电子学领域 GNR 的未来前景，但需要对制造工艺进行进一步的控制，以实现用于可扩展器件制造的高纯度、无缺陷的受控合成工艺。

2.4 淬火法

淬火法制备石墨烯的原理是通过在快速冷却过程中造成内外温度差产生的应力，使得物体出现表面脱落或裂痕，继而使得石墨烯从石墨上剥落下来。Lee 等以 HOPG 为原料，以碳酸氢铵溶液为媒介，采用淬火技术成功地制备了单层和多层石墨烯。该方法与机械剥离法相比，可以在短时间内获得较多石墨烯。但是制备所需的 HOPG 也同时增加了制备所需的成本。

田春贵课题组找到了膨胀石墨作为一种价格低廉的替代品并使用淬火法成功制备了高质量的石墨烯。制备原理如图 2 - 16 所示，膨胀石墨由于层间含有插层的无机离子，膨胀石墨层间距较大，层间作用力较弱，更容易剥离。为了使膨胀石墨有效剥离，他们使用了氨水和肼为淬火介质。导电原子力表征指出该方法制备的石墨具有优异的导电性，大约为氧化石墨还原法制备的石墨烯的几十倍。通过反复的淬火处理，80% 的膨胀石墨可转化为单层、双层石墨烯或多层石墨烯。

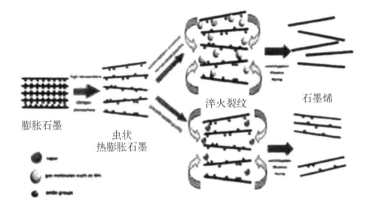

图 2 - 16 以膨胀石墨为原料制备石墨烯的示意图

膨胀石墨

虫状
热膨胀石墨

淬火裂纹

石墨烯

2.5 化学气相沉积（CVD 法）

化学气相沉积法（Chemical Vapor Deposition，CVD）首次在规模化制备石墨烯的问题方面有了新的突破，它是反应物质在气态条件下发生化学反应，生成固态物质沉积在加热的固态基体表面，进而制得固体材料的一种工艺技术，原理如图 2 - 17 所示。Kim 等在 SiO_2/Si 衬底上沉积厚度为 300 nm 的金属镍，然后将样品置于石英管内，在氩气环境中加热到 1 000℃，再通入流动的混合气体（其中含甲烷氢气和氩气），最后在氩气气氛下快速冷却（冷却速率为 10℃/s）样品至室温，即制得石墨烯薄膜。用溶剂腐蚀掉镍，使石墨烯薄膜漂浮在溶液表面，然后可将石墨烯转移到任何

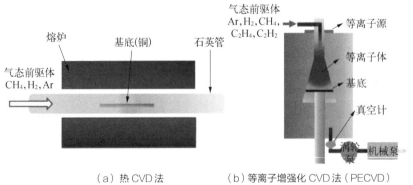

图 2 - 17 CVD 法原理图

熔炉　基底(铜)　石英管

气态前驱体
CH_4, H_2, Ar

气态前驱体
Ar, H_2, CH_4,
C_2H_4, C_2H_2

等离子源

等离子体

基底

真空计

涡轮泵　机械泵

（a）热 CVD 法　　（b）等离子增强化 CVD 法（PECVD）

所需的衬底上。用制作镍层图形的方式,能够制备出图形化的石墨烯薄膜。他们发现,后期从基体上有效分离出石墨烯片的决定性因素是这种快速冷却的方式。此法制得的样品未经强烈的机械力以及化学药品的处理,保证了石墨烯样品的结晶完整度,有望获得高导电性和高力学性能的石墨烯片。

用 CVD 法可以制备出大面积高质量的石墨烯,但是理想的基片材料单晶镍的价格太昂贵且工艺复杂,这可能成为影响石墨烯工业化生产的重要因素。目前使用这种方法得到的石墨烯在某些性能上(如输运性能)可以与机械剥离法制备的石墨烯相媲美,但后者所具有的另一些属性(如量子霍尔效应)并没有在 CVD 法制备的石墨烯中观测到。同时,CVD 法制备的石墨烯的电子性质受衬底的影响很大。

2.5.1 热化学气相沉积

1975 年 Lang 等首次报道了通过热 CVD 法在 Pt 上沉积单层石墨材料。他们发现乙烯在 Pt 上的分解会导致石墨覆盖层的形成和基底的表面重排。后来,Eizenberg 和 Blakely 在 1979 年报道了在 Ni(111)面上形成石墨层。该过程需要在 1 200~1 300 K 的高温下用碳对单晶 Ni(111)面进行一段时间(约 1 周)的掺杂,然后进行淬火。在 Ni(111)上发现有碳相缩合现象,对其进行详细的热力学分析发现,Ni(111)面上的碳相偏析完全取决于淬火速率。

自那以后近二十年,由于无法找到薄层石墨半导体作为半导体及透明导体等的可能应用,该区域尚未被进一步探索。21 世纪初,因为探索了单层和少层石墨薄片的不寻常性质,石墨烯的发现创造了一个研究热潮,并引起了科学界和工业界的极大关注。此外,石墨烯的理化性质被仔细研究审查,并以此开创了基于石墨烯的电子学的新领域。

2006 年,在 Ni 箔上使用 CVD 法进行石墨烯的合成被首次尝试,其前驱体是樟脑——一种化学式为 $C_{10}H_{16}O$ 的萜类白色透明固体。该文献中给出的合成方法是通过两步完成的,首先樟脑在 180℃ 下沉积在 Ni 箔上,随后在 Ar 气氛中以 700~850℃ 进行热解。使用透射电子显微镜

(Transmission Electron Microscope，TEM)进行分析，他们发现平面的少层石墨烯是由 35 层堆叠的单层石墨烯片组成，层间距离为 0.34 nm。该研究为利用热 CVD 法的大规模石墨烯生长提供了新的途径。

尽管如此，使用热 CVD 法制备大尺寸的单层或双层石墨烯仍然需要持续研究。直到 2007 年，Obraztsov 等报道在 Ni 上沉积制备出了薄层石墨。他们在热 CVD 法系统中使用直流放电法，在 40～80 mT[①]、950℃ 下沉积出 1～2 nm 厚的石墨烯薄层。他们使用 H_2：CH_4 = 92：8 的气体混合物作为前体，在 0.5 A/cm^2 的电流密度下进行直流放电。如图 2 - 18 所示，Ni 上的最外层石墨烯是覆盖有 1～2 nm 厚的少层石墨烯的表面脊，其形成是由于石墨烯和 Ni 基底之间的热膨胀系数不匹配造成的。特别地，在 Ni 表面上发现有序的少层石墨烯；然而，除了无定形碳之外，相同的工艺却不能在 Si 上得到有序的石墨烯。

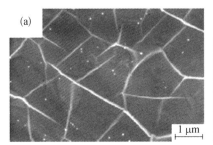 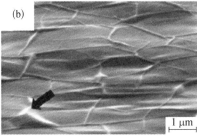

图 2 - 18　Ni 基体上直流放电法合成石墨烯扫描电镜图

2008 年，Pei 等演示了在多晶 Ni 上，甲烷热 CVD 法制备高质量的石墨烯。他们使用总气体流量为 315 sccm(标准立方厘米/分钟)的 CH_4/H_2/Ar 混合气体(CH_4：H_2：Ar = 0.15：1：2)在 1 000℃、1 atm 下制备了少层石墨烯。高分辨率透射电子显微镜(HRTEM)研究[图 2 - 19(a)]表明，Ni 上形成的石墨烯层数为 3～4 层，且其形成是由于 Ni 上碳的分离所致。通过拉曼光谱的辅助分析，他们进一步指出，冷却速率(快速约 20℃/s，中速约 10℃/s，慢速约 0.1℃/s)是影响石墨烯层数量的显著因素[图 2 - 19(b)]。

---

① 1 Torr(托)=(1/760)atm(标准大气压)≈133.322 Pa。
　1 mT(毫托)=10^{-3} Torr(托)。

　　　　　　　　　　　　　　　　　　石墨烯超级电容器

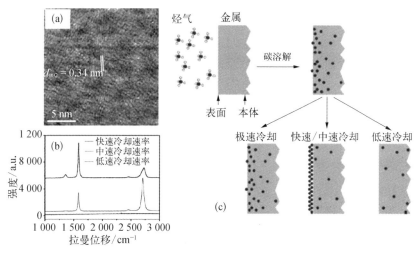

（a）Ni 基沉淀石墨烯 HRTEM 图片；（b）不同冷却速度制备的石墨烯的拉曼光谱；
（c）Ni基上碳偏析机制示意图

图 2-19

　　研究持续深入，直到 2009 年，Kim 等报道了关于作为可拉伸透明电极的石墨烯薄膜的大规模图案化生长。他们给出的石墨烯生长方法是通过电子束蒸发 Ni，然后在 1 000℃ 下进行 $CH_4/H_2/Ar$ 混合气体（CH_4：H_2：Ar = 550：65：200）下的热化学沉积。此外，他们通过湿化学工艺将石墨烯转移到柔性可拉伸的聚二甲基硅氧烷（PDMS）基底上。在聚合物基底上转移的石墨烯表现出约为 280 Ω/m^2 的薄层电阻特性，并且在可见光波长区域具有超过 80% 的透射率。SiO_2/Si 衬底上的电流密度显示载流子迁移率约为 3 750 $cm^2/(V \cdot s)$，载流子密度为 $5 \times 10^{12}/cm^2$。

　　随后，Reina 等成功在多晶 Ni 上制备了单层到少层石墨烯，并可通过湿法蚀刻法将石墨烯转移到任意衬底上。他们在 SiO_2 上使用电子束蒸发的 Ni/Si 衬底，在 900~1 000℃、Ar/H_2 混合气流下退火 10~20 min，随后使用稀释的烃气体在 900~1 000℃ 和环境压力下生长石墨烯。他们报道了在 Ni 表面上形成的单层到 10 层石墨烯，如图 2-20（a）~（c）中的 HRTEM 照片以及图 2-20（d）中的拉曼光谱所示，湿化学法被成功用于 CVD 法制备石墨烯后的基体转移上。

　　Wang 等试图通过在陶瓷舟皿中使用 Co 基 MgO 催化剂，并以 $CH_4/$

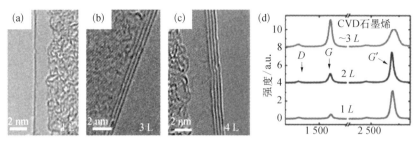

（a）~（c）热 CVD 法在 Ni 基上制备单层及多层石墨烯的 HRTEM 照片；（d）石墨烯连续片层的经典拉曼光谱

Ar 混合气体（体积比 1∶4，流速 375 mL/min）为前驱体，在 1 000℃下进行热 CVD 制备克级重量的石墨烯产物。最后，用浓盐酸洗去催化剂颗粒后得到石墨烯；由 500 mg 催化剂粉末得到的工艺产量为 0.05 g。Wang 等表示这个过程是独一无二的，因为它是一种无衬底、克级产量和低成本的石墨烯制备工艺。然而，用这种方法生产的石墨烯层数是 5 层，伴有褶皱并且会随机聚集。

当 Ruoff 团队发现在高温下通过烃气体分解发生 Cu 上的催化石墨烯沉积时，大尺寸石墨烯的合成取得了独特的方向。他们通过热 CVD 技术在 Cu 箔上生长出单层均匀的大尺寸（1 cm²）石墨烯。该方法是在 H_2 气氛（约 2 sccm 流速）、40 mT 的环境压力下将石英管式炉加热至约 1 000℃，在 1 000℃下对 Cu 箔进行退火，随后将气氛变为 35 sccm 流速、500 mT 环境压力的 CH_4。此外，他们开发了一种石墨烯转移方法，通过溶液蚀刻 Cu，然后可将浮动的石墨烯转移到任何衬底上。该过程能够产生单层、双层和三层石墨烯，且在 HRTEM 和拉曼光谱可得到进一步证实。Ruoff 小组表示，Cu 表面上的石墨烯沉积是由于表面催化过程与 C 在 Cu 中的有限溶解度有关。因此，Cu 表面上的石墨烯沉淀机理完全不同于 Ni 表面，Cu 上的石墨烯沉积是由于分离过程或表面吸附过程而发生。

2010 年，佛罗里达国际大学的 Choi 小组在石墨烯大规模合成上取得了突破性的进展。他们将 Cu 箔（约 15 cm×5 cm）卷起并置于 2 英寸[①]的石

---

① 1 英寸（in）=0.025 4 米（m）。

英管式炉中以生长石墨烯,然后将石墨烯转移到其他任意柔性聚合物上,并使用热压层法进行合成。图2-21中(a)和(b)所示为热CVD技术生长的大尺寸石墨烯与15 cm×5 cm的矩形铜箔。Verma及其同事在1 000℃、环境大气压下用H_2/CH_4(1∶4)的混合物沉积石墨烯,然后使用热压层合工艺转移石墨烯[图2-21(e)],这项技术具有可操作性和工业可扩展性。他们的工作展示了可作为透明导电阳极的大尺寸石墨烯柔性薄膜[图2-21(c)和图2-21(d)],其可用于柔性透明场发射器件中的集电器。

图2-21

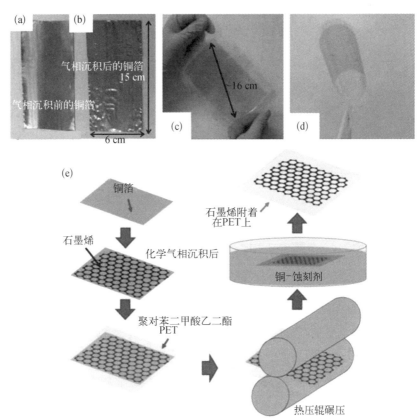

　(a)(b) CVD前后的大尺寸Cu箔;(c)(d) 柔性PET上大尺寸石墨烯薄膜的制备;(e) 热压层合工艺制备石墨烯-PET薄膜

　　同样在2010年,Bae等报道了石墨烯在面积高达30英寸的柔性聚合物上的卷轴式生产,并用作触摸屏面板,如图2-22(a)所示。他们在Cu箔上使用热CVD法生长石墨烯,并且进行如下步骤的处理。(1) 在1 000℃、

H₂环境(约90 mTorr压力下)下以热CVD法热处理Cu。(2)在1 000℃下,以 CH₄和H₂的混合物为前驱体,分别在24 sccm和8 sccm的流速下、460 mT环境压力下保持3 min,进行石墨烯的生长。(3)在H₂气流中以90 mT压力及10℃/min的速度进行表面冷却。HRTEM[图2-22(b)]和拉曼光谱发现主要区域被单层石墨烯覆盖,但同样证实了不同层数石墨烯的形成。

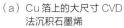

（a）Cu箔上的大尺寸CVD
法沉积石墨烯

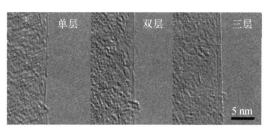

（b）HRTEM照片

图2-22

诸多研究报道了在Ni箔、多晶镍薄膜、图案化的Ni薄膜,Cu箔、Cu薄膜、图案化的Cu薄膜以及许多其他不同的过渡金属基板上制备石墨烯,一些类似的新方法(CVD石墨烯)也相继报道,CVD生长的石墨烯纳米带也已有报道。原则上,所有这些热CVD工艺都与前面讨论的工艺有关,只是比例和总气体流量不同,这些过程中的速率和总气体流量与炉的总体积、炉的环境压力和温度相对应。

2010年Ismach等首次报道了在任意绝缘基板上直接生长石墨烯的方法。在这个过程中,他们通过电子束蒸发法将Cu薄膜沉积在介质基板上,然后使用热CVD,在1 000℃、100~500 mT的环境压力下生长石墨烯。电介质表面上的石墨烯沉淀是由于Cu的表面催化过程以及铜表面的表面脱湿和蒸发而导致的,这使得石墨烯直接沉积在电介质衬底上,如图2-23所示。此外,CVD工艺使得在电介质表面上形成良好结晶的石墨烯,其包含的缺陷低且单、双层石墨烯的厚度为0.8~1 nm。后来,Rümmeli等报道了另一种技术,利用热CVD在极低温度下将石墨烯沉积在绝缘体基底上。低温CVD工艺直接在氧化镁(MgO)纳米晶体粉末上使用环己烷、乙炔和氩气作为原料气体混合物,在875~325℃产生几纳

米至几百纳米厚的石墨烯。他们发现石墨烯的区域尺寸从几百纳米到几微米,继而产生少层石墨烯。

因此,石墨烯在绝缘基板上的直接合成绕过了合成后的石墨烯转移过程,避免了在石墨烯中缺陷和污染的出现。此外,通过 CVD 法进行的低温石墨烯合成有助于促进器件集成,并恢复当前基于 Si 的 CMOS 技术。尽管如此,绝缘表面上的石墨烯沉积仍需要进一步探索,以实现有序的、大规模的、无缺陷的石墨烯应用于电子领域,并且实现带隙工程性能。

2.5.2 等离子增强化学气相沉积

当热 CVD 过程涉及通过在真空室内产生等离子体而引起反应气体的化学反应时,会导致在衬底表面的薄膜沉积,该过程被称为等离子体增强化学气相沉积(Plasma Enhanced Chemical Vapor Deposition,PECVD)。图 2‑17(b)中给出了用于石墨烯合成的 PECVD 室的示意图。等离子体可以在 PECVD 系统内部使用 RF(交流频率)、微波和电感耦合(由电磁感应产生的电流)产生。PECVD 与其他传统 CVD 方法相比具有广泛的优势。与其他热 CVD 工艺相比,通过这种技术工艺可以在相对较低的温度下进行,因此对于工业规模的应用来说更为可行。此外,Shang 等报道的无催化剂的石墨烯生长可以通过控制通常影响最终石墨烯产物性质的工艺参数来进行。然而,该方法成本高昂,只能使用气相前驱体材料以获得最终产物,这限制了其合成各种工业产品的应用。

Obraztsov 等在 2003 年首次通过直流放电 CVD 法在 $0\sim150$ T 压力下对 CH_4/H_2(CH_4 含量 $0\sim25\%$)混合物气体进行了使用,通过 PECVD 法合成了薄石墨层。在这份报告中,硅晶片和 Ni、W 和 Mo 的不同金属片被用作纳米晶石墨（Nanocrystalline Graphite，NG）生长的基底。使用嵌入在 PECVD 系统中的光学发射光谱，他们观察到直流放电等离子体中存在活化的 H、H_2、CH 和 C 物质。他们得出结论认为 CH_4 等离子体中 C2 二聚体的存在在石墨纳米结构形成中起着重要作用。然而，用这种方法生产的石墨烯比单层到多层石墨烯要厚得多。类似地，Wang 等试图使用不同的 PECVD 沉积单层到少层石墨烯如 Si、SiO_2、Al_2O_3、Mo、Z、Ti、Hf、Nb、W、Ta、Cu 和 304 不锈钢。他们使用 900 W 射频功率、10 sccm 总气体流量和约 12 Pa 的室内压力，试图通过在 600～900℃ 的不同温度下改变甲烷浓度（5%～100%）来沉积石墨烯。典型的沉积时间是 5～40 min。独立式石墨烯生长速率随着甲烷浓度和基底温度的变化而变化。他们还观察到 CH_4 浓度和底物温度的增加会导致石墨烯生长速率的增加。最后，使用 HRTEM 发现具有 1～2 nm 厚度的波纹状的少层石墨烯纳米片，其具有黑色折叠的脊以及两个石墨烯片边缘处的条纹。

Zhu 等进一步报道了通过电感耦合 RF PECVD 系统在各种无催化剂基底上合成厚度约 1 nm 的垂直自立式石墨烯片。他们利用电感耦合等离子体进行了碳纳米管（CNT）生长和垂直自立式石墨烯生长，并且发现 CNT 和碳纳米片（Carbon Nanosheets，CNS）生长发生取决于进料气体混合物中的碳氢化合物和氢气浓度。据报道，前驱体混合物中碳氢化合物和氢气浓度的增加会引起石墨烯生长，这是由于活性炭物质的积累量较大，并且垂直电场强度增加会加剧表面物质扩散。

在此背景下，石墨烯的其他合成方法相继被报道，如微波等离子体合成、大气压 PECVD 石墨烯合成、花瓣状石墨烯结构以及 n 掺杂石墨烯 CNT 混合结构等。PECVD 工艺只能生产垂直取向的石墨烯，但尚未用其他石墨烯合成方法予以证明。PECVD 法能够生产高纯度和高结晶度的石墨烯，然而，如何使用这种方法生产均匀大面积单层石墨烯仍在大力研究之中。需要对 PECVD 过程进行进一步的研究以更好地控制石墨烯层、形态、生长速率和高度（仅适用于垂直取向的石墨烯）。

2.6 氧化还原法

目前较为成熟的一种方法是用氧化还原法制备石墨烯。该方法具有成本低、工艺简单等优点,使得很多学者对其情有独钟。氧化还原法制备石墨烯的具体方案是用强酸处理原始天然鳞片状石墨,使强酸(如浓硫酸等)插入石墨层中,再加入强氧化剂(如浓硝酸、高锰酸钾等)对其中的石墨层进行氧化;得到的氧化石墨,其层间键含有羟基、环氧及羧基等官能团,这些官能团和层间的水分子,增大了氧化石墨层与层之间的距离,使得每层间的范德瓦尔斯力减小或消失,再用超声处理或者高速离心,使石墨层分离,形成氧化石墨烯;再加入还原剂(例如水合肼、硼氢化钠和对苯二铵等)还原掉上面的含氧基团,生成石墨烯。

自从 1860 年 Brodie 成功制备出了氧化石墨开始,有关氧化石墨的制备以及表征获得了学者们广泛的关注,人们对其制备的方法也进行不断改进。目前制备氧化石墨的方法主要有 Brodie 法、Staudenmaier 法和 Hummers 法等方法。

所有三种方法都涉及使用强酸和氧化剂氧化石墨。氧化的自由度可以通过反应条件(例如温度,压力等),化学计量以及用作起始材料的前驱体石墨的类型而变化。尽管已经进行了广泛的研究以描述氧化石墨烯(GO)的化学结构,但仍建议使用几种模型解释这种化学结构。GO 首先由 Brodie 制备,将石墨与氯酸钾和硝酸混合。但是,该流程包含几个耗时、不安全和危险的步骤。为了克服这些问题,Hummers 开发了一种通过将石墨与亚硝酸钠,硫酸和高锰酸钾混合来制造氧化石墨的方法,即 Hummers 方法。

2.6.1 Hummers 方法制备氧化石墨

Hummers 法是目前制备氧化石墨方法中不管是实验室还是工业生

产中比较常用的一种方法，具有安全性高、反应时间短、副产物少等优点，也是之后准备剥离、还原制备石墨烯的最常用方法。氧化石墨烯是通过引入共价 C ═ O 键从石墨烯衍生而来的二维材料。GO 通常称为氧化石墨，其能够保持在水中作为单原子层片剥离。尽管最近在了解 GO 化学和结构方面取得了进展，但其形成机制受到的关注较少，而且仍然难以捉摸。大多数在这个领域的研究报告是理论上的，集中在将氧原子引入到石墨烯晶格形成 C—O 共价键。这些研究考虑了石墨烯和一种氧化剂两者作为独立的材料，而与它们周围的环境没有交互作用。然而，实际上，GO 是由大块石墨制成的，其中单个石墨烯层紧密排列并堆叠。攻击石墨烯层，氧化剂需要首先渗入这些层之间。Ayrat 等研究了 GO 氧化过程和机理，他们利用改进的 Hummers 方法制备 GO，实时监测加入不同当量的氧化剂后石墨的微观结构，研究石墨层间化合物（Graphite Intercalation Compounds，GICs）中的阶段转变。它是目前最常用的方法，过程如图 2-24 所示。

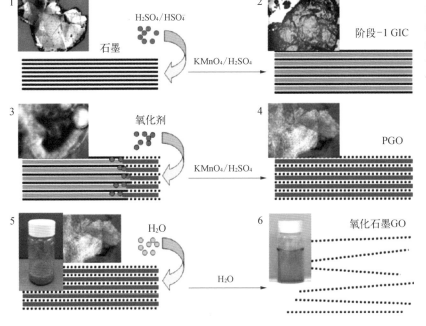

图 2-24　用相应的显微图像或样品外观将块状石墨转化成 GO 的示意图

在最初的 Hummers 方法中，使用 3 重量当量的高锰酸钾（$KMnO_4$）和 0.5 重量当量的硝酸钠来转化 1 重量当量的石墨与氧化石墨。反应在浓 H_2SO_4 中进行。在改进的方法中，使用 5 重量当量的 $KMnO_4$（不含硝酸钠），在先前添加的部分完全消耗后依次添加。在这项工作中，他们研究了使用 1、2、3 和 4 重量当量 $KMnO_4$ 获得的中间产品。与之前研究逐渐氧化 CGO 样品的研究相比，不分析洗涤后得到的最终氧化石墨产品。相反，专注于中间反应产物，而不会通过将它们暴露于水而破坏其独特的层间形态。

在将大块石墨转化为 GO 的过程中，可以确定三个独立的步骤。第一步是将石墨转化为硫酸-石墨层间化合物（H_2SO_4-GIC），可以认为是第一个中间体。第二步是将 GIC 转化为氧化形式的石墨，他们将其定义为"原始氧化石墨"（Pristine Graphite Oxide，PGO），构成第二中间体。第三步是通过 PGO 与水的反应将 PGO 转化为 GO。

第一步，H_2SO_4-GIC 形成，在将石墨暴露于酸性氧化介质时立即开始。GIC 的形成表现为由石墨薄片获得的特有的深蓝色。尽管这种观察明显简单，但这一事实在现代 GO 相关文献中很大程度上被忽略，并且从未系统地描述过 GO 的形成机制。除了目视观察之外，GIC 的形成还可以通过拉曼光谱和 X 射线衍射（X-ray Diffraction，XRD）来证实。如图 2-24 所示，在 GO 生产过程中快速形成的特性 GIC 中间体，与那些电化学或化学产生的 H_2SO_4-GIC 是相同的。H_2SO_4-GIC 形成的速率取决于周围介质的电化学电位。在改进 Hummers 法鳞片石墨的实验条件下，第一阶段 GIC 在 3～5 min 内形成。第二步，将 GIC 转换成 PGO，明显较慢；取决于石墨来源，它需要几个小时甚至几天。因此，第一阶段 GIC 可以被认为是一个中间体，可以被隔离和表征。第二步，将第一阶段 GIC 转换为 PGO。PGO 直接由第一阶段 GIC 形成，没有任何额外的石墨结构重新排列。在消耗第二重量当量的 $KMnO_4$ 之后，深蓝色中心的尺寸减小并且片状边缘上的黄色 GO 带的宽度增加。消耗第三重量当量的 $KMnO_4$ 后，从反应混合物中取样的所有薄片似乎完全被氧化。

此外，即使 $KMnO_4/H_2SO_4$ 溶液本身的性质尚未得到系统研究。一些研究人员认为氧化剂是七氧化二锰（Mn_2O_7）。事实上，绿色的 Mn_2O_7 可以从相似颜色的 $KMnO_4/H_2SO_4$ 溶液中分离出来。然而，更有可能的是，在 H_2SO_4 中 Mn（VII）以平面高锰酸盐（MnO_3^+）阳离子的形式存在，其与硫酸氢盐（HSO_4^-）和硫酸盐（SO_4^{2-}）离子密切相关，以 MnO_3HSO_4 或（MnO_3）$_2SO_4$ 的形式存在。在接近 100% 的 H_2SO_4 溶剂中，上述化合物主要以离子化形式存在，而在更稀的酸中，发生电离。

阶段 1 H_2SO_4-GIC 的化学计量可由式 $C_{(21-28)}^+$ · HSO_4^- · $2.5H_2SO_4$ 表示。阶段 1 H_2SO_4-GIC 中的夹层中紧密填充 H_2SO_4 分子和 HSO_4^- 离子，它们不会形成任何有序的结构。为了在石墨烯层之间扩散，氧化剂需要或者替换现有的插入剂分子，或者插入它们之间。反应的清晰的边缘-中心前沿状传播，表明氧化剂扩散进入石墨夹层的速率低于化学反应本身的速率。一旦氧化剂在石墨烯层之间扩散，它就迅速与附近的碳原子反应。在另一种情况下，氧化剂将在石墨烯层之间累积，并且氧化区将在整个薄片上随机地形成。实验数据表明情况正好相反：正如上面提到的，斑点中心不会逐渐转化为 PGO。因此，PGO 形成的第二步是扩散控制，其中氧化剂代替酸插入剂。这是整个 GO 形成过程的速率决定步骤。最有可能的是，在第二步骤中，氧化剂的还原形式保留在中间层中，并且直到第三步骤开始时才被除去（或不完全除去），此时 PGO 在暴露于水时剥落。这三个步骤意味着两个中间产品（阶段 1 GIC 和 PGO）和最终 GO 的形成产品。

2.6.2 氧化石墨制备石墨烯

当石墨变成氧化石墨时，层间距比原始石墨大两倍或三倍。对于原始石墨，层间距离为 0.334 nm，氧化反应 1 h 后膨胀至 0.562 nm，并且当氧化 24 h 后，会发生进一步的层间膨胀至（0.70 ± 0.035）nm。正如 Boehm 等报道的那样，通过插入极性液体如氢氧化钠可以进一步提高层间距离。结果,层间距离进一步扩大,这实际上将单层与 GO 散装材料分开。在用水合肼处理后,GO 减少回到石墨烯。使用二甲基肼或肼在聚合物或表面活性剂存在下进行化学还原过程以产生石墨烯的均匀胶体悬浮液。石墨烯化学合成的工艺流程图如图 2-25 所示。

图 2-25 氧化石墨衍生的石墨烯合成工艺流程图

2006 年,当 Ruoff 和他的同事通过化学合成工艺生产单原子石墨烯时,化学合成方法再次引起了关注。他们通过 Hummers 方法制备 GO 并化学改性 GO 以生产水分散性 GO。GO 是 AB 堆叠的挤压片材的堆叠层,当它被高度氧化时,它们在其基面中展现出含羟基官能团如羟基和环醚。附着的官能团(羰基和羧基)本质上是亲水性的,这有助于 GO 在水性介质中进行超声波处理时的脱落。因此,亲水官能团加速了 GO 层之间水分子的嵌入。在此过程中,功能化的 GO 被用作石墨烯生产的前驱体材料,其在 80℃ 下用二甲基肼还原 24 h 后形成石墨烯。Stankovich 等用有机分子对 GO 薄片的化学官能化导致 GO 薄片在有机溶剂中均匀悬浮。他们报道,石墨氧化物与异氰酸酯的反应产生异氰酸酯改性的氧化石墨烯,其可以均匀分散在极性非质子溶剂如二甲基甲酰胺(DMF),N-甲基吡咯烷酮(NMP),二甲基亚砜(DMSO)和六甲基磷酰胺(HMPA)。所提出的机理表明,异氰酸酯与羟基和羧基基团的反应生成氨基甲酸酯和酰胺官能团,它们附着在 GO 薄片上(图 2-26)。

Xu 等进一步报道了用有机小分子或纳米粒子修饰的化学修饰石墨烯(Chemically Modified Graphene,CMG)的胶体悬浮液。他们展示了用 1-芘丁酸(PB-)非共价功能化的氧化石墨烯片。1-芘丁酸(PB-)是一种有机分子,通过 π 堆积对石墨基面具有很强的吸附亲和力。PB 官能化石墨烯的制备方法是将 GO 分散在芘丁酸中,然后用肼一水合物在 80℃ 下还原 24 h。所得产物是均匀的黑色胶体悬浮液,其实是分散在水

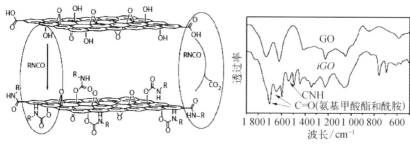

图 2 - 26
Stankovich 等提出
的机制

（a）在异氰酸酯处理的 GO 上有机异氰酸酯与羟基（左侧椭圆）和羧基（右侧反应椭圆形）氧化石墨烯片分别形成氨基甲酸酯和酰胺官能团；（b）GO 和苯基异氰酸酯官能化 GO 的代表性 FT‐IR 光谱

中的 PB 官能化石墨烯。然而,石墨烯的分散需要在器件制造过程中引入稳定剂或表面活性剂。此外,去除稳定剂或表面活性剂容易造成已分散的石墨烯再次团聚;因此,获得单层石墨烯是困难的。所以,通过化学合成法制造不含稳定剂或无表面活性剂的分散石墨烯变得重要起来。石墨烯片在不含稳定剂或表面活性剂的胶体悬浮液中能够稳定分散的合成方法,尚未有研究人员报道过。

Ramesh 等用超声分散了质量分数为 0.05% 的氧化石墨的水溶液,使之形成胶状悬浮液,发现样品在几周内均不会发生沉淀现象,能保持相对稳定的状态。

Li 等在碱性条件下(pH≈10)展示了不含表面活性剂和稳定剂的水性悬浮液(0.5 mg/mL)的 RGO 片。他们发现静电稳定分散液强烈依赖于 pH 值。当在氨存在下(pH≈10)通过肼还原时,含有羧酸和酚羟基的如此制备的 GO 片材的高度负表面电荷(ζ电位)形成稳定的悬浮液。如图 2‐27(a) 所示,在 pH 为 10 时,中性羧基在还原反应过程中转化为带负电荷的羧酸盐,从而导致悬浮石墨烯的进一步团聚进程受到阻滞。该报告声称,还原的石墨烯表现出大量的表面负电荷,这通过ζ电位测量来证实[图 2‐27(b)],工艺步骤包括(1) 生产具有更大的层间距离的氧化石墨;(2) 超声处理以准备机械剥离 GO 在水中形成胶体悬浮液;(3) 使用肼将 GO 转化成石墨烯。而从氧化石墨到石墨烯是从绝缘体向导体转变的过

图 2- 27

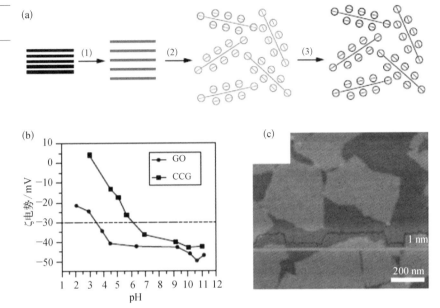

（a）通过化学技术制造石墨烯的水悬浮液的示意图；（b）GO 和化学转化石墨烯的 Zeta 电位的代表性数据（CCG）作为 pH 的函数；（c）滴铸模的原子力显微照片 CCG 在硅片上剥落

程，与石墨烯的结构变化密切相关。迄今为止，关于氧化石墨烯在还原过程中影响其结构演化及稳定分散的机理尚未见报道。

使用轻敲模式 AFM 报道在 SiO_2/Si 晶片上分散的化学转化的石墨烯（Chemically Converted Graphene，CCG）的厚度约为 1 nm，他们的结论是负电荷稳定的 GO 胶体的转变是由于静电排斥造成的，而不是由于 Stankovich 等早期报道 GO 的亲水性。后来，Tung 等报道了使用氧化石墨纸合成大尺寸（约 20 mm× 40 mm）石墨烯单片，其中他们试图从 GO 去除氧官能团以恢复单片 CCG 的平面几何形状。在这种方法中，GO 膜的还原和分散直接在肼中完成，其通过形成抗衡离子产生肼石墨烯（HG）。图 2- 28 显示了由带负电的还原石墨片组成的 HG，它由 $N_2H_4^+$ 抗衡离子包围。最后，通过该工艺获得约 0.6 nm 厚的单层稳定石墨烯片。通过改变肼溶液的成分和浓度控制石墨烯层的面积，这样做也能使得到的石墨烯层具有不错的完整性。目前他们用这种方法制备石墨烯的片层面积可达到 20 μm× 40 μm，同时也解决了石墨烯在水中可以稳定分散的问题。

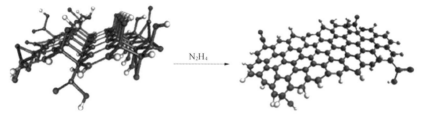

图 2 - 28 三维氧化石墨烯（灰色为碳，深灰色为氧，白色为氢）在被肼还原和分散时恢复其平面结构

Chu 等使用含花色素苷的黑大豆的水提取物作为绿色还原剂，与使用改性 Hummers 法制备的氧化石墨烯悬浮液混合，将此一锅法制备的具有开放多孔结构的产物用作超级电容器的电极材料。由于在石墨烯上形成了均匀分散的纳米颗粒，电极的电导率提高了四个数量级，电活性表面积也提高了四倍以上，结果是电容显著增强，在 0.1 A/g 充电电流下，比容量达到了 268.4 F/g。

Huang 等受煎蛋卷烹饪的启发，引入了一种简便、低成本且可扩展的方法，包括现成的家用不粘煎锅，用改良的 Hummers 法制备了石墨烯，随后还原成大面积独立式的还原氧化石墨烯（RGO）纸。制造的 RGO 纸足够坚固，可承受砂纸抛光，弯曲/折叠，水热和电化学沉积过程，而不会出现明显的结构/性能下降。将两种不同的活性材料 WO_3 和 PPy 分别通过水热和电沉积工艺装载在 RGO 纸上从而制备出两种不同的高性能超级电容器电极。将它们分别作为正极和负极组装成柔性非对称超级电容器，在功率密度为 $7.3 \ mW/cm^3$ 时得到 $0.23 \ mWh/cm^3$ 的高能量密度，且在不同弯折角度下甚至数百次弯折之后表现出很大的稳定性。

Yu 等报道了一种改进的无 $NaNO_3$ 的 Hummers 方法，通过用 K_2FeO_4 部分取代 $KMnO_4$ 并控制浓硫酸的量，如图 2 - 29 所示。与现有的不含 $NaNO_3$ 的 Hummers 方法相比，这种改进的程序大大降低了反应物的消耗量，并且在减少反应时间的同时保持了高产率。通过各种技术表征获得的 GO，并且其衍生的石墨烯气凝胶（Graphene Aerogel，GA）在 5 mV/s 扫速下的 CV 曲线近似矩形，具有双电层电容特性，在 10 A/g 大电流密度下循环 10 000 次后，容量几乎保持恒定，因此可用作高性能超级电容器的电极材料。

图 2- 29 基于新
改进的 Hummers
方法制备 GO 的示
意图

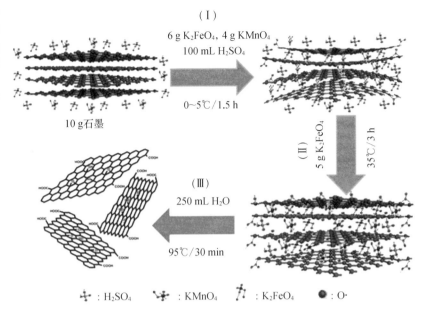

Zhang 等在各种温度下对氧化石墨烯进行氢气处理,将褶皱的石墨烯材料转换成平面石墨烯片。将此经氢气处理的氧化石墨烯(hGO)材料掺入超级电容器中并做了系统的研究。由于石墨烯材料褶皱结构的影响,超级电容器的电化学性能得到了提高。实验结果表明,生产的 hGO 材料在 200~500℃ 下处理时被弄皱,然后在 600℃ 下恢复平整。该系列材料的比容量和处理温度之间呈线性单调增加的关系,同时,在 1 A/g 电流密度下循环 2 000 次仍具有出色的循环稳定性。

Gong 等使用改进 Hummers 法将高纯度石墨烯粉末合成为氧化石墨烯纳米片,经微波(MW)辐射,盐添加,冷冻干燥和化学还原得到石墨烯纳米纤维(G‑NF)框架,如图 2‑30 所示。该框架由翼状 G‑NF 组成,直径为 200~500 nm,长度为 5~20 μm。此外,G‑NF 的卷曲度可以通过 MW 照射时间合理地控制。将其用无定形 MnO_2 修饰后用作超级电容器的柔性电极,得益于 G‑NF 网络的高度多孔结构和良好的导电性,MnO_2/G‑NF 电极的总比容量几乎是 MnO_2/G‑NS 电极的两倍。

Johra 等用高纯度石墨片通过改进的 Hummers 方法制备了 GO,再通过水热法得到还原的氧化石墨烯。通过使用循环伏安法(Cyclic

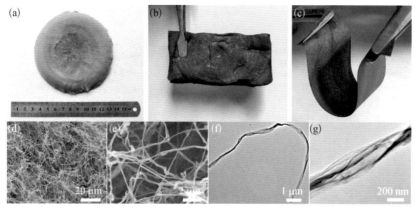

图 2-30

（a）通过冷冻干燥制备的直径为 10 cm 的 GO 气凝胶的照片预处理的 GO 溶液；（b）还原的石墨烯气凝胶和（c）获得的柔性石墨烯通过适当的压力拍摄胶片；（d）石墨烯气凝胶的 SEM 图像和（e）其放大的图像；（f）单个 G-NF 和（g）的 TEM 图像是相应的 HR-TEM 图像

Voltammetry,CV）和恒电流充放电法来表征 RGO 的电容行为。在 1 M H_2SO_4 电解液中，水热还原的 RGO 在 1 A/g 电流密度下比容量为 367 F/g。RGO 改性的玻碳电极显示出优异的稳定性。在 1 000 次循环后，其容量是第一次循环中达到的容量的107.7%，这表明 RGO 作为超级电容器电极材料具有优异的电化学稳定性。在功率密度为 40 kW/kg 时，水热 RGO 的能量密度达到44.4 Wh/kg。

Krishnamoorthy 等使用石墨粉，H_2SO_4 和 $KMnO_4$ 作为起始前驱体，通过改性的 Hummers 法合成了 GO 纳米片，随后采用机械化学还原法制备石墨烯纳米片。使用循环伏安法和恒电流充放电测试的电化学研究证明了石墨烯电极的双电层电容器（Electronic Double-Layer Capacitor,EDLC）行为。它的循环伏安曲线显示为矩形，表明石墨烯电极中存在双层电容。石墨烯电极在电流密度为 1 mA/cm^2 时从放电分析中观察到的比容量为 169 F/g。循环稳定性分析显示，在 1 000 次循环后，其初始电容的 98% 被保留。

Zaid 等将预氧化的石墨粉末在室温下干燥过夜，然后使用 Hummers 方法进行氧化，随后使用天然 β-胡萝卜素还原得到的氧化石墨烯(GO)纳米片。β-胡萝卜素的氧清除特性成功地去除了 GO 纳米片上的氧官能团。电化学测试表明，用 β-胡萝卜素还原的 GO 具有良好的电荷储存性能(在10 mV/s

扫速下比容量为 142 F/g；在 Na$_2$SO$_4$ 电解液中，电流密度为 1 A/g 时为 149 F/g），稳定循环（89%）可达 1 000 次循环。研究结果表明，通过 β-胡萝卜素还原 GO 纳米片是生产用于超级电容器电极的石墨烯纳米片的合适方法。

由于使用氧化还原法制备氧化石墨烯方法简便，而且成本低廉，使得这种新型材料在工业化生产中具有广泛的应用前景。但是被氧化过的石墨不能被完全还原，其中含氧基团的存在以及结构的变化，会导致其一些物理、化学性能的损失。但氧化还原法制备成本较低且方法简单，是目前唯一有可能工业化生产石墨烯的方法。

2.7　液相剥离法

液相剥离法可以将石墨分散到特定的溶剂或表面活性剂中，通过超声波的能量将单层或多层石墨烯从石墨表面直接剥离，得到石墨烯分散液，保持了石墨烯完整的形貌和性能，可在多种环境和不同的基体上沉积石墨烯。液相剥离法使用廉价的石墨为原料，工艺简单，对石墨烯及其衍生物的推广和应用具有重要的推动作用。液相剥离法中不同的溶剂对应不同的希尔德布兰德溶解度参数、汉森溶解度参数和表面张力，分子间的空间位阻也有差异，在液相剥离法制备石墨烯的结果中对应着不同的效果。液体剥离方法有四种不同的形式：氧化、插入、离子交换和超声波裂解。

2.7.1　有机分子插层

离子插层法是首先制备石墨层间化合物，然后在有机溶剂中分散制备石墨烯。离子插层法是一种大量制备石墨烯的有效方法，石墨烯的结构不会被破坏，因而可以得到面积大、缺陷少的石墨烯，其生产成本低廉，但制得的石墨烯分散度低，随着插层离子浓度的不同，石墨烯的导电性能也会表现出显著差异，从而限制了石墨烯的应用范围。

目前国内外对于采用有机分子插层法制备的石墨烯的研究还比较少。剑桥、牛津大学的学者将石墨分散到有机溶剂中通过超声分散制备出石墨烯,通过对石墨在溶剂中超声分散前后体系单位体积的混合熵发生的变化与溶剂、石墨的表面能、内聚能关系,揭示出石墨烯在相应溶剂中稳定分散的本质是由于分散体系单位混合熵变最小时可以实现石墨剥层制备石墨烯,而且主要以单层、双层的为主。

有机分子分散法是将石墨在有机溶剂中超声分散得到石墨烯的一种方法。Hernandez 等将石墨分散到有机溶剂中通过超声分散成功制备出石墨烯。这种方法得到的石墨烯缺陷少,但浓度不高,最高浓度为0.01 mg/mL。

离子插层法是一种大量制备石墨烯的有效方法,石墨烯的结构不会被破坏,因而可以得到面积大、缺陷少的石墨烯,其生产成本低廉,但制得的石墨烯分散度低,随着插层离子浓度的不同,石墨烯的导电性能也会表现出显著差异,从而限制了石墨烯的应用范围。

Tiwari 等在不同直流电压下将恒定浓度的十二烷基苯磺酸钠(SDBS)表面活性剂嵌入到石墨层中来电化学剥离石墨烯层。石墨烯片经分离和纯化后,通过透射电子显微镜(TEM),扫描电子显微镜(SEM),傅里叶变换红外光谱(Fourier Transform Infrared Spectroscopy,FTIR),X 射线衍射(XRD),拉曼光谱,紫外吸收(Ultraviolet Absorption,UV),面电子衍射(Surface Electron Diffraction,SAED)和循环伏安法进行了表征。发现4.5 V 是产生优质石墨烯的最佳电压。实验提出了插层过程的可能机制,并且研究了这些石墨烯在超级电容器电极中的应用,发现 4.5 V 下得到的样品与聚苯胺合成的二元纳米复合材料能够产生最大比电容。

Sridhar 等采用有机分子插层法将市售的可膨胀石墨片,二异丙氧基钛双(乙酰丙酮)催化前体和离子液体(EMIM BF$_4$)混合后经微波处理得到固定在少数层状石墨烯(Few Layered Graphene,FLG)基底上的 3D 石墨烯纳米杯阵列。实验制备了 FLG/gCup 纳米杂化材料基超级电容器电极,并采用循环伏安法(CV)和恒电流充放电方法研究了它的电化学性能。研究表明,FLG/gCup 电极显示出良好的电化学性能,在 1 mol/L KOH 电解质中,充放电电流密度为100 mA/g时的最大比容量为421 F/g,这比原始石墨烯片高四倍。

 Chen 等使用 DMF/NBA 二元溶剂,通过有机分子插层法和超声辅助液体剥离制备出高浓度的未氧化石墨烯产品。实验发现当 DMF 与 NBA 的摩尔比为 1∶3 时,可以得到质量浓度高达 6.5 mg/mL 的稳定分散体。并且在干燥过程中,可以在相同条件下处理新批次的石墨片状分散体,使得石墨烯生产速率可以高达 9.5 g/h。这些石墨烯片制成的膜具有 27 000 S/m 的导电率,以及高达 900 m^2/g 的比表面积。由该石墨烯制造的超级电容器具有 600 F/g 的巨大电容和出色的长期稳定性。

2.7.2　离子交换

 层状材料中的弱平面外键合和高表面积导致分子被吸附在基面上的开口和包合物。由于剥离所需的层间距和能量势垒的增加,有机或离子物质的插入导致层间黏附性的减弱。另一方面,离子物质通过电荷转移和层间黏附的弱化插层并交换存在于基面上的离子。在离子交换剥离过程中,层状铕[$Eu(OH)_{2.5}Cl_{0.5} \cdot 0.9H_2O$]首先与十二烷基硫酸盐(DS)反应,离子进行离子交换过程,然后进行超声波处理或剪切混合以分离带正电的片。类似于氢氧化铕,TiO_2 层状晶体倾向于带负电荷并且其电荷中性由 Cs^+ 离子维持。因此,带负电的氧化物用较大的阳离子例如四丁基铵处理。

2.7.3　超声波裂解

 弱平面键合的超声波裂解是另一种液体剥离方法,通过超声波裂解以获得单层和几层纳米片。将散装层状材料分散在合适的溶剂中并超声 1~3 h。这些高能超声波在溶剂中产生空化气泡。突然出现的空化气泡通过释放压力产生高能量,随后溶剂中的层剥落。将所得分散体离心分离出大厚度的晶体。超声处理时间和离心率是决定所得溶液质量的一些关键参数。单层和几层纳米片保持悬浮在上清液中。选择最佳溶剂是挖掘该技术全部潜力的关键。已经对多于 25 种溶剂进行了详细的研究,涉及广泛的剥离性质基于所得层的产率、结晶度、厚度和尺寸的 2D 材料。表面张力 35～40 mJ/m² 的溶剂使用 UV‑Vis 光谱法检查的剥离速率最大化。使用表面张力与层状 2D 材料的表面能类似的溶剂不仅使剥离的能量成本最小化,而且防止纳米片的重新堆积。早期的综合研究已经成为合成二维层状材料的催化剂,其收率高达 30 mg/mL。NMP、DMF、DMSO、IPA 和环己基-吡咯烷酮(Ndodecyl‑pyrrolidone,NVP)被用作 h‑BN、MoS₂、WS₂、MoTe₂ 和 VS₂ 超声波剥离的常用溶剂。表面活性剂或聚合物的水溶液也已用于剥离静电或空间稳定的纳米片。纳米片由 HRTEM 证实,超声波处理是高度结晶的和微米尺寸的。然而,据报道,在具有 Cl⁻ 中间层的氢氧化钇中,分层材料的平面内裂解阴离子导致形成 100 nm 大小的薄片。各种液体剥离过程的示意图如图 2‑31 所示。

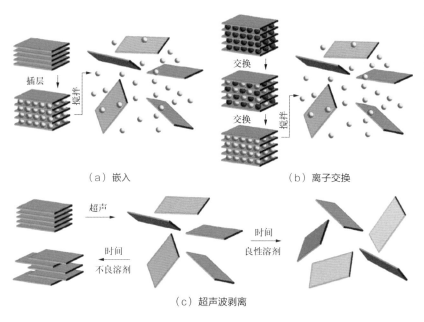

（a）嵌入　　　　　　　（b）离子交换

（c）超声波剥离

图 2‑31　液体剥离过程中变化的示意图

　　包含 2D 材料的溶液的密度梯度超速离心(DDU)进一步允许从少数层分离单层。该技术首次成功地应用于使用胆酸钠作为嵌入剂(表面活性剂)从溶液中分离单层氧化石墨烯。单层和少数层纳米片的浮力密度差异将单层、少数层和块状晶体分开。尽管使用这种方法需要大规模生

石墨烯超级电容器

产能力,因机械剥离破坏性较小,故用其获取的石墨烯仍然是层状 2D 材料的首选材料。尺寸高达 10 μm 的单层已在各种基材上剥离。

熊晓桐等发现液相剥离法制备的石墨烯具有更好的片层结构,分子结构含有较少的杂团和含氧基团,石墨烯片层间距较宽,热稳定性也更好。N-甲基吡咯烷酮溶剂下液相剥离法制备的石墨烯分散液稳定性最好,质量浓度最高(0.15 mg/mL)。文中的研究为今后石墨烯更好地应用在导电油墨和电子器件领域打下基础。

Aparna 等采用一种简单、低成本且可扩展的有机分子剥离与球磨相结合的方法将低成本石墨制备成石墨烯。所生产的石墨烯具有独特的拉曼特征、X 射线衍射结晶度、扫描电子显微镜图像特征和透射电子显微镜图像,在四探针电策略中电导率高达 6.7×10^3 S/m。将其用作超级电容器的电极材料,显示出良好的比容量(约 176 F/g)和面积比容量(1.6 F/cm^2)。实验还证实了该电极材料在多个循环伏安循环中具有良好稳定性,且在 100 个循环后容量衰减较低。

Mao 等通过有机分子剥离结合简单球磨的工艺批量生产了水性石墨烯分散体,如图 2-32 所示。制造的石墨烯电极在各种扫描速率下显示出几乎对称的矩形形状,以及由表面氧化基团引起小的法拉第波。石墨

图 2-32 水相石墨烯分散体的产生示意图与萘酚聚氧乙烯醚(NPE)

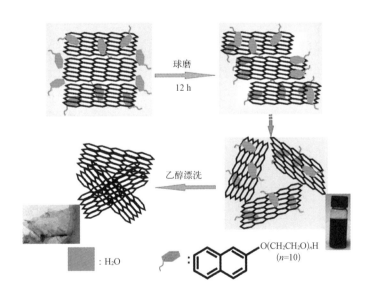

烯电极的容量可以通过恒电流充放电测量来估计。在 10 A/g 电流密度下获得了 96 F/g 的高倍率电容,并且在 10 000 次循环内,石墨烯电极可以保持超过 98% 的初始容量,因此适用于超级电容器应用。

2.7.4　碱金属插层化学剥离

类似于机械剥离,化学剥离是制造石墨烯的方法之一。化学剥离是碱金属嵌入石墨片层结构中以分离溶液分散的少数层石墨烯的过程。碱金属是元素周期表中的材料,可以很容易地形成具有各种化学计量比的石墨与碱金属的石墨插层结构。碱金属的主要优点之一是其离子半径小于石墨层间距,如图 2 - 33(a)所示,因此,它们很容易嵌入层间距中。

图 2 - 33

（a）化学剥离法制备石墨纳米片的示意图;（b）剥离的石墨片纳米片层的电子显微照片（TEM）;（c）剥离后约 10 nm, 厚度约 30 层单片石墨片的薄石墨纳米片 SEM 照片

Kaner 等首先报道使用钾(K)作为插入化合物,通过化学剥离法制备含碱金属的少数层石墨(以后称为"石墨烯")。在惰性氦气氛下(低于 1 ppm[①] H_2O

———————————

① 体积分数,1 ppm $=10^{-6}$。

　　　　　　　　　　　　　　　　石墨烯超级电容器

和 O_2)时,200℃下,钾(K)在与石墨反应形成 KC_8 插层化合物。插入的化合物 KC_8 在按照式(2-1)与乙醇水溶液(CH_3CH_2OH)反应时发生放热反应。

$$KC_8 + CH_3CH_2OH \longrightarrow 8C + KOCH_2CH_3 + 1/2H_2 \quad (2-1)$$

因此,钾离子溶解到形成碱性钾的乙醇钾溶液中,并且该反应导致产生氢气,这有助于分离石墨层。这种反应必须采取预防措施,因为碱金属与水和酒精剧烈反应。对于可扩展生产,反应室需要保存在冰浴中以消散产生的热量。最后,通过过滤收集所得到的少层剥离石墨烯,并通过洗涤将其纯化至 pH=7。图 2-33(b)中示出了形成少量石墨层或少量石墨烯(FLG)。透射电子显微镜(TEM)研究表明,用这种方法生产的少量石墨烯由(40±15)层单原子石墨烯组成。

后来,同样的研究人员使用其他碱金属如 Cs 和 NaK_2 合金按照 Viculis 等 2005 年报道的相同工艺探索剥离过程。与 Li 和 Na 不同,K 离子化电位(4.34 eV)小于石墨的电子亲和势(4.6 eV),因此,K 直接与石墨反应形成插层化合物。Cs(3.894 eV)具有比 K(4.34 eV)更低的电离电势,因此与石墨反应比 K 更剧烈,石墨的嵌入反应在低的温度和环境压力下,反应条件要求明显降低。钠-钾合金($Na-K_2$)在-12.62℃经历共晶熔融,因此预期在室温和环境压力下发生剥离反应。具体而言,使用 $Na-K_2$ 合金石墨插层化合物在室温下制备出 2~150 nm 的宽范围的厚度的石墨烯。该工艺可以在低环境温度条件下在溶液工艺中产生大规模剥离,这使得它与其他石墨烯制造工艺不同。然而,石墨烯插层路线合成单层和双层石墨烯还有待探索,化学污染是该过程的严重缺陷之一。Hernandez 等报道了在 N-甲基吡咯烷酮中通过简单的超声处理过程剥离纯石墨。该报告显示,高品质、未氧化的单层石墨烯合成收率约为 1%。进一步改进工艺回收利用的起始石墨的沉积物可能会使产量提高 7%~12%。图 2-34(a)(b)分别显示了超声处理石墨和石墨烯的形态。所提出的机理表明,如果溶质和溶剂表面能相同,在添加机械能的情况下可能会发生分层结构的剥落。在这种情况下,剥离石墨烯所需的能量应该相当于溶液石墨烯溶剂插层,石墨烯相互作用的表面能类似于悬浮石墨烯的溶剂。该工艺具有多功能性,因为它是一种低成本的溶液相法,具有可扩展性,并且能够将石墨烯沉积在各种衬底上,这是使用其他工艺如裂解或热沉积不可能达到的。此外,该方法可以扩展到生产石墨烯基复合材料和薄膜,这是特殊应用的关键要求,如薄膜晶体管,透明导电电极等。

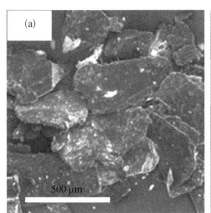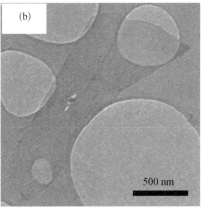

图 2 - 34　超声处理石墨和石墨烯的形态

（a）超声处理之前的原始石墨的 SEM 图像；（b）超声处理之后在 N - 甲基吡咯烷酮中制备的石墨烯薄片的透射电子显微镜图

2.8　外延生长法

外延生长法制备石墨烯的原料主要采用的是碳化硅(SiC)晶体,其具体的原理是通过对单晶 SiC 进行超高真空和高温加热,蒸发除去单晶 SiC 的硅(Si)原子,使剩下的碳(C)原子在基底表面发生重构并生成极薄的石墨烯层。近年来随着外延生长法的发展,人们已经可以通过控制反应的具体参数来调控石墨烯的层数,其反应的条件也变得更加温和,比如可以在室温下进行外延生长反应等。但是其缺点还是在于成本相对较高,高真空的反应条件比较苛刻,石墨烯产物比较难以转移,等等。为了检测表面的氧化物是否完全除尽,史永胜等采用俄歇电子能谱进行检测,在没有氧化物的情况下将样品加热升温至 1 250～1 450℃后保持恒温 1～20 min,可制得很薄的石墨层。

吴华等为了避免岛状成核,在没有改变 Si 蒸发速率的情况下,将真空环境改变、调整高纯度氩气的气压和温度进一步提升碳原子的活性。这种方法的改变使产品表面的形貌相比真空法有了较大提高,生成的石墨烯也更加均匀,层数更少,质量与机械剥离法得的产品相当。与其他方法比较,外延生长法可获得高质量、表面积较大的石墨烯,但是制出的石墨烯厚度不均匀,而且它的层数不易控制。

Heer 小组利用 6H‐SiC 的热分解作用来制备石墨烯片层,为石墨烯的制备引入一种新的方法。以单晶 6H‐SiC 为原料,在超低真空($1×10^{-10}$ T)下高温(1 200～1 450℃)热分解其中的 Si,最后得到连续的二维石墨烯片层膜。通过对不同反应阶段产物的低能电子衍射(Low Energy Electron Diffraction Patterns,LEED)和扫描隧道显微镜(Scanning Tunneling Microscope,STM)分析证实石墨烯是沿着 SiC 下方取向附生。通过俄歇电子能谱(Auger Electron Spectroscopy,AES)确认所得产物含的片层数。导磁性测量显示所制备的石墨烯产物具有二维电子气属性(2D Electron gas properties),包括各向异性、高流动性及二维局域性。为简化实验过程,Juang 等通过在 SiC 基底上预先镀一层 Ni 膜,使得反应温度降低到750℃,实现了石墨烯的低温制备。

由于 SiC 的热分解不仅能形成石墨烯,还是制备 CNT 的一种常用方法。Cambaz 等系统研究了 SiC 结构、Si 蒸发速率、反应温度及载气组分对产物结构和形貌的影响,如图 2‐35 所示。在 1 400～1 500℃时,主要在 SiC 基底形成石墨烯产物;在高真空条件下,主要在 Si 面形成石墨烯产物;但当反应温度超过 1 600～1 900℃时,主要在 SiC 基底形成 CNTs;高真空条件下则在 C 面形成 CNTs 产物。

利用 CO 提供碳源,Kim 等首次通过直接还原 CO 的方法制备得到石墨烯片层。以 CO 和 Ar 组成的混合气体(10%CO)为载气,在1 300℃高温下灼烧 Al_2S_3 粉末,最终得到 α‐Al_2O_3 和石墨烯片层,相应的反应方

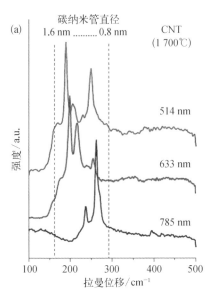
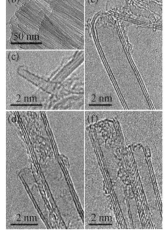

图 2 - 35　小直径
纳米管存在的拉曼
光谱和 TEM 显微图

（a）典型拉曼的 RBM 范围在三个不同的激发波长下获得的光谱(不同的纳米管被不同的激光共振增强)；（b）CNT 刷的 TEM 图像；（c）SWCNT 的 TEM 图像；（d）~（f）CNTs 由 2 层、3 层和 4 层石墨烯构成[开放的和圆顶的 CNTs 可以在（e）中看到，所有的光谱和图像都来自 1 700℃、10^{-4} 托压强下退火 4 h 后在 Si 表面形成的 CNTs]

程式为

$$Al_2S_3(s) + 3CO(g) \longrightarrow Al_2O_3(s) + 3C(g) + 3S(g) \qquad (2-2)$$

$$C(g) \longrightarrow 石墨烯片(s) \qquad (2-3)$$

　　Berger 等通过 Si 的热解吸在单晶 6H - SiC 的 Si 端(0001)面上制备超薄外延石墨膜，所形成的薄石墨层通常由三个石墨烯片组成，具有显著的二维电子气(Two Dimensional Electron Gas，2DEG)特性，其厚度主要由温度决定。在通过常规光刻图案化的样品中，磁导率测量清楚地揭示了 2D 电子气体性质，包括大各向异性、高迁移率和 2D 定位。4 K 时的方形电阻为 1.5～225 kΩ，具有正磁导率；在低场时，霍尔电阻线性高达 4.5 T。在磁阻和霍尔电阻中观察到的量子振荡表明了潜在的新量子霍尔系统。

　　Emtsev 等在约 1 bar 的氩气中，通过 Si 端基 SiC(0001)的非原位石墨化生产单层石墨烯薄膜。拉曼光谱和霍尔测量证实了由此获得的薄膜质量得到了改善，如图 2 - 36 所示。在加工过程中产生了宽达 3 μm，长度超过

50 μm的平行梯田阵列。梯田基本上完全且均匀地覆盖有单层石墨烯。目前，检测到第二层和第三层石墨烯生长开始的向下台阶边缘阻止了单层石墨烯层的更大延伸。在 $T = 27$ K 时电子迁移率高达2 000 cm^2/(V·s)。

图 2-36 6H SiC（0001）在石墨烯生长过程中的形态学变化

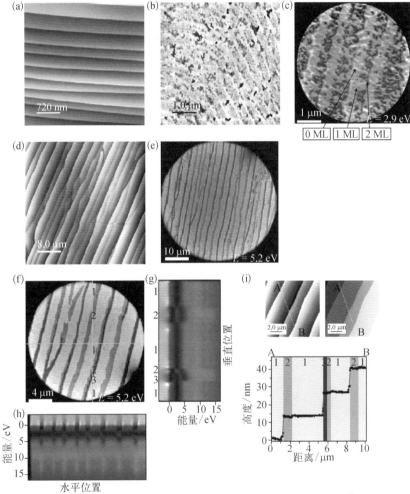

（a）氢气蚀刻后的初始表面的原子力显微镜（AFM）图像。阶梯高度是 15 Å。（b）石墨烯在 6H-SiC（0001）上的 AFM 图像，其标称厚度为 1 个分子层（ML），在约 1 280℃的超高真空下退火形成。（c）在 SiC（0001）上生长的超高真空石墨烯薄膜的低能电子显微镜图像，其标称厚度为 1.2 个分子层。图像的对比度是由于局部图层的不同厚度造成的。光、中、深灰对应的局部厚度分别为 0、1、2 ML。（d）石墨烯在 6H-SiC（0001）上的 AFM 图像，其标称厚度为 1.2 ML，在氩气氛围（压力 900 mbar，温度为 1 650℃）中退火形成。（e）图（d）所示的样品中的宏观阶梯在低能量电子显微镜（LEEM）下的图像，这些样品表面覆盖了至少 50 μm 长，1 μm 宽的石墨烯。（f）近距离的 LEEM 图像显示了阶梯上的单层覆盖和阶梯边缘的双层/三层生长。（g）（h）在图（f）中的蓝线标识的位置上拍摄的电子反射光谱（灰阶图像）。单层石墨烯、双层石墨烯和三层石墨烯分别具有 1、2 或 3 个反射率极小值，因此很容易识别。（i）图（d）中所示图像的特写。在右侧图像中，z 尺度被调整，使阶梯呈现出相同的高度。从剖面可以看出，由于第二层和第三层的成核，阶梯边缘处存在高度分别为 4 Å 和 8 Å 的小凹陷。

2.9 其他

　　另外，还有一些其他的方法，如电化学法、物理气相蒸发法、溶剂热法等不断涌现出来，这些方法的机理还处于探索阶段，有待进一步研究，但它们丰富了石墨烯的合成途径。

　　除了前面讨论的合成方法之外，还有一些关于石墨烯制造的一些新技术的报道。例如，高速团簇撞击石墨表面产生的石墨烯的机械剥离。该方法生产的石墨烯纳米带厚度约 30 nm。在另一份报告中，Xin 等指出在微波辐射下，石墨插层化合物的溶液过程中发生剥落，然后将这些剥离的石墨烯薄片与碳纳米管（CNT）结合。他们表示，石墨烯 CNT 组合的薄层电阻为 181 Ω/sq，透射率为82.2%，这相当于市售的氧化铟锡（ITO）。同样，Sridhar 等发现了一种使用微波进行石墨烯合成的绿色方法。另一份报告也证实了使用等离子体辅助蚀刻石墨以形成多层石墨烯和单层石墨烯。这是另一种自上而下的制备石墨烯的方法，在 H_2 和 N_2 气氛中使用等离子体将石墨逐渐薄化成石墨烯。在其他的制备方法中，D. Parga 等报道了在超高真空（Ultrahigh Vacuum，UHV）条件下（10～11 T）Ru（0001）上利用晶体外延生长法制备石墨烯。此外，Zheng 等报道了使用无定形碳在高温下金属催化形成石墨烯。然而，这里讨论的所有工艺都处于初级阶段，需要进一步开发以获得低成本、高纯度、可靠和可扩展的石墨烯。

　　通过 Diels－Alder 的有机人名反应从小分子合成石墨烯带、通过球磨法制备得到寡层石墨烯以及用电弧法大批量的制备寡层石墨烯，等等，这些制备石墨烯的方法都有着各自独特的优势，可以根据具体应用的需求而采用不同的制备方法。

2.9.1 溶剂热法

溶剂热法是将反应物加入溶剂,利用溶剂在高于临界温度和临界压力下,能够溶解绝大多数物质的性质,可以使常规条件下不能发生的反应在高压釜中以较低的温度进行,或加速进行。

Stride 小组采用乙醇和金属钠为反应物,制备了产量达到克量级的石墨烯。由于这种方法发展时间短,现阶段许多理论和技术问题仍不能突破,有待进一步探索。

Cui 等通过基于醇-氢氧化钠系统的溶剂热和快速热解过程合成了石墨烯框架(Graphene Frameworks,GFs)并系统地研究了 GFs 的进化机制。在钠催化下,由溶剂热中间体快速分解产生的丰富碳原子自组装成石墨烯。大量醚键的存在可能有利于 3D 石墨烯的形成。更重要的是,在合成过程中使用了乙酸作为碳源成功地获得了 GFs。实验还研究了 GFs 的电化学储能容量,其显示出高的超级电容器性能,在 0.2 A/g 的电流密度下比容量为 310.7 F/g。

Nethravathi 等通过溶剂热还原氧化石墨在各种溶剂中的分散体获得化学改性的石墨烯片。还原反应在相对较低的温度($120\sim200\,^\circ\mathrm{C}$)下发生。反应温度,密封反应容器中的自生压力和溶剂的还原能力影响氧化石墨片还原为改性石墨烯片的程度。即使在非还原性溶剂(水)中溶剂热还原所需的温度也相对较低,并且当使用还原性溶剂时,其进一步降低。在所有情况下,都能在 SEM 图像中观察到类似于文献中报道的褶皱的石墨烯片聚集体。

Vermisoglou 等通过水热处理氧化石墨(GO)的水分散体制备还原的氧化石墨烯片(RGO)。实验发现,在相同的水热反应时间(19 h)下,在碱性条件下生产的样品缺陷少,并且 BET 表面积(约 181 $\mathrm{m^2/g}$)比没有 pH 调节的样品(约 34 $\mathrm{m^2/g}$)高近 5 倍,使用三电极电池和 KCl 水溶液作为电解质通过电化学阻抗估算的该材料的比容量为 400～500 F/g。当由该

RGO 材料制造 EDLC 电容器时,在有机电解质中的电化学测试显示最短的水热反应时间(4 h)更有效,其比容量约为 60 F/g。

2.9.2　原位自生模板法

原位自生模板法是以一种含有较多极性基团的聚合物为碳源,通过 Fe^{2+} 的作用而形成致密的网状结构,再通过低温热解形成掺碳铁、碳层和铁层的络合物,进一步热处理即可制得石墨烯。

原位自生模板法可以通过控制碳源极性基团的种类、数量以及与 Fe^{2+} 络合作用的程度来实现低缺陷、高导电性石墨烯的制备,但这种方法仍然只能停留在小层面上进行,无法将石墨烯进行工业化生产。

2.9.3　爆炸还原法

生成二氧化碳和水蒸气,并一起进入到氧化石墨片层间,致使氧化石墨烯片层的剥离并还原,其中压力起到了很重要的作用。

Ling 等通过修饰 Staudenmaier 方法,在冰浴条件下,在石墨和混酸的混合物中,缓慢加入氯酸钾,得到层间距为 0.81 nm 的氧化石墨烯,之后快速升温(50℃/min)诱导爆炸,得到高结晶石墨烯。同鑫等运用相应的原理将氢气热解膨胀还原氧化石墨烯,成功制得单层石墨烯,但这个过程具有一定的危险性而且还引入了其他物质。

爆炸还原法,虽成功制备了单层石墨烯,但其可控性差,制备过程存在一定的难度,因而不能运用到生产中。

2.9.4　电化学方法

Wang 等采用可扩展的电化学和机械剥离方法将天然微晶石墨矿物直接用于制备产量高于 70% 的高质量石墨烯微片。该石墨烯产品具有低缺陷、高结晶度、数百纳米的尺寸大小和小于 5 层的小片材特征。将所得的石墨烯产品用作超级电容器电极,在 1 mA/cm² (0.25 A/g)的充放电倍率下达到 99 mF/cm² (24.8 F/g)的表面积比容量,甚至在 20 mA/cm² 的高充放电倍率下还能得到 77 mF/cm² 的高表面积比容量。

2.9.5　高温热处理

Cui 等发现用普通的碳酸钠颗粒快速热解富马酸可以有效促进石墨烯结构的良好构建。而且,碳酸钠颗粒可以通过室温下水洗与石墨烯分离并回收再利用。得益于框架结构,合成后的石墨烯在超级电容器中表现出优异的性能。石墨烯框架(GFs)修饰电极的比容量在 0.5 A/g 时计算为 242 F/g,几乎是 RGO 修饰电极(134 F/g)的两倍。更重要的是,随着电流密度从 0.5 A/g 增加至 16 A/g,GFs 修饰电极的初始比容量保持率为 92.6%,远高于二维石墨烯修饰电极。

2.9.6　电化学剥离

Ejigu 等通过施加单个阴极电位,在重氮盐存在下同时进行石墨官能化和电化学剥离。与预制石墨烯的后官能化相比,这种方法使得单层或少层石墨烯可在它们聚集之前在原位被官能化和稳定化。此外,在原位重氮还原过程中产生的 N_2 有助于官能化石墨烯片的分离。可以通过改变剥离溶液中重氮物质的浓度来控制石墨烯官能化的程度。当用作超级电容器装置中的电极时,官能化增强了电荷存储容量,其中比容量高度依赖于石墨烯官能化的程度。

Hamra 等用十二烷基苯磺酸钠(SDBS)作为表面活性剂,使用不同类型的氧化剂(HNO_3、$NaNO_3$、H_2SO_4 和 H_2O_2)通过电化学剥离将石墨棒制备成石墨烯。使用 1.0 mol/L 的 HNO_3 作为氧化剂,在 1 个循环中成功地生产了 20.8 mg 的石墨烯粉末,相当于使用三电极系统在 + 10 V 的静电电位下进行1 100 s的电化学剥离。通过直接真空过滤将所制备的石墨烯制成超级电容器电极。并且在1 000次充放电循环后,尼龙膜电解质的容量保持率为94%,而聚合物凝胶电解质的容量保持率超过了100%。

2.9.7 再生催化微波辐射

Subramanya等使用环境友好的再生催化剂钨酸钠直接从含水介质中的石墨片大规模合成少层石墨烯(FLG)纳米片。合成后的石墨烯是双层的,具有3.9 nm的较小区域尺寸,比表面积为1 103.62 m^2/g,碳氧比高达9.6。通过循环伏安法,计时电位法和电化学阻抗谱分析了该FLG纳米片的电化学性能,它具有大比容量(219 F/g)、高能量密度(83.56 Wh/kg)、高功率密度(15.29 kW/kg)和优异的循环性能(3 000次循环),同时显示出高频电容响应,拐点频率为72.57 Hz,使其成为超级电容器材料的理想选择。

2.9.8 激光还原

Yang等通过准分子激光照射还原技术从氧化石墨水溶液中制备石墨烯。通过改变激光能量和照射时间等激光照射处理条件,成功地生长出具有不同超级电容行为的石墨烯,如图2-37所示。这些石墨烯似乎是随机聚集的、褶皱的、无序的和小片状的固体材料。将激光还原石墨烯用作超级电容器的电极活性材料,并且在水溶液和ACN电解质中测得其最高比容量分别为1.04 A/g时的141 F/g和1.46 A/g时的84 F/g。CV测试表明它的比容量在1 000 mV/s时达到81 F/g,在5 mV/s时达到130 F/g。

2.9.9 喷雾热解

Chidembo等用喷雾热解法设计了由还原氧化石墨烯、官能化多壁碳纳米管和氧化镍纳米颗粒组成的自组装各向同性三元结构(图2-38),并

石墨烯超级电容器

图 2-37

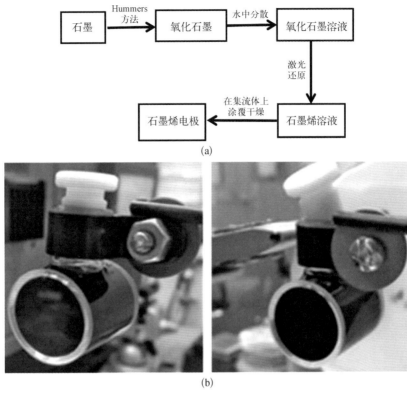

（a）

（b）

（a）以石墨粉为原料，采用蜂窝状激光辐照法制备石墨烯电极的实验方法；（b）石墨水溶液用激光辐照石墨氧化物溶液制备石英电池中的溶液

将其用于经济高效的高性能超级电容器件。由这种新型三元体系制造的电极具有极高的比容量(2 074 F/g)。使用活性炭作为阳极组装成不对称超级电容器装置，最大比容量为 97 F/g，在超过 2 000 次循环时容量保持率为 96.78%，能量密度高达 23 Wh/kg，同时具有 99.5% 的库仑效率。

2.10   目前存在的主要问题

2.10.1   石墨烯制备方法存在的问题

通过以上论述的国内外关于石墨烯的制备方法以及相关方面的研

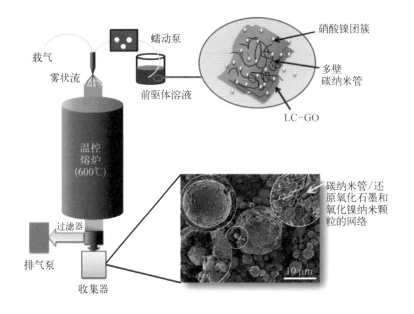

究,学者们认为迄今为止石墨烯制备所存在的不足之处主要有以下几点。

（1）氧化还原法是目前已知成本最低廉的制备石墨烯的方法。现阶段的重点则是集中在石墨烯制备以及应用上。虽然石墨烯阶段性产物具有优良的性能以及得到了广泛的应用,但对于石墨烯制备过程中,产生的中间产物的一些物理和化学特性的研究还不够深入,这对石墨烯的形成、制备以及应用等研究都有很大的影响。氧化还原法操作过程简单,成本低廉具有规模化制备的广阔前景,但在后期还原氧化石墨的过程中其原料具有一定的毒性,同时石墨烯的悬浮液具有层数不可控,纯度不太高,结构不完整以至部分光、电性能损失等的不利因素存在,因而寻找无毒试剂和直接利用氧化石墨烯的单层悬浮液来制备出结构完整的石墨烯材料,成为氧化还原法的主要问题。

（2）化学气相沉积法由于其独特的制备方法,可制备出大面积的石墨烯薄膜半导体材料,而且性能比较氧化还原法来说更优异。现有的相关加工技术也可对其进行加工,这使化学气相沉积法制备出的石墨烯材料拥有比氧化还原法在微电子领域有更大的发展空间。但是化学气相沉积法还不够完善,相关步骤不统一,对于原理的研究也不够深入,所以还需要更深入地研究并完善实验途径,之后还需要降低工艺成本,这样才能使化学气相沉积法被大规模应用。

（3）微机械剥离法成本高、耗时长、工艺复杂,无法大规模化生产。

（4）有机分子插层法制备出的石墨烯由于分散程度很低、不易复合等原因,虽然石墨烯质量很高,但不利于大规模化生产。

（5）其他的制备方法仍不成熟。

2.10.2　氧化还原途径制备的石墨烯存在的问题

他们通过对国内外石墨烯的氧化还原法制备及结构研究,发现此方法还存在如下几点不足。

（1）Hummers 法制备氧化石墨的过程中,还原不够彻底,结构存在缺陷,这影响了产物的一系列物理和化学性能。氧化石墨晶体结构的属性制备方法和实验条件设计的基础,还决定了还原效果和晶层剥离的难易度。而且在使用 Hummers 法制备氧化石墨的过程中,有许多因素都影响了氧化石墨的结构,例如原料的选择、反应条件和反应途径等,这导致需要做许多平行实验才能测出最好的实验条件。因此当实验条件发生变化时,可能导致氧化石墨在制备过程中插层不完全,造成之后的氧化石墨被超声剥离不完全,浪费原料等;但是过度氧化又会导致氧化石墨不宜还原,结构层缺陷过多等问题。这些影响都对之后氧化石墨烯的剥离、还原带来困难,甚至对其性能的研究分析也会有很大影响。

（2）制备石墨烯的过程中,对不同条件下石墨烯的还原效果和稳定分散的研究工作做得较少。主要原因是制备氧化石墨样品时,实验条件不同,制备出来的样品的结构均有差异,导致之后经过剥离、还原得到的石墨烯检测结论不一致。

（3）对将石墨制备成石墨烯过程中结构变化的研究,还没引起大家重视。其中的化学变化、结构变化、官能团、化学键等变化的规律性还没经过系统的研究。

参考文献

［1］ Novoselov K S，Geim A K，Morozov S V，et al. Electric field effect in atomically thin carbon films［J］. science，2004，306(5696)：666 - 669.

［2］ Novoselov K S，Jiang D，Schedin F，et al. Two-dimensional atomic crystals［J］. Proceedings of the National Academy of Sciences，2005，102 (30)：10451 - 10453.

［3］ Novoselov K S，Geim A K. The rise of graphene［J］. Nat. Mater，2007，6 (3)：183 - 191.

［4］ Geim A K. Graphene：status and prospects［J］. science，2009，324(5934)：1530 - 1534.

［5］ Allen M J，Tung V C，Kaner R B. Honeycomb carbon：a review of graphene［J］. Chemical reviews，2009，110(1)：132 - 145.

［6］ Novoselov K S，Fal V I，Colombo L，et al. A roadmap for graphene［J］. nature，2012，490(7419)：192.

［7］ Randviir E P，Brownson D A C，Banks C E. A decade of graphene research：production，applications and outlook［J］. Materials Today，2014，17(9)：426 - 432.

［8］ Novoselov K S，Geim A K，Morozov S V，et al. Two-dimensional gas of massless Dirac fermions in graphene［J］. nature，2005，438(7065)：197.

［9］ Mayorov A S，Gorbachev R V，Morozov S V，et al. Micrometer-scale ballistic transport in encapsulated graphene at room temperature［J］. Nano letters，2011，11(6)：2396 - 2399.

［10］ Moser J，Barreiro A，Bachtold A. Current-induced cleaning of graphene ［J］. Applied Physics Letters，2007，91(16)：163513.

［11］ Lee C，Wei X，Kysar J W，et al. Strength of monolayer graphene measurement of the elastic properties and intrinsic［J］. Science，2008，321：385 - 388.

［12］ Liu F，Ming P，Li J. Ab initio calculation of ideal strength and phonon instability of graphene under tension［J］. Physical Review B，2007，76 (6)：064120.

［13］ Balandin A A. Thermal properties of graphene and nanostructured carbon materials［J］. Nature materials，2011，10(8)：569 - 581.

［14］ Balandin A A，Ghosh S，Bao W，et al. Superior thermal conductivity of single-layer graphene［J］. Nano letters，2008，8(3)：902 - 907.

［15］ Allen M J，Tung V C，Kaner R B. Honeycomb carbon：a review of graphene[J]. Chemical reviews, 2009, 110(1): 132 - 145.

[16] Park S, Ruoff R S. Chemical methods for the production of graphenes[J]. Nature nanotechnology, 2009, 4(4): 217 - 224.

[17] Reina A, Jia X, Ho J, et al. Large area, few-layer graphene films on arbitrary substrates by chemical vapor deposition[J]. Nano letters, 2008, 9(1): 30 - 35.

[18] Zhang Y I, Zhang L, Zhou C. Review of chemical vapor deposition of graphene and related applications[J]. Accounts of chemical research, 2013, 46(10): 2329 - 2339.

[19] Li X, Cai W, An J, et al. Large-area synthesis of high-quality and uniform graphene films on copper foils[J]. science, 2009, 324(5932): 1312 - 1314.

[20] Berger C, Song Z, Li T, et al. Ultrathin epitaxial graphite: 2D electron gas properties and a route toward graphene-based nanoelectronics[J]. The Journal of Physical Chemistry B, 2004, 108(52): 19912 - 19916.

[21] Mattevi C, Kim H, Chhowalla M. A review of chemical vapour deposition of graphene on copper[J]. Journal of Materials Chemistry, 2011, 21(10): 3324 - 3334.

[22] Strupinski W, Grodecki K, Wysmolek A, et al. Graphene epitaxy by chemical vapor deposition on SiC[J]. Nano letters, 2011, 11(4): 1786 - 1791.

[23] Ago H, Ito Y, Mizuta N, et al. Epitaxial chemical vapor deposition growth of single-layer graphene over cobalt film crystallized on sapphire [J]. AcsNano, 2010, 4(12): 7407 - 7414.

[24] Yu H K, Balasubramanian K, Kim K, et al. Chemical vapor deposition of graphene on a "peeled-off" epitaxial cu (111) foil: A simple approach to improved properties[J]. ACS nano, 2014, 8(8): 8636 - 8643.

[25] Hu B, Ago H, Ito Y, et al. Epitaxial growth of large-area single-layer graphene over Cu (1 1 1)/sapphire by atmospheric pressure CVD[J]. Carbon, 2012, 50(1): 57 - 65.

[26] Vo- Van C, Kimouche A, Reserbat-Plantey A, et al. Epitaxial graphene prepared by chemical vapor deposition on single crystal thin iridium films on sapphire[J]. Applied physics letters, 2011, 98(18): 181903.

[27] Coleman J N. Liquid-phase exfoliation of nanotubes and graphene[J]. Advanced Functional Materials, 2009, 19(23): 3680 - 3695.

[28] Coleman J N. Liquid exfoliation of defect-free graphene[J]. Accounts of chemical research, 2012, 46(1): 14 - 22.

[29] Cui X, Zhang C, Hao R, et al. Liquid-phase exfoliation, functionalization and applications of graphene[J]. Nanoscale, 2011, 3 (5): 2118 -2126.

[30] Hernandez Y, Nicolosi V, Lotya M, et al. High-yield production of graphene by liquid-phase exfoliation of graphite [J]. Nature nanotechnology, 2008, 3(9): 563.

[31] Ciesielski A, Samorì P. Graphene via sonication assisted liquid-phase exfoliation[J]. Chemical Society Reviews, 2014, 43(1): 381 – 398.

[32] Du W, Jiang X, Zhu L. From graphite to graphene: direct liquid-phase exfoliation of graphite to produce single-and few-layered pristine graphene [J]. Journal of Materials Chemistry A, 2013, 1(36): 10592 – 10606.

[33] Zhong Y L, Tian Z, Simon G P, et al. Scalable production of graphene via wet chemistry: progress and challenges[J]. Materials Today, 2015, 18 (2): 73 – 78.

[34] Jiao L, Wang X, Diankov G, et al. Facile synthesis of high-quality graphene nanoribbons[J]. Nature nanotechnology, 2010, 5(5): 321.

[35] Kosynkin D V, Higginbotham A L, Sinitskii A, et al. Longitudinal unzipping of carbon nanotubes to form graphene nanoribbons[J]. Nature, 2009, 458(7240): 872.

[36] Jiao L, Zhang L, Wang X, et al. Narrow graphene nanoribbons from carbon nanotubes[J]. Nature, 2009, 458(7240): 877 – 880.

[37] Xin G, Hwang W, Kim N, et al. A graphene sheet exfoliated with microwave irradiation and interlinked by carbon nanotubes for high-performance transparent flexible electrodes[J]. Nanotechnology, 2010, 21(40): 405201.

[38] Choi W, LEE J. Graphene: Synthesis and Applications[M]. New York: CRC Press/Taylor & Francis Group, 2012.

[39] Lang B. A LEED study of the deposition of carbon on platinum crystal surfaces[J]. Surface Science, 1975, 53(1): 317 – 329.

[40] Lu X, Yu M, Huang H, et al. Tailoring graphite with the goal of achieving single sheets[J]. Nanotechnology, 1999, 10(3): 269 – 272.

[41] Sutter P. Epitaxial graphene: How silicon leaves the scene[J]. Nature materials, 2009, 8(3): 171 – 172.

[42] Sutter P, Hybertsen M S, Sadowski J T, et al. Electronic structure of few-layer epitaxial graphene on Ru (0001)[J]. Nano letters, 2009, 9(7): 2654 –2660.

[43] Yi M, Shen Z. A review on mechanical exfoliation for the scalable production of graphene[J]. Journal of Materials Chemistry A, 2015, 3 (22): 11700 – 11715.

[44] Zhang Y, Small J P, Pontius W V, et al. Fabrication and electric-field-dependent transport measurements of mesoscopic graphite devices[J]. Applied Physics Letters, 2005, 86(7): 073104.

[45] Dresselhaus M S, Araujo P T. Perspectives on the 2010 Nobel Prize in

石墨烯超级电容器

physics for graphene[J]. AcsNano, 2010, 4(11): 6297 - 6302.

[46] Jayasena B, Subbiah S. A novel mechanical cleavage method for synthesizing few-layer graphenes[J]. Nanoscale research letters, 2011, 6 (1): 95.

[47] Chen J, Duan M, Chen G. Continuous mechanical exfoliation of graphene sheets via three-roll mill[J]. Journal of Materials Chemistry, 2012, 22 (37): 19625 - 19628.

[48] Antisari M V, Montone A, Jovic N, et al. Low energy pure shear milling: a method for the preparation of graphite nano-sheets [J]. Scripta Materialia, 2006, 55(11): 1047 - 1050.

[49] Milev A, Wilson M, Kannangara G S K, et al. X-ray diffraction line profile analysis of nanocrystalline graphite[J]. Materials Chemistry and Physics, 2008, 111(2 - 3): 346 - 350.

[50] Janot R, Guérard D. Ball-milling: the behavior of graphite as a function of the dispersal media[J]. Carbon, 2002, 40(15): 2887 - 2896.

第 3 章

石墨烯在双电层
电容器中的应用

3.1 石墨烯基 EDLC

碳材料由于制造成本低、比表面积大、孔隙结构可调、电极制备工艺简便等特点,被人们作为双电层电容器(Electrical Doube-Layer Capacitor, EDLC)的首选电极材料,它的应用有着悠久的历史,德国物理学家 Helmholtz 在 1879 年首次提出的双电层机理,他认为,正负离子整齐地排列在固体和液体界面两侧,正负电荷的分布情况,就如同平行板电容器那样,也称之为双电层电容器模型,解释了碳电极的储能机理。

20 世纪 50 年代初,通用电气的工程师开始在燃料电池和可充电电池上使用多孔碳电极作为试验组件。他们所用的多孔碳电极是一种极其多孔的海绵状的电导体,具有超高的比表面积。1957 年,H. Becker 发明了一种"多孔碳电极低压电容器",并成功申请了双电层超级电容器的第一篇专利,他认为能量以电荷的形式被存储在碳孔中,就像电解电容器的腐蚀铝箔能够存储电荷一样的道理。1969 年,美国标准石油公司 Sohio 开始对双电层电容器进行商业化生产,主要应用于电动汽车的启动系统。

既然双电层电容器是通过极化电解质来储能的,在其储能的过程中,并没有产生化学反应,那么这个过程是可逆的。

基于这一机理,一个理想的超级电容器电极材料应满足以下特征:(1) 具有较高的比表面积以及分级多孔结构,有利于有效电荷存储的均衡的孔径分布,具有较高的比电容量;(2) 高电导率,高功率密度和倍率性能,电极材料的表面氧化还原电阻、电极材料与电解液和集流体之间的接触电阻要尽可能小,以减小双电层电容器的电化学阻抗;(3) 对电解液兼容性卓越,具有优良的浸润性、合理的电极与电解液界面接触角,有利于电解质离子的扩散,最大限度地促进离子接触的表面积;(4) 电极材料在双电层电容器使用条件下要有长期的化学稳定性和充放电重复循环能力,从而保证双电层电容器的寿命;(5) 材料在开路状态下自放电要尽可能小。

活性炭是双电层超级电容器使用最多的一种电极材料,它可以用椰壳和石油焦作为主要原料,来源非常丰富,且价格低廉,成型性好、电化学稳定性高、技术成熟。与 EDLC 的性能密切相关的几个因素是比表面积、孔径分布、表面官能团和电导率。活性炭的比表面积可以达到 2 000 m²/g 以上,所以质量能量密度比较高,但是由于颗粒内部存在大孔,颗粒之间又有空隙,所以它们的填充密度很低,从而导致体积能量密度低,功率密度低,这是活性炭基超级电容器的主要问题之一。活性炭电极的双电层电容器,在工作时,电解质离子会吸附到电极材料的孔隙中,由于这些电解对电极材料的孔径分布有严格的要求,在制备电极的过程中,必须优化活性炭的活化工艺。此外,活性炭的表面存在官能团,这些官能团可以改善电极的表面浸润性能,提高表面积利用率,增加法拉第赝电容从而提高电容器电容量,但是这些官能团也存在负面效应,它们会引起氧化还原反应,加剧漏电现象,降低电极稳定性,因此,表面官能团需要合理控制。

目前,在双电层超级电容器领域面临的主要挑战之一是如何在提高能量密度的同时保持其高功率密度,长时间的循环寿命,低廉的生产成本,以期望达到或超过燃料电池或锂离子电池性能。

石墨烯是近年来新发现的一种高科技材料,它是由单层 sp² 杂化碳原子呈蜂窝状排列的二维晶体碳材料,具有良好的电化学性能、抗拉伸性能和易与其他活性材料复合的结构。由于其极高的比表面积(约 2 630 m²/g),被认为是超级电容器电极材料最有发展前途的材料之一。与活性炭类似,可以作为良好稳定的负极材料,被逐渐应用到超级电容器电容材料中。

不同的制备方法得到的石墨烯形貌和结构差异,主要表现在表面含氧官能团、孔结构、比表面积和导电性等方面。如果充分使用其比表面积,基于石墨烯材料的电化学电容器原则上可以达到最大理论双电层电容值,高达 21 μF/cm²(550 F/g)。然而,高的比表面积并不一定能供给足够大的电容,电容性能还与离子和电子的传输动力学有关。目前文献和书籍上所报道过的实验比电容量仅为 100~260 F/g,原因主要在于目前存在的问题:由于相邻片层间范德瓦尔斯力的吸引以及强 π-π 键相互作用,石墨烯片层之间容易引起的不可避免的团聚,在电极材料的应用过程中呈现出高度的再聚集的趋势,相互堆叠降低了材料的实际可用表面积。事实上只有 50%～70%的理论比表面积可以允许电解液中的离子通过,电解液离子无法充分浸润石墨烯的所有表面,使得可利用的比表面积大大降低,严重地影响了石墨烯材料的性能,最终导致比电容量下降。

为了尽可能高地提高理论比表面积的利用率,改善电解液离子的传输通道,科研人员开发了多种有效的办法。例如改善石墨烯的结构,将二维平面结构转化为三维结构,优化堆叠,开发石墨烯的多种形态,如石墨烯气凝胶,石墨烯碳纳米管复合材料。这些方法有效地防止了石墨烯片的团聚、提高了孔隙密度和保持了其高比表面积。

3.1.1 石墨烯改进型结构

与二维石墨烯结构相比,三维石墨烯多了折叠成分,以及随机弯曲的多孔网络,因此后者宏观表现出来的理化性质比前者有所衰减。为了弥补这一缺陷,必须对石墨烯复合材料的多孔结构进行精心设计。化学气相沉积法的工艺不具备扩展性,在低压缩条件下,得到的材料一般都是脆性材料。通过化学衍生氧化石墨烯制备三维石墨烯气凝胶,可以对最终材料的孔形态进行控制。然而这些石墨烯网络的结构在很大程度上仍然是随机的和高度曲折的,这严重限制了物质传输途径,并限制了材料的力学性能。Zhu 等报道了一种三维石墨烯复合气凝胶(3D‐GCA)微型格栅的制备方法,主要是采用了一种称为直接墨水写入的三维打印技术,这种技术采用三轴运动制备了高度压缩的石墨烯气凝胶微网,这些三维石墨烯气凝胶在保持单片石墨烯的大比表面积的同时,表现出比大多数石墨烯组件更好的机械强度。开发出的复合材料可应用于超级电容器。开发这种新型气凝胶的关键是要创造出一种可挤压的石墨烯基复合油墨,并对 3D 打印方法进行改进,以适应气凝胶的加工。三维打印石墨烯复合气凝胶电极具有轻质、高电导率和优异的电化学性能。特别是使用这些厚度在毫米级的 3D‐GCA 电极的超级电容器,显示出异常的容量保持率,电流密度在 0.5～10 A/g 时,容量保持率为 90%,功率密度超过了 4 kW/kg,这个功率密度等同于甚至超越了已报道的用 10～100 倍薄电极制成器件的功率密度。不同三维石墨烯复合气凝胶的扫描电镜照片如图 3‐1 所示。Zhu 等的这项工作提供了三维打印材料可以显著扩大设计空间,以制造高性能和完全可积的储能器件的例子。

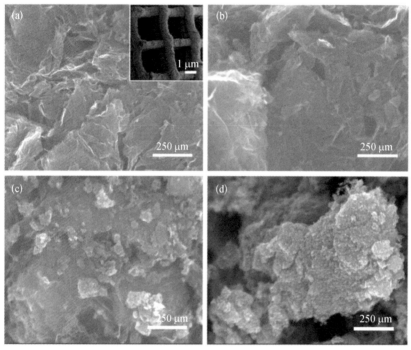

图 3‐1 不同的三维石墨烯复合气凝胶的扫描电镜照片

(a)氧化石墨烯‐SiO$_2$气凝胶立方晶格;(b)氧化石墨烯‐石墨烯纳米片‐SiO$_2$‐1;(c)氧化石墨烯‐石墨烯纳米片‐SiO$_2$‐2;(d)氧化石墨烯‐石墨烯纳米片

　　一般而言,传统的叠片结构的超级电容器中,石墨类碳材料在集流体上的方向是随机的,在这种情况下,能深入渗透到石墨平面内的电解质离子数量是有限的。这无疑大大降低了石墨烯层的比表面积利用率,导致在界面处形成的双电层数量降低。Yoo 等发明了一种内平面设计方式,利用原始的多层石墨烯和多层还原氧化石墨烯,做成内平面几何结构的电极,组建了超薄超级电容器。在这种新的内平面设计中,通过在石墨烯

　　　　　　　　　　　　　　　　　　　　　　石墨烯超级电容器

层间割裂出微米尺寸的间隙,形成两张巨大的平面导电石墨烯片,这两张石墨烯片作为电极两端。然后,通过在两个电极的外部边缘喷金形成集流体。在最后的设计步骤中,电解质被分散在活性电极表面和微米尺寸的间隙中间,电荷可以在两个电极上自由地迁移。这与传统的超级电容器中使用的石墨烯层具有随机取向是不同的。这种内平面设计通过直接利用石墨烯的表面层,提高了储能效率。

碳材料在集流体表面传统的附着方式如图 3-2(a)所示,方向是和集流体并列平行的,这种方式不能充分利用石墨烯的比表面,因为靠近集流体的部分很难接触到电解液。而 Yoo 等的内平面设计方式是一种新的附着方式,该设计为电解液浸润石墨烯提供了额外的好处,充分利用了石墨烯的表面层,提高了电化学活性比表面积。

图3-2 石墨烯超级电容器结构示意图

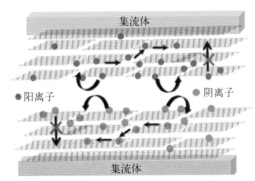

(a) 石墨烯呈横向堆叠在集流体表面

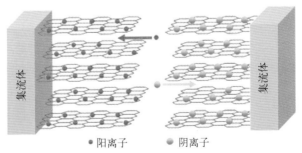

(b) 石墨烯呈纵向排列在集流体表面

至于原始石墨烯和氧化石墨烯,哪一种材料更适合作为电极,Yoo 等也做了实验进行对比。结合层对层自组装方式,以及化学还原法,在石英衬底上制备二维平面结构的氧化还原石墨烯薄膜。根据扫描电镜和原子力显微镜表征的结果,与原始氧化石墨烯膜相比,氧化还原石墨烯的表面更加均匀和光滑,X射线光电子能谱测量显示后者的氧含量也有显著降低。在被胶带部分剥离的区域,氧化石墨烯薄膜的内层清楚地显示了沉积层的边界,表明在没有团聚的情况下成功地形成了层状结构的薄膜。用原子力显微镜进行的高度测量表明,氧化石墨烯薄膜的膜厚为10 nm,这意味着有相当多的层数。根据理论估计,约有21层石墨烯存在于10 nm厚的氧化石墨烯薄膜中,使RMGO薄膜的层间距约为5 Å[①]。以正己烷为碳源,在氢氩混合气的保护下,温度为950℃,在铜箔上采用CVD法生长了1 cm×1 cm的原始石墨烯薄膜。该薄膜在90%以上的面积上表现出单层特征,只有部分区域显示出2~3层石墨烯的边缘结构和拉曼光谱。这些信息对于全面评估原始氧化石墨烯平面器件的性能是必不可少的。将生长的氧化石墨烯薄膜从铜基底转移到石英衬底上,用于器件的制作。

为了证实内平面设计这种概念的有效性,Yoo等使用聚合物凝胶电解液和石墨烯电极制成全固态二维内平面超级电容器。该聚合物凝胶是生产固态超级电容器常用的电解液,通常这种电解液的工作电压在1 V左右,这是因为制备这种电解液的溶剂是水,所以它的工作电压范围更接近于水系电解液。在此电压范围内测试新的石墨烯超级电容器。聚合物凝胶电解液既是离子电解液,也充当了隔膜的角色,从而使新的平面设计概念相当独特。

得益于石墨烯的开放架构和边缘效应,采用它做出的器件,厚度可以做到极致超薄,而且紧凑、柔性好、光学透明度高。层数在1~2层的石墨烯,面积比电容为80 $\mu F/cm^2$,当层数增加后,面积比电容可增大到394 $\mu F/cm^2$。结合模型计算和试验,检验原始的石墨烯和多层还原氧化石墨烯构成的全固态超级电容器,结论证明,该器件可作为广泛应用的薄膜基储能器件的原型。

---

① 1 Å(埃米)=10^{-10} m(米)。

传统的石墨烯基复合物通常是用化学湿法合成的,若希望制备高质量石墨烯,则是采用化学气相沉积法,在扁平的金属箔或者薄膜上生长石墨烯,这种化学气相沉积法做出来的石墨烯,不含任何官能团,因此不容易在普通溶剂中浸润,不利于合成石墨烯基复合物,是一种不常用的制备方式。除此以外,这种方式的产量很低,严重限制了在储能领域的应用。

为了提高化学气相沉积法合成石墨烯的产量,Cao 等通过温和的乙醇化学气相沉积法,以泡沫镍作为牺牲模板,乙醇作为碳源,制备出新型三维石墨烯网,是构建石墨烯金属氧化物复合物的优秀模板。传统的气相沉积法使用甲烷作为碳源,并且需要真空环境,相比之下,乙醇不仅便宜而且安全。石墨烯生长出来以后,泡沫镍的颜色由亮白色转变为暗灰色。一次沉积后,去除泡沫镍基底,可以获得约为 0.1 g 的石墨烯。原则上,可以通过更大的 CVD 室来放大这个生产过程,这对于实际生产而言是基本条件。

为了证明这个概念,Cao 等在三维石墨烯网上用电化学沉积氧化镍(图 3 - 3),石墨烯网独特的三维结构提供了超大的比表面积,方便电解液离子快速到达氧化镍表面。在泡沫镍集流体上合成石墨烯,为电荷从活性材料到集流体的快速转移提供了良好的电接触条件。NiO/石墨烯复合材料在 80 mV/s 扫描速度下,在前 200 个循环中,比电容增加约 15%,这可能是由于激活过程使得离子逐渐扩散出来。重要的是,在 2 000 次循环中没有明显的电容下降,表明 NiO/石墨烯复合材料具有优异的电化学稳定性。

石墨烯/氧化镍复合材料在 5 mV/s 的电压扫描速度下,获得的比电容量约为 816 F/g,2 000 次循环充放电之后比电容量无明显衰减。

人们普遍认为,双电层电容器的超级电容性能不仅与电极材料的可达比表面积密切相关,而且与离子和电子的输运动力学密切相关。一般情况下,理想的电化学电容器电极材料应满足以下特点:(1)具有高比表面积的多孔结构,以及具有高效率电荷储存和高比容量的分层且平衡的孔径分布;(2)高电导率,具有高功率密度和高倍率能力;(3)与电解质具有良好的相容性,以促进离子扩散和最大限度地利用离子可接触的表面积。

图 3-3

(a) 生长石墨烯前后的泡沫镍；(b) 单一化学气相沉积法制备的 0.1 g 三维石墨烯网祛除泡沫镍后；(c) 生长在泡沫镍上的三维石墨烯网的扫描电镜照片；(d) 祛除泡沫镍后的三维石墨烯网的扫描电镜照片

Yuan 等提出了一种基于多孔石墨烯骨架(Porous Graphene Frameworks，PGF)的纳米结构设计和制备的新策略，该方法是通过与 4-碘苯基取代物 (RGO)进行原位共价键合修饰，再通过芳基-芳基偶联反应来设计和生成纳米结构的。首先，采用改进的 Hummers 法制备出氧化石墨烯(GO)，尺寸从数百纳米到几微米不等，平均厚度约为 1 nm。再使用硼氢化钠还原得到还原氧化石墨烯(RGO)，在水相条件下，通过 4-碘苯重氮盐反应，将 RGO 与 4-碘苯基进行功能化，得到的 4-碘苯基功能化石墨烯(RGO-IBz)可以很好地分散在不同的有机溶剂中，如二甲基甲酰胺、甲苯和氯苯。其次，将双 (1,5-环辛二烯)镍、2,2'-联吡啶、1,5-环辛二烯与 RGO-IBz 在 N,N-二甲基甲酰胺中脱气分散混合，在 Yamamoto 芳基偶联条件下搅拌反应混合物。冷却至室温后，在混合物中加入浓盐酸，过滤收集黑色固体，再分别用水和四氢呋喃进行索氏萃取纯化一天。最后经真空干燥制得 PGF。

与 RGO 相比,由于引入了联苯支柱,三维 PGF 增加了微孔率,从而显示出高规格的比表面积。通过氮气吸脱附实验证明了 PGF 的微孔性质。将样品加热至 140℃ 后,去除残留在孔隙中的水分和溶剂分子。在 77 K 时,测量出氮气吸附脱附曲线,并以此计算出 PGF 的比表面积为 242 m^2/g,RGO - IBz 的比表面积为 127 m^2/g。与此形成对比的是,由于 π - π 堆积,RGO 表现出一种 Ⅲ 型吸附/脱附等温线,其比表面积计算值仅为 11 m^2/g。非局域密度泛函理论(NL - DFT)模型拟合氮气吸附等温线可模拟孔径分布,RGO - IBz 的总孔容为 0.13 cm^3/g。而 RGO 的总孔容为 0.015 cm^3/g。获得的 RGO 和 RGO - Ibz 样品的多模孔径分布显示了微孔和中孔的出现。PGF 的特征是在 1 nm 附近出现窄的单峰孔径分布,从而证实了 PGF 的微孔率。

考虑到 PGF 固有的和永久性的多孔结构,结合扩展 π 共轭体系的存在和高电导率,对 PGF 在超级电容器中的应用进行了详细的研究。以 6 mol/L 的氢氧化钾水溶液作为电解液,组装了以 PGF 为活性电极材料的常规双电层超级电容器器件。在 0 V 和 1 V 之间的电位窗口中基于不同的扫描速率对 PGF 基对称超级电容器作 CV 扫描。与三电极超级电容器相比,在双电极系统中没有观察到明显的法拉第峰。即使当扫描速率增加到 100 mV/s 时,CV 轮廓也表现出矩形形状。在电流密度从 0.2 A/g 到 10 A/g 内,做恒流充放电(Galvanostatic Charge-Discharge,GCD)测试。所有的 GCD 曲线都显示出非常规则的对称三角形形状,这表明在上述电流密度都可以进行快速充放电和离子传输。在不同的电流密度下对双电层超级电容器的比电容进行测量,双电极体系下,电流密度为 0.2 A/g 时,比电容为 46 F/g,对应的单电极比电容为 184 F/g。略低于三电极体系测试结果。这是由于和三电极体系相比,双电极体系的装填密度和内部电阻较高,导致在电极材料中,电解质离子的扩散阻力增加。当电流密度增大到 10 A/g 时,比电容仍然有 30 F/g,从而确定电极具有良好的倍率性能。

与其他超级电容器的可替代材料比如氮硼掺杂石墨烯、多孔碳相比,PGF 的倍率性能相当优秀。此外,PGF 的超级电容器在 2 A/g 的电流密

度下,2 000 次循环充放电之后,比电容保持率达到 98%。10 A/g 的电流
密度下,5 000 次循环充放电之后,比电容保持率达到 97%。这些数据比
上述可替代材料要优异很多。Ragone 曲线是反映超级电容器的能量密
度和功率密度关系的非常有用的指标。对于 PGF 超级电容器而言,在电
流密度为 0.2 A/g 时,器件的最大能量密度达到 6.4 Wh/kg。最大功率密
度达到 4 560 W/g,此时的能量密度降低到 3.8 Wh/kg。

由于其独特的结构,三维 PGF 作为电极材料,与 RGO 相比,具有良
好的电化学性能,包括高比电容量,以及在三电极系统和双电极对称超级
电容器器件中具有很高的循环稳定性(图 3 - 4)。这些结果表明,这种纳
米结构 PGF 电极在储能领域有着广阔的应用前景。

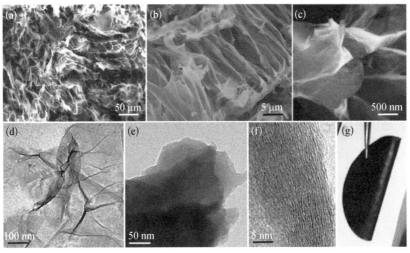

图 3 - 4 PGF 和
RGO - IBz 的扫描
及透射电镜照片

(a)~(c) PGF 在不同放大倍率下的扫描电镜照片;(d) RGO - IBz;(e) PGF;
(f) PGF 高倍透射电镜照片;(g) 柔性 PGF 薄膜

3.1.2 石墨烯孔径优化

双电层电容器三维石墨烯基网络框架,诸如石墨烯气凝胶,石墨烯泡
沫,石墨烯海绵,是一系列重要的新型多孔碳材料,内部具有连续互联的
大孔结构,质量密度低、表面积大、电导率高。然而,这些三维网络框架缺

石墨烯超级电容器

乏轮廓清晰的介孔和微孔,这大大限制了材料中的小孔中物质传输和电荷存储。因此,在互联的大孔框架内集成小的介孔通道,构建分层多孔体系结构的三维石墨烯基网络框架是非常有吸引力的。

为了洞悉碳材料的多孔结构和电解液离子之间的相互关系,以及电极动力学的基本机理,研究人员分别对大孔/介孔,介孔/微孔,大孔/微孔,以及大孔/介孔/微孔这些多孔碳材料制成的高性能电化学电容器进行了研究。在这些多孔材料中,大孔扮演了电解液缓冲池的角色,缩短了离子从电极外部扩散到内孔的距离,介孔则为离子传输和电荷存储提供了较大的可接触比表面积,微孔可以为电荷继续提供吸附场所。上述不同的孔特征在高功率电化学电容器应用中是令人期望的。

Wu 等通过氧化石墨烯的水热法制备出三维石墨烯气凝胶(GA)。首先,配制浓度为 1.5 mg/L 的氧化石墨烯悬浮液,然后,采用水热自组装法形成气凝胶悬浮液,最后通过冷冻干燥法得到固态石墨烯气凝胶,这样的气凝胶保持了优异的机械特性,同时内部还有相互连接的大孔。之后再通过均匀生长在石墨烯表面的硅网引入介孔,将石墨烯气凝胶浸入含有十六烷基三甲基溴化铵、乙醇、氢氧化钠和去离子水的混合溶液中,其中表面活性剂阳离子的作用是利用静电吸附在表面带有负电荷的石墨烯气凝胶上,向混合溶剂中加入四乙氧基硅烷作为硅的来源。在这个过程中,四乙氧基硅烷会慢慢水解,硅就会沉降在石墨烯气凝胶表面,用温热的乙醇清洗三次除去表面活性剂,干燥剩余固体物质,并在 800℃ 下氮气保护氛围热处理 3 h,最后制成三维石墨烯气凝胶基介孔硅复合物(GA - SiO_2),这种复合物的介孔硅壁厚度可调,尺寸分布较窄(2~3.5 nm),大孔在内部交联,质量密度较低,这些特征使 GA - SiO_2 成为创造其他三维多孔材料的模板,如三维石墨烯气凝胶介孔碳(GA - MC),从高分辨率的透射电镜观察到碳壁厚度为 2~3 nm,氮吸脱附曲线分析得到的 BET 比表面积高达 295 m^2/g,而且发现大部分孔是 2.0~3.5 nm 的介孔,GA - SiO_2 的形貌和微观结构如图 3 - 5 所示。

为了进一步研究 GA - MC 的电化学性能,将其做成双电层电容器的

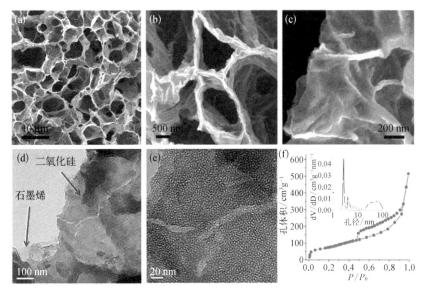

图 3 - 5 GA -
SiO₂的形貌和微观
结构

（a）低倍率放大照片；（b）高倍率放大照片；（c）扫描电镜侧视照片；（d）有代表性
的 GA-SiO₂透射电镜照片；（e）高分辨率透射电镜照片；（f）GA-SiO₂的等温曲线和 BJH 孔
分布图

电极,在三电极系统中做测试,选择 1 mol/L 的硫酸溶液作为电解液,做
循环伏安测试观察电极的可逆性,在电压扫描速度为 1~20 mV/s 内,曲
线基本成矩形。当扫描速度为 1 mV/s,测得的比电容量高达226 F/g,这
个数值比单纯的大孔石墨烯气凝胶和介孔碳要高,后两者的比电容量分
别为 176 F/g 和 143 F/g,这些对比实验表明,向大孔框架中引入介孔对
提高比电容量是很关键的。因为介孔和大孔之间的协同作用,框架内部
连接的大孔作为离子储蓄池,缩短了外部电解液向内部表面扩散的距离。
碳壁内的介孔和堆叠石墨烯层之间衍生的微孔可以增强离子传输效率和
电荷存储。三维的导电石墨烯层可以作为电极内部电子传输的多维快速
通道。因此,倍率性能优异,循环稳定性好,电流密度为2 A/g 时,在
1 mol/L 的硫酸电解液中,5 000 次循环无容量衰减。

当纳米孔结构电极的平均微孔尺寸与电解质中离子的大小相匹配
时,超级电容器的性能最好,这种共振效应对缺陷诱导孔也是如此。一般
而言,缺陷都是会带来性能的下降,但是他们发现,通过控制表面结构上

的缺陷，能够给少层石墨烯（FLG）带来 150% 的电容性能提升（约 50 $\mu F/cm^2$）。Zhu 等提出给少层石墨烯（FLG）设计缺陷诱导孔，使得层间空隙也能有效地通过电解液离子，进一步增加了电极的电容量。为了确定最合适的电解质，Zhu 等从理论上研究了 TEA^+ 和 TBA^+ 两种不同离子与 FLG 中缺陷诱导孔的相互作用。选择这些离子的原因在于，四乙基四氟硼酸铵（TEA·BF_4）和四丁基六氟磷酸铵（TBA·PF_6）等有机电解质的电压范围较宽，而价格却比离子液体便宜。理论研究表明 TEA^+ 离子更适合于通过纳米孔来进入 FLG 层间。FLG 中的纳米孔足够大，允许 TEA^+ 和 TBA^+ 离子通过，然而，与 TBA^+（约 0.8 nm）相比，TEA^+ 的尺寸相对较小(0.45 nm)，更容易进入 FLG 的层间空间，从而获得更高的电容。这种控制缺陷的 FLG 组成的纽扣器件可以比传统的活性炭超级电容多出 5 倍的能量密度提升。

一般常用的电解液中，溶剂化的电解质离子尺寸通常在 1 nm 左右，与微孔尺寸较接近。如果一种碳材料的微孔比例高，且孔隙结构非常曲折，那么会严重影响电解质离子的可达性，特别是在大电流密度的情况下，宏观表现为器件的倍率性能较差。考虑到这一点，在先进的碳纳米材料上适度提高介孔的比例，可以通过缩短离子传输途径或加快离子传输速率，为提高超级电容器的能量和功率密度开辟一条更先进的途径。因此，合理设计在介孔和微孔之间保持良好平衡的碳纳米材料是实现超级电容器高能量/功率密度的理想方法。

此外，提高超级电容器性能的另一个不可忽视的因素是碳纳米材料应该具有很高的导电性来加速电子转移。考虑到即使在碳纳米材料上创造出一个良好的介孔与微孔比，也会牺牲部分导电性，在多孔碳纳米材料框架中加入具有超高电导率的石墨烯，形成三维导电网络，可能为进一步提高超级电容器的性能提供另一条途径。

黑木耳是一种食用菌，是自然界中最丰富的真菌之一，每年在世界各地栽培超过 46 万吨。一种自然现象是，黑木耳能吸收多达 160 倍自身重量的各种溶液，在水溶液中浸泡后体积膨胀很大。受其固有的介孔/大孔结构和对溶液的巨大吸附能力的启发,Zhu 等通过生物质衍生合成工艺,将黑木耳浸入脱落的氧化石墨(GO)水溶液中,水热碳化黑木耳制备的黑木耳/GO 复合材料,最后用 KOH 活化多孔炭/GO 杂化物,从而成功地合成了三维少层石墨烯纳米片和分层多孔炭(Graphene Nanosheets Incorporated Hierarchical Porous Carbon,GHPC)纳米杂化物(图 3-6),该纳米杂化材料具有平衡的介孔和微孔比例,而且电导率有很大的提高,是超级电容器获得高能量/功率密度的理想材料。在 1 mol/L 的 H_2SO_4 中,对称超级电容器的比容量高达 256 F/g(1 A/g),具有良好的倍率性能(120 F/g,50 A/g)和长周期寿命(10 000 循环后容量保持率 92%)。

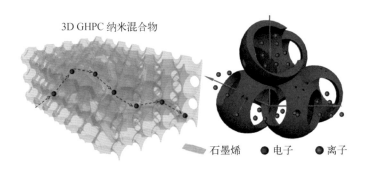

3D GHPC 纳米混合物

石墨烯　●电子　●离子

图 3-6　为提高超级电容器性能而设计的 GHPC 纳米杂化新概念的原理图

电解质离子的扩散和吸附对碳材料的孔径大小、表面润湿性和孔间连通性具有高度的敏感性,影响这些性能的关键因素是控制石墨烯材料的填充密度。一般高度致密的导电碳材料,大多数离子无法进入面间空间,导致储能能力差。因此,制备无堆叠或少堆积石墨烯材料作为超级电容器的电极是非常重要的。

Lee 等报道了用一种抗溶剂方法为超级电容器制备无堆叠还原石墨烯氧化物。利用疏水正己烷作为抗溶剂制备亲水性氧化石墨烯材料,制备出高比表面积为 1 435 cm²/g,孔体积为 4.11 cm³/g 的高皱缩无堆积氧化石墨烯纳米片,并提供了较高的电容。Li 等报道用分散体过滤法制备化学转化石墨烯(CCG)水凝胶膜,该膜与挥发性和非挥发性液体的混合物交换,然后通过真空蒸发去除挥发性液体。非挥发性液体保留了离子通道,使其具

石墨烯超级电容器

有 $0.13 \sim 1.33 \text{ g/cm}^3$ 的可控堆积密度。研究发现，当水凝胶膜保持湿态时，填料密度对电容的影响是有限的，当填料密度从 0.13 g/cm^3 增加到 1.33 g/cm^3 时，电容仅从 203.2 F/g 变化到 191.7 F/g。然而，如果胶膜完全干燥，电容仅为 155.2 F/g，说明了材料湿态剩余的重要性。

基于三维石墨烯的多孔电极可以提高比表面积，有利于离子和电子的扩散和传播，提高质量电容，但是由于填充密度低，通常体积电容较低。在一些实际应用场合，特别是需要较小尺寸的便携式储能器件中，必须在有限的区域或体积内实现高电容量。被压缩过的石墨烯内部具有三维介孔和微孔，可以为离子扩散提供通道，可以做成电容量很高的电极。但是由于结构和扩散通道的不连续性，其倍率性能不能令人满意。研究人员试图用纳米孔金属制备孔径相对较小的三维连续石墨烯，但是由于纳米孔金属在高温下的粗糙化，用传统的 CVD 法获得的石墨烯薄膜的平均孔径仍大于 200 nm，而且密度较低。

Qin 以纳米多孔铜（Nano Porous Copper，NPC）为催化剂，快速催化裂解氢化石墨（Hydrogenated Graphite，HG），制备了具有高比表面积的连续分级纳米多孔石墨烯薄膜（Hierarchical Nanoporous Graphene，HNP‐G）。

为了更高密度地控制生长的纳米多孔石墨烯的孔径，研究人员在低温（200℃）下通过化学气相沉积（CVD）在 NPC 上涂覆一层 HG，然后在高温下快速催化裂解氢化石墨。在高温条件下，NPC 的低温均匀涂层明显延缓了 NPC 的粗化趋势，为在高温下催化裂解获得具有小孔的 HNP‐G 提供了前提条件。

此外，所得的 HNP‐G 膜是连续的和柔性的，其可以直接用作柔性固态 SCS 的无黏结剂电极。将两片 HNP‐G 膜浸入硫酸/聚乙烯醇（H_2SO_4/PVA）溶液中，然后部分萃取和干燥。将具有薄电解质涂层的准备的电极挤压以形成微米‐薄的固态器件，该器件夹在其间的胶凝电解质中，HNP‐G 和柔性固态超级电容器的制作工艺如图 3‐7 所示。BET 分析表明，HNP‐G 的高比表面积（$1\,160 \text{ m}^2\text{/g}$）主要来自外表面（$954.7 \text{ m}^2\text{/g}$），导致电解质/离子迁移的完全可接近的通道。

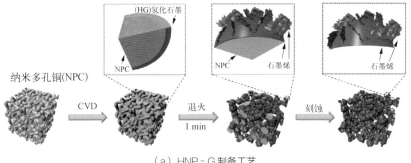

（a）HNP‐G制备工艺

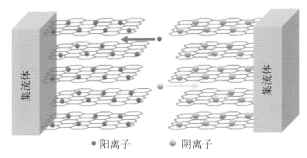

（b）柔性固态超级电容器制作工艺

　　此外,HNP‐G与凝胶电解质的连续3D分级纳米多孔结构和良好的润湿性不仅有效地防止石墨烯在显著压缩下的再堆叠,而且保证整个器件中的连续和短的电子/离子扩散路径,形成超高器件电容($38.2 \ \mathrm{F/cm^3}$)和优异的倍率性能。

　　超级电容器的性能在很大程度上取决于电极的组成和结构。开发石墨烯作为高性能电极的潜力很诱人。为了优化电极的电化学性能,采用分层结构的石墨烯网制备了超级电容器电极,其比表面积大于理论值,比电容接近单层石墨烯纳米片的最大比容量。

　　石墨烯片的二维结构导致了其具有极强的团聚倾向,使电解质离子在电极中的迁移受到一定的限制,最终将影响超级电容器的储能、倍率能力和循环寿命。因此,通过构造分层连接的多孔结构来优化电极结构,对提高电极的整体性能具有重要意义。在石墨烯片中引入介孔和微孔($1 \sim 10 \ \mathrm{nm}$),如KOH活化,活化后的石墨烯片比理论值($2\,630 \ \mathrm{m^2/g}$)大,达到$3\,100 \ \mathrm{m^2/g}$。

　　这使得封装后的石墨烯超级电容器在电流密度为$5.7 \ \mathrm{A/g}$时,能量密度约为 20 Wh/kg,功率密度约为 75 kW/kg,分别是商业碳基超级电容器的 4 倍和 10 倍。这些具有很强吸引力的性质正是通过优化相应的层次结构获得的。Zhang 等提出了一种新的方法来制造分级结构的石墨烯纳米片电极,这种方法是将蔗糖、纤维素和聚乙烯醇等廉价聚合物热解,产生少量石墨烯片,再通过 KOH 将这些石墨烯片活化后连接在一起。活化厚度石墨烯的比表面积达到 3 523 m^2/g 的较高水平,在 $EMIMBF_4$ 电解液中的能量密度高达 98 Wh/kg。这些独特的性质被认为得益于高度可用的比表面积和合理的孔径分布;后者允许电解质离子在多孔结构中的快速传输。尽管电导率略低,仅有约为 200 S/m,所取得的倍率性能仍然具有很强的吸引力。当电流密度为 1 A/g 时,该电极的比电容为 210 F/g,当电流密度增至 10 A/g 时,比电容损失仅为 17%(174 F/g)。在 1 mol/L $TEABF_4$/AN 电解液中,5 000 次循环后,电极仍保持高于 99% 的容量,这些结果清楚地反映了优化电极结构对提高超级电容器性能的重要性。

高导电石墨烯纳米片的定向排列网络有望在电化学储能应用中显示出较低的电子电阻和快速的充放电特性。但由于芳香性而导致的高疏水性,限制了石墨烯纳米片在水中和其他极性液体中的分散,即使延长超声作用时间后也会产生团聚。因此,开发利用石墨烯纳米片独特性质的成功关键在于片层之间的均匀有序分散,不仅仅是在纳米尺度有序,放大到宏观区域也一样。为了避免自发团聚,需要克服大平面和平面基面之间的范德瓦尔斯力。液液界面吸附是一种克服自发团聚的方法,通过在疏水液-亲水液体界面处将界面能降到最小,从而形成一层单层的疏水性纳米片。通过毛细管力驱动碳纳米管在垂直方向上自组装成高密度、紧凑储能结构的双电层电容器。

然而,在大的宏观区域上,从预先生长的块状碳纳米管林中构建定向网络,往往会在毛细管力和干燥诱导冷凝作用下,在碳纳米管的崩塌和收缩过程中形成微裂纹或开放式微孔结构。Biswas 等引入了一种“自下而上”的方法,而不是在类似的毛细管力驱动的自组装过程中使用块体材料,从单层石墨烯纳米片开始,在大的宏观区域上创建一个高度分散且有序对齐的多层无支撑膜,这样能最大限度地提高器件的性能。大尺寸纳米片的单分子膜在小尺寸石墨烯纳米片的介孔网络中充当一系列高电导率的集流体,以提高 EDLC 电极在大电流密度下的倍率性能。这些廉价的石墨烯纳米片和制备定向纳米结构的工艺简单,使得这种新的材料和方法对高功率超级电容器的应用非常有利。

在现有的超级电容器电极制造方法中,液滴干燥法、喷雾沉积法和迈耶棒涂法均是将电极活性材料松散地部署到金属集流体上,由于活性材料中的内阻以及活性材料与金属集流体之间的接触内阻,导致最终成型的电极具有很高的内阻。其他方法,包括电泳沉积法、静电喷雾沉积法、电沉积法和逐层组装法,虽然能够改善内部结合内阻,从而降低电阻,但是进入电极上所能承载的活性材料有限,而且不能进入电极内部。因此,所制备的超级电容器在大部分实际应用中并不能储存足够多的电能。

Zhang 等提出了一种利用真空渗透沉积(Vacuum Filtration Deposition,VFD)石墨烯悬浮液制备石墨烯基超级电容器泡沫镍电极的新方法(图 3-8)。采用这种方法,可将悬浮液中的酸处理石墨烯纳米片大量沉积在泡沫镍的孔隙中,从而产生高能量密度的超级电容器。结果表明,新电极在 6 mol/L KOH 电解液中不仅具有较大的能量容量,而且仍然保持了较高的功率密度和良好的循环性能。在 10 mV/s 的扫描速率下,根据单电极的对应质量,使用 VFD 法制成的电极,能够实现的最大电容值为 152 F/g。电泳沉积电极制成的超级电容器在一段时间内会失去其全部电容量,而基于 VFD 制造的超级电容器在同一周期后几乎保持其全部性能。

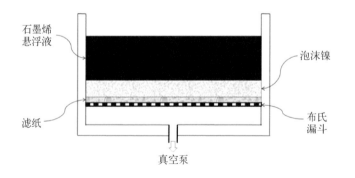

图 3-8　真空渗透沉积过程示意图

石墨烯超级电容器

3.1.3　石墨烯在柔性超级电容器中的应用

近年来,先进的便携式电子产品的发展规模越来越大,人们对轻量级和柔性的储能设备的需求越来越大,随之而来的是对便携式储能器件的体积能量密度提出的要求越来越高,后者已严重阻碍了便携式电子产品的发展。柔性超级电容器作为未来柔性电子设备的储能电源,具有重要的应用价值。

研究人员在超级电容器的紧凑型电极材料的设计和制造上做了大量的工作,然而,却没有达到令人满意的结果。主要原因是没有从器件的角度去考虑问题,这不仅仅要求电极材料具有高比电容量,而且还需要考虑是否可以工作于高压电解液(尤其是有机电解液)、材料内部的孔道弯曲度是否适合体积大且有黏性的非水系电解质离子传输,以及电极的厚薄是否抗压抗拉,是否可以承受反复的弯曲变形。

在众多的超级电容器电极材料中,石墨烯基材料由于其物理、电气、化学特性以及自组装能力和结构的稳定性,近年来引起了人们的广泛关注。

Shi 等提出采用 GO 水凝胶的水热还原法制备三维石墨烯,在 150℃ 的温度下利用盐酸处理 GO 溶液,无须使用还原剂或进行严格的热处理。通过将还原石墨烯压在镍衬底上,制备了一种无黏结剂的柔性超级电容器。

氧化石墨烯(GO)分散在水中可形成稳定的胶体,这可归因于 GO 中的高亲水性环氧基、羟基、羰基和羧基。羟基和羧基的电离使 GO 胶体粒子带有很高的负电荷。当加入一些酸性或正电荷离子时,GO 片层之间的电离平衡和静电斥力受到干扰。因此,石墨烯纳米片的团聚状态被打破,系统的吉布斯自由能下降。

石墨烯层厚度约为 15 mm,电极厚度约为 90 mm。在还原石墨烯基超级电容器中表现出高电容。此外,这种盐酸预处理方式具有的好处是高电容和优良的循环性能,这主要是由于有序的三维石墨烯材料的平滑路径所带来的离子嵌入速度加快。在电流密度为 2 A/g 时,具有较高的重量比电容(2 A/g),在弯曲状态下具有良好的循环稳定性,扫描速率为 200 mV/s 时,10 000 个循环后电容保持率大于 80%。

在纤维素纸中引入导电材料可以使其在抗静电包装、电磁屏蔽、电极传感器等应用中具有电活性。高性能柔性纤维素电子纸可用于柔性储能器件的开发。

传统的纤维素电子纸是以炭黑、金属粉末或碳纤维为导电层或导电沉积层制成的。这些粗糙的导电材料做成的纸张黏着力弱,长期使用或重度弯曲会导致电性能下降。在化学领域,通常用化学功能化的纤维素与导电聚合物和电解液在一起发生沉积反应,将薄的导电材料包覆在纤维素浆料上,以突显电活性材料的功能特性,这是一种理想的高性能电子纸的制备方法。然而,在这一过程中需要复杂的化学反应,此外,为了制备出高密度的聚合物涂层,需要多次在纤维素上沉积循环。除了组装方式的低效以外,电子纸的电性能还受到聚合物导电性的限制。

具有优异的力学、电学和热性能的一维和二维碳材料(碳纳米管和石墨烯纳米片)的发展,为制备高性能功能化纸提供了新的纳米尺度的材料。将碳纳米管分散到纤维素纸中或将其作为导电层印刷在纤维素纸上,制备出纤维素复合纸,为开发高性能易用纸超级电容器提供了新的途径。然而,碳纳米管由于受范德瓦尔斯力的影响而难以分散,因此要实现纸的高导电性,需要消耗数量较大的碳纳米管才行,但这却是以牺牲纸张的机械强度为代价的。

石墨烯纳米片(GNS)是一种新型的二维纳米材料,由单层或少层石墨片组成,具有高性能、优异的力学性能、导电性能、高导热性和其他功能性能。由于 GNS 具有良好的二维纳米片几何结构,结合其优异的力学性能和电学性能,使其成为一种发展新型电子或多功能纤维素纸的理想材料。

Kang 等报道了将化学合成的 GNS 分散在纤维素浆中,然后再用渗透法制备 GNS 和纤维素纳米复合纸。用混合浆中的表面活性剂稳定了可降解的 GNS,并将其沉积在纤维素上,并在控制下形成涂层。GNS 涂层通过纤维素基形成一个连续的网络,在保持纯纤维素纸易用性和韧性的同时,提供了较高的电导率。GNS功能化纤维素纸作为超级电容器和锂电池的电极,具有良好的电化学性能。

图 3-9

（a）GNS 纤维素复合纸（黑色）和纯纤维素纸（白色）对比;（b）弯曲的复合纸,显示纸张的柔韧性;（c）复合纸黏附在铜箔集流体上

迄今为止,制造微型超级电容器的方案有很多种,但是由于电极阵列的刚性特征,且平面结构无法承受太大的压力,柔性可伸缩微型超级电容器的制备仍然是一项艰巨的任务。有限元模型分析表明,微型超级电容器在被拉伸时,其平面结构的电极材料会产生明显的应力形变,这种形变会导致刚性电极材料产生裂纹。虽然电极材料是刚性的,但是可以通过褶皱结构释放平面外弯曲的应力。

然而,在制备可伸缩超级电容器时,电极材料与可伸缩集流体之间的直接黏附部分仍会使电极材料承受很大的应力,限制了器件的伸缩性和稳定性。如果将褶皱结构悬挂在可拉伸的基底上,而不是直接附着在其上,电极材料中的应力就会明显降低。此外,随着应力的增大,悬挂波浪结构的应变减小得更为明显,如图 3-10 所示。因此,制备悬挂波浪结构

（a）平面结构

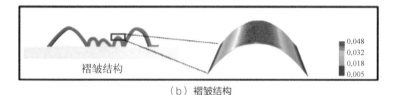

（b）褶皱结构

（c）悬挂波浪结构

图3-10　不同电极阵列结构用有限元模型分析的应力分布示意图

的电极阵列是实现微型超级电容器伸缩性能的可行方案。

　　Qi等通过在三脚架结构的聚二甲基硅烷衬底上转移石墨烯微带,合理地设计了适用于高伸缩性微型超级电容器的悬挂波浪石墨烯带。这种方法具有两个优点。（1）微型超级电容器的电极材料虽然本质是刚性的,但与以往报道的只有互连导体可伸缩的微型超级电容器阵列不同。（2）悬挂波浪结构在拉伸松弛过程中会降低电极极耳的应力集中。同时保证了电极极耳在拉伸松弛过程中保持相对固定的距离,从而提高了微型超级电容器的稳定性。在拉伸率达到100%时,制备的可伸缩微型超级电容器的性能基本不变。

　　泡沫镍(Nickel Foam,NF)的电子电导率高,具有理想的三维开孔结构,而且是一种廉价的商业材料,以泡沫镍为模板制备三维结构的石墨烯是一种很好的方法。通常采用化学气相沉积法(CVD)在泡沫镍上生长,制成的复合材料具有优异的电性能和机械性能。

　　但是,高质量的CVD设备工艺复杂,维护成本高,极大地限制了大规模的实际应用。因此,采用化学还原法将氧化石墨烯片沉积到泡沫镍中是一种低成本的三维石墨烯结构制备方法。

Shi 等报道了一种石墨烯凝胶/NF 复合电极,该电极表现出较高的倍率性能和较低的内阻。这种将三维石墨烯直接涂覆在金属泡沫上而不用黏结剂的方法,不仅可以获得比表面积高、离子自由扩散特性好、接触电阻低的三维结构,而且是一种简便、经济的方法。但是,这种复合电极也存在一些缺点。例如,电极太重太厚(典型的泡沫镍密度是 35 mg/cm², 厚度约为 1 mm),失去了柔性力学性能就不能应用于柔性储能装置。但如果泡沫镍被完全腐蚀,没有了支撑的三维石墨烯凝胶将表现出较差的性能。

Huang 等报道了一种以泡沫镍为基材制备三维石墨烯凝胶的简便、工业化的方法。通过一个简单的"浸渍和干燥"过程,氧化石墨烯容易沉积在泡沫镍骨架和镀镍泡沫。在抗坏血酸还原后,基于三维石墨烯凝胶包覆泡沫镍的超级电容器具有较高的倍率性能和良好的循环稳定性。此外,通过控制浸泡次数或氧化石墨烯的浓度,可以方便地调节面积比电容,满足实际应用中的各种要求。通过刻蚀大部分泡沫镍,获得了一种柔性石墨烯凝胶电极。去除大部分泡沫镍不会破坏导电骨架,但却会大大降低电极的总质量(最后包括剩余镍网的密度小于 6 mg/cm²)。此外,用柔性石墨烯凝胶电极制备的超级电容器器件具有优异的电化学性能和优异的柔性性能。

即使扫描速率较高(2 000 mV/s),CV 曲线仍保持理想的准矩形形状,在电流密度为 0.36 A/g 时,比电容为 152 F/g,循环稳定性好,2 000 次循环后仍保持 89% 的电容保持率。此外,在实际应用中,面积比电容可以很容易地进行调制,以满足各种要求。

用刻蚀后电极的总质量计算出的重量电容远大于刻蚀前的值,这为提高超级电容器的性能提供了一个很好的思路。此外,柔性 G-凝胶超级电容器具有高倍率性能、低重量和优良的柔性性能等特点,对超级电容器的实际应用具有重要的意义。涂覆在泡沫镍上的石墨烯凝胶可进一步与金属氧化物、金属氢氧化物或导电聚合物形成复合电极,获得更高的比容量值。因此,这种方法是一种简单而又灵活的策略,可以为储能设备提供灵活、低重量、高性能但成本效益高的材料。

3.2　石墨烯复合材料在 EDLC 中的应用

能源需求的不断增加和化石燃料的消耗促使人类开发可提供充足可再生能源和零环境污染的电化学能量转换及存储设备以建设可持续发展的社会。在这方面,超级电容器正在被考虑作为潜在的能量储存装置以提供更干净的环保能源。其中石墨烯由于其独特的物理和化学性质,已被有效地用作电极材料。

但是在大多数情况下,原始石墨烯片由于取向随机、大范围聚集和疏水性导致活性表面上的离子不可接近,因此不适合用作有效的超级电容器电极。不幸的是,由于 π-π 相互作用带来的重新堆积,使得石墨烯片的固有比表面积已经最小化,因而导致了总体效率的降低。因此,研究人员旨在抑制石墨烯片的重新堆积并扩大其在超级电容器中的应用范围。事实上,这些局限性可以通过将石墨烯片与外来嵌入部分的分开来解决,这将增加石墨烯片的表面积并且开辟易于离子传输的新通道来扩大石墨烯片的电化学性能。近来,这些基于石墨烯的复合材料作为用于开发具有高电化学性能的超级电容器的潜在电极受到了很大关注。很多研究人员都在尝试使用各种石墨烯基材料作为超级电容器电极,他们的研发获得了最新进展。此外,他们还讨论了未来的研究趋势,包括显著的挑战和机遇。

不仅如此,不同的石墨烯制备方法也能极大地影响产物的最终结构及其电化学性能,因此应用于超级电容器的活化石墨烯的合理设计至关重要。为了提高具有优异倍率性能的石墨烯基双电层电容器(EDLC)的能量密度需要精细构造石墨烯,使它具有离子可到达的表面和空间。Xia 等采用两种活化方法——KOH 活化和 CO_2 活化法,使用相同的热剥离石墨烯氧化物作为前驱体,可控地制备出二维(2D)和三维(3D)多孔石墨烯结构,并且系统性地剖析了各自结构特性所对应的超级电容性能。在最佳条件下,KOH 激活的石墨烯表现为具有双峰微中孔分布和超高比表面积 $2\,518\,\mathrm{m^2/g}$

的 2D 薄片,其给出的比电容为 261 F/g,在 5 A/g 电流密度下,1 000 次循环后电容保持率为 98.5%。相反,二氧化碳激活的石墨烯显示出具有三维卷曲形态的分层微-中-宏观结构和 3.08 cm³/g 的超大孔隙体积,在 0.5~10 A/g 范围内表现出 86.1% 的优异倍率性能。研究表明,微孔率、比表面积和表面润湿性是电容量的关键因素,而孔隙形态和拓扑结构则影响倍率性能。

为了统一分类,方便读者查询,在本书下面的章节中,将主要介绍不同结构的石墨烯基材料与其他碳材料的复合材料在 EDLC 中的应用,对于各种不同的石墨烯制备方法将穿插在文中,不再单独论述。

3.2.1 石墨烯片、石墨烯网等二维石墨烯材料与其他碳材料的复合

二维石墨烯基复合材料的制备相对简单,同时其与其他碳材料的复合能大幅提升原始石墨烯的性能,因此被广泛地尝试并应用于 EDLC 中。

1. 二维石墨烯与碳纳米管的复合材料

石墨烯和碳纳米管(CNT)是用于超级电容器的有吸引力的电极材料。许多研究表明,通过在石墨烯片之间引入碳纳米管而合成的石墨烯和碳纳米管杂化物(RGO/CNT)可以表现出更优的超级电容性能。然而,由于其比表面积(SSA)相对较低且孔隙过小,所引入的 CNT 对电化学性能的贡献有限。为解决这一问题,Zhang 等通过在石墨烯片之间引入活性多孔碳包覆碳纳米管(CNT@AC),合成了石墨烯和核-壳结构碳纳米管 AC 的杂化物(RGO/CNT@AC)。RGO/CNT@AC 的比表面积和微孔体积大大高于 RGO/CNT。此外,在 6 mol/L KOH 电解质中 RGO/CNT@AC 与 RGO/CNT 相比显示出优异的超级电容性能。在 10 mV/s 的扫描速率下,最高比电容达到了 193 F/g,远高于 RGO/CNT 的比电容(91 F/g)。此外,RGO/CNT@AC 也表现出明显更好的倍率性能(在 5 000 mV/s 的高扫描速率下容量保持在 138 F/g)和出色的循环稳定性(在循环稳定性

测试中几乎保持了 100%的电容）。RGO/CNT@AC 杂化体的超级电容性能的显著改善应归因于涂覆在碳纳米管表面上的活性炭所贡献的丰富微孔和 RGO 片之间存在的更多扩散路径。RGO/CNT 和 RGO/CNT@AC 中离子扩散行为如图 3-11 所示。

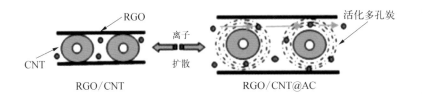

图 3-11　RGO/CNT 和 RGO/CNT@AC 中离子扩散行为简图

然而，诸如碳纳米管的基底限制生长，液体电解质中的纳米管包捆，未充分利用的基面以及石墨烯片的堆叠等挑战迄今阻碍了碳纳米管和石墨烯材料的广泛应用。Seo 等提出了一种由碳纳米管直接生长到垂直石墨烯纳米片（Vertical Graphene Nanosheet，VGNS）上形成的混合结构。VGNS 采用绿色等离子体辅助方法分解天然前驱体并重建为有序石墨结构。CNT 和 VGNS 的协同组合克服了这两种材料固有的缺陷。得到的 VGNS/CNT 混合物显示出高比电容和良好的循环稳定性。电荷存储主要基于非法拉第机制。此外，研究人员还进行了一系列优化实验，揭示了实现高性能超级电容器性能所需的关键因素，如图 3-12 所示。

可见，三维（3D）结构碳材料的设计和合成对于实现用于储能的高性能超级电容器（SC）是至关重要的。Yang 等报告了作为超级电容器电极的三维架构 GN-CNT 混合物的制备方法（图 3-13）。通过简单的一锅热解法就可以实现碳纳米管在石墨烯片上的可控生长。碳纳米管的长度可以通过调整前驱体的数量来合理调整。相应地，所得到的 GN-CNT 杂化物作为超级电容器电极表现出可调节的电化学性能。重要的是，GN-CNT 在 6 mol/L KOH 水溶液中作为超级电容器电极时，在 5 mV/s 的扫描速率下显示出 903 m^2/g 的高比表面积和 413 F/g 的最大比电容。这项工作为制备具有良好三维结构和可用于能量储存及转换的高性能碳电极材料铺平了道路。

Antiohos 等则使用不锈钢网格作为集流体，优化单壁纳米管（Single-

图 3-12 CV 扫描曲线（10 mV/s、100 mV/s 和 500 mV/s 速率下）

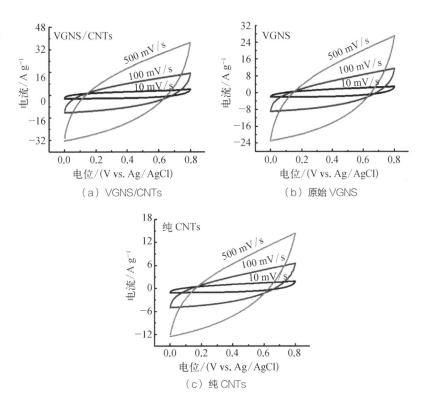

（a）VGNS/CNTs

（b）原始 VGNS

（c）纯 CNTs

图 3-13 制备 GN-CNT 复合物的制备程序示意图

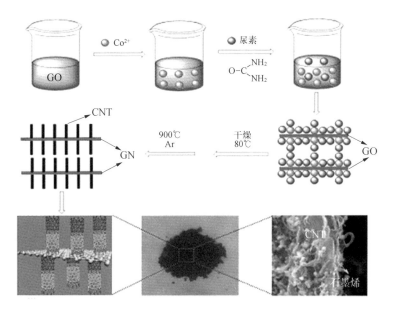

Walled nanotubes，SWNT)-微波剥离氧化石墨烯（Microwave Reduction of Graphene Oxide，mw RGO)复合材料作为电极材料，开发了堆叠电极超级电容器。通过将 mw RGO 引入单壁碳纳米管阵列，创造了交织多孔结构，由于三维分层结构的形成，电活性表面积和电容性能得到了极大的增强。通过改变 SWNT 与 mw RGO 的重量比来优化复合结构，发现最佳性能比是 90%SWNT 加 10%mw RGO，其比容量为 306 F/g(在 20 mV/s 时以三电极测量计算)。然后将 90%SWNT～10%mw RGO 制成堆叠电极配置，它显著增强了单位体积的电极性能(在6.25 W/cm³ 时为 1.43 mWh/cm³)。器件测试显示出从 0.1 A/g 到高达10 A/g 下都呈现优异的可逆性，并且在1.0 A/g 下循环 10 000 次仍具有非常好的稳定性，容量保持率为 93%。

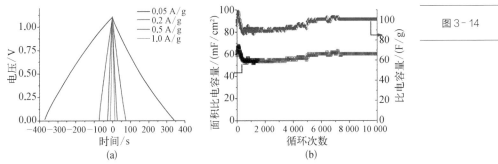

图 3-14

（a）基于优化电极的超级电容器在不同电流密度下的恒流充放电曲线；（b）1 A/g 电流密度下比容量随循环次数的变化图

由于石墨烯不可逆团聚体导致的不够理想的物理和化学性质，它的实际应用仍然存在很大的阻碍。因此，制备指定孔隙率的石墨烯基材料对于其实际应用是必不可少的。Deng 等开发了一种简便可扩展的方法，以功能性 CNT 和多孔石墨烯（Holey Graphene，HGR）为前驱体合成碳纳米管/多孔石墨烯（CNT/HGR）柔性薄膜。在最优的原料配比条件下，由于少量 CNT 的存在，具有三维导电互穿架构的 CNT-5/HGR 柔性膜与原始多孔石墨烯相比其离子扩散速率得到显著改善。此外，CNT-5/HGR 柔性薄膜由于其超高比容量(268 F/g)，优异的倍率性能和循环稳定性，可用于制作高性能超级电容器的电极。CNT/HGR 柔性薄膜的制备如图 3-15 所示。

图 3 - 15 CNT /
HGR 柔性薄膜的
制备示意图

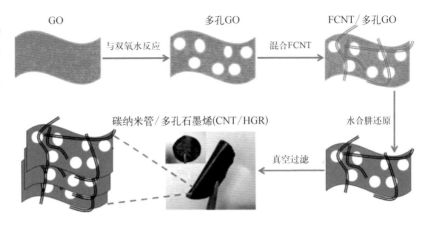

类似地,Jiang 等率先通过简单的石墨烯蚀刻工艺和随后的真空辅助
过滤方法制备出了密集堆积的石墨烯纳米网-碳纳米管复合膜(Graphene
Nanomesh-Carbon Nanotube,GNCN)。来自石墨烯纳米网的交叉平面扩
散和来自 CNT-石墨烯夹层结构的面内扩散使得 GNCN 膜的离子扩散能
力大大提高。另外,碳纳米管也可以有效地提升混合膜的整体电学和机械
性能。基于其高表面积、高离子扩散速率和高膜密度,GNCN 膜电极在
5 mV/s 下表现出 294 F/g 的比电容,高于 RGO 膜(185 F/g),同时还具有优
异的倍率性能和杰出的循环性能(5 000 次循环后容量保持率为 93%)。离
子在 RGO 膜和 GNCN 膜上的扩散模式如图 3 - 16 所示。值得注意的是,据
我们所知,GNCN 膜电极表现出 26 Wh/L 的高能量密度和 331 F/cm^3 的超高
体积电容,这是石墨烯膜在水系电解液中报道的最高值之一。该方法为实现
用于超级电容器的高体积性能电极材料提供了简便且有效的方法。

图 3 - 16 离子在
无孔 RGO 膜和多
孔 GNCN 膜上的
扩散模式简图

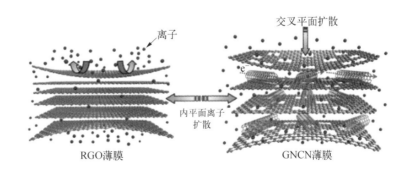

Shakir 等又尝试使用 MWCNT 和石墨烯的逐层(Layer by Layer,LBL)
组装法来制造高能量密度的柔性超级电容器薄膜电极,如图3-17所示。在
石墨烯层之间添加 MWCNTs 的导电间隔物防止了彼此之间的聚集并因此增
加了可使电解质离子嵌入的活性位点数量。基于这种柔性 LBL 组件的超级
电容器器件显示出非常高的电化学容量(390 F/g),并表现出优异的循环稳定
性,在 25 000 次循环后保持97%以上的初始电容。在石墨烯层之间加入多壁
碳纳米管使裸石墨烯电极的能量密度提高了 31%,功率密度提高了 39%。
MWCNTs-石墨烯的 LBL 薄膜具有 168 Wh/kg 的超高能量密度,这在未来的
高性能柔性能量存储设备中的潜在应用是非常有前景的。

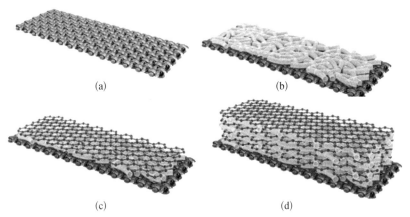

(a)

(b)

(c)

(d)

图3-17 用于柔
性超级电容器的多
层碳纳米管和石墨
烯逐层堆叠在纤维
碳布基底上的制造
过程示意图

　(a) 含纤维的碳布基底;(b) 沉积多壁碳纳米管层;(c) 转移石墨烯至碳纳米管层上;
(d) 重复步骤(b)(c)直至达到需要的层数

与前述的在石墨烯片层中插入碳纳米管相反,Sun 等尝试在相邻的碳
纳米管之间纳入石墨烯片,从而合成了石墨烯/碳纳米管复合纤维的新材
料,其中碳纳米管因为和石墨烯片之间具有强烈的 π-π 相互作用,能改善
电荷转移,因而被视作有效桥梁,它的存在同时实现了高电导率和电催化
活性。在两个应用实验中,石墨烯/碳纳米管复合纤维被用作电极,用于生
产光电转换效率高达 8.50%的高性能丝线型染料敏化太阳能电池,以及比容
量高达 31.50 F/g 的超级电容器(4.97 mF/cm^2 或27.1 μF/cm),远高于相同
条件下基于原始碳纳米管纤维的 5.83 F/g (0.90 mF/cm^2 或5.1 μF/cm)。

　　　　　　　　　　　　　　　　　　　　　　石墨烯超级电容器

石墨烯/碳纳米管复合材料纤维柔韧而坚韧,可以轻松织入各种织物中。得到的织物可以弯曲或卷成所需的稳定结构形态。由于高导电性,石墨烯/CNT复合纤维也被用作有效导线。用两根复合纤维作导线,将蓝色发光二极管(LED)灯与直流电源相连。在 5 000 次循环后,灯可以稳定地工作而没有任何疲劳。总之,基于石墨烯和 CNT 的新型纳米结构复合纤

图 3-18

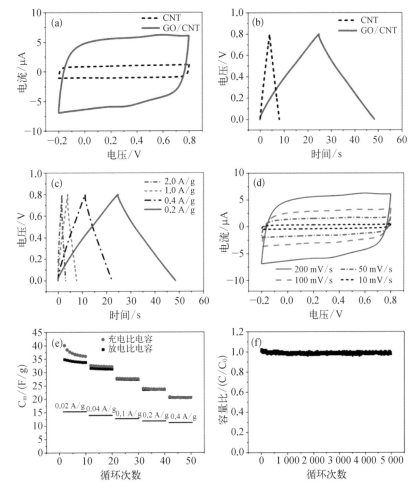

(a) 在 200 mV/s 扫描速率下分别以裸 CNT 和氧化石墨烯/CNT 复合纤维作为电极的线形超级电容器的 CV 曲线;(b) $1×10^{-6}$ A 的条件下分别以裸 CNT 和氧化石墨烯/CNT 复合纤维作为电极的线形超级电容器的恒电流充放电曲线(其中线形超级电容器的长度均为 1.2 cm);(c) 基于氧化石墨烯/CNT 的复合纤维电极在不同电流密度下的恒电流充放电曲线;(d) 基于氧化石墨烯/CNT 的复合纤维电极在不同扫描速率下的 CV 曲线;(e) 比容量随电流密度变化的倍率图;(f) 基于氧化石墨烯/CNT 复合纤维电极的比容量随循环次数的变化图(比容量根据电流密度为 2.0 A/g 的充放电曲线计算)

维具有高拉伸强度、导电性和电催化活性。这些微型线形设备已被进一步证明在柔性和便携式电子设备生产领域很有前途。

另外,Brown 等采用了一种新型的石墨烯基材料——碳纳米片(CNS),因其具有独特的性能,可以提高电化学电容器的响应速度和储能能力,使用 CNS 来展示超过已知任何电化学电容器的最快响应时间,其开启频率达到 36 kHz,超过了铝电解电容器。他们同时还引入了碳纳米管纸(巴基纸)来制备超级电容器。这是由一定长度的无序碳纳米管组成的材料,其比表面积远大于碳纤维纸,强度与导热石墨片相近,同时具有良好的导电导热性和化学稳定性,在电化学超级电容器等领域均已获得较大的应用价值。为此,一种新型混合材料"CNS-巴基纸"诞生了,即将 CNS 放置在由单壁碳纳米管制成的独立巴基纸上。在巴基纸表面约3 μm直径的纳米管束(或绳索)上实现保形沉积,与原来的巴基纸相比,其比电容(从 60 F/g 到 230 F/g)得到显著提高(约为原来的 4 倍)。他们还讨论了单电池和多电池超级电容器设备中超快 CNS-Ni 集流体和 CNS-巴基纸电极的合成、表征和集成。封装完的器件在中等能量密度(22 kW/kg)下显示出高脉冲功率性能(约为 1 Wh/kg),表现出强有力的涉足双电层电容器市场的潜力。

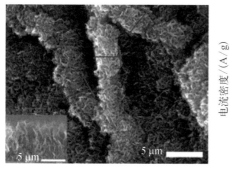
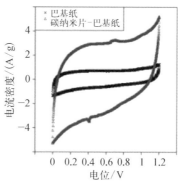

图 3-19

(a)用红色比例尺标示放大图像中 CNS-巴基纸在 3 μm 直径 SWCNT 束上实现的保形沉积;(b)以 CNS-Ni 为集流体,25%KOH 为电解液,分别使用巴基纸或 CNS-巴基纸作为电极的对称型双电极单电池 CV 测试(扫速为 0.1 V/s,电池电流归一化为两个干碳电极的组合质量)

在水系电解质基超级电容器(Supercapacitor,SC)中,电极/电解质双层界面的优化是改善它的电极性能的关键因素。Wang 等通过非侵入性、高通量和廉价的紫外线臭氧(UV-臭氧)处理来改进碳材料的性能。该过程能在60 s内精确地将石墨烯和碳纳米管杂化泡沫(GM)从超疏水状态过渡调节到亲水状态。通过简单地改变UV-臭氧暴露时间可以控制表面能的连续调整,同时臭氧氧化的碳纳米结构能够保持其完整性。基于UV-臭氧处理的GM泡沫材料的对称型超级电容器表现出更强的倍率性能。由于它的易加工性、低成本、可扩展性和可控性,该技术可以方便地应用于其他CVD生长的含碳材料。

然而这些基于液体的超级电容器需要采取包装工艺来防止高毒性电解液的泄漏和腐蚀。因此,带有封装材料的液态超级电容器限制了它的体积与柔性。为了克服这种限制,最近的研究表明将各种活性材料和设计集成到电

图 3-20

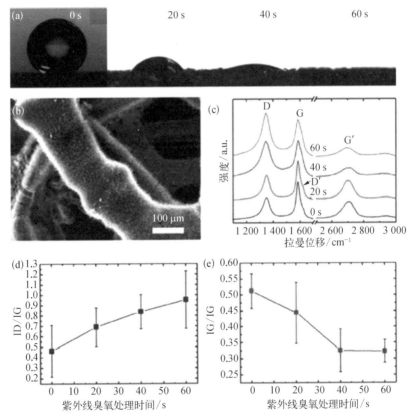

（a）CVD生长的GM泡沫在室温下暴露于臭氧后的接触角随时间的变化；（b）GM泡沫的SEM图像；（c）UV-臭氧处理时间分别为0 s、20 s、40 s和60 s的GM泡沫的拉曼光谱；（d）ID/IG和（e）IG/IG与暴露时间的关系图（所有拉曼光谱数据都在泡沫镍基材上收集,激光激发波长为532 nm）

路中,可以制造具有优异性能的全固态微型超级电容器,另一方面,具有大功率和高能量密度,寿命长,操作安全性好的柔性超级电容器是各种应用的必备设备。因此用于下一代全功率独立和可伸展设备的可拉伸储能系统的开发正与日俱增。Trigueiro 等通过使用一种简单的制备方法,包括过滤纳米材料以产生电极膜,进一步展示了一种基于石墨烯纳米片/多壁碳纳米管的复合材料在平面超级电容器中的整合应用。将 15%(质量分数)的碳纳米管作为导电剂添加于还原的氧化石墨烯(RGO)中,从而制备了平均电导率为 20.0 S/cm 的柔性且可转移的薄膜(RGO/MW)。实验将三种不同的离子液体作为超级电容器电解质用于测试,观察到其中 1 - 乙基 - 3 - 甲基咪唑双三氟甲磺酰亚胺盐(EMITFSI)电解液表现出最佳性能。基于 RGO/MW - EMITFSI 的超级电容器的比容量在 0.2 A/g 的电流密度下达到 153.7 F/g,并且在 2 000 次循环后表现出 88%的容量保持率。计算得到 RGO/MW - EMITFSI 超级电容器的最大能量和功率密度分别为41.3 Wh/kg和3.5 kW/kg。

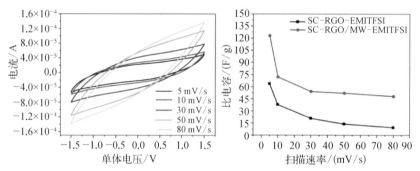

（a）使用 EMITFSI 作为电解质的 RGO/MW 电极超级电容器在不同扫描速率下的循环伏安图;（b）从 SC - RGO/MW - EMITFSI 和 SC - RGO - EMITFSI 在不同扫描速率下的循环伏安图获得的比容量

Nam 等报道了一种石墨烯-碳纳米管层状结构材料,可用作拉伸电极,并在全固态可拉伸超级电容器和各种电子器件中具有应用前景。在该系统中,石墨烯用作浮动轨道,并且碳纳米管将外部应力转换为电极的拉伸运动。该结构提供了全方位变形,在活动部位和拉伸被动部件之间没有不均匀的界面应力和滑动应力。所提出的系统在电容密度、可忽略

　　　　　　　　　　　　　石墨烯超级电容器

的无源体积、双轴和扭曲变形以及耐久性方面,相对于现有的可拉伸能量存储系统和电子器件制造方法有着显著改进。实验展示了可伸缩电极在各种基板中的集成及其在作为全固态可拉伸超级电容器中的应用,并且在变形状态下实现了 329 F/g 的高电容值(基于石墨烯的质量)。第一原理计算和三维有限元方法也揭示了该系统的物理特性,如图 3 - 22 所示。

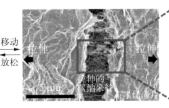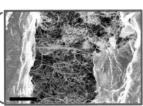

图 3 - 22 高分辨率扫描电镜照片显示石墨烯-碳纳米管网络中各个皱褶结构在拉伸和释放时的位置(石墨烯层不可变形并彼此分离、石墨烯片下的 CNT 簇随机弯曲和拉伸)

与此同时,Yun 等采用了另一种新型的制备方法,即通过光刻和反应离子蚀刻法制造了图案化多层石墨烯(Multilayer Graphene,MG)和功能化多壁碳纳米管(MWNT)组成的电极,再加上聚乙烯醇(PVA)- H_3PO_4 凝胶电解质后用于全固态柔性微型超级电容器(Micro Supercapacitor,MSC)阵列。该 MSC 阵列在 10 mV/s 的扫描速率下表现出 2.54 mF/cm^2 的面积电容,这是纯石墨烯电极 MSC 的 150 倍。通过使用 MG/MWNT 复合电极,得益于表面积和电导率的增加,其面积能量和功率密度也显著改善。

此外,制造的 MSC 表现出良好的循环稳定性和机械柔性。通过针对性的电路设计,可以控制 MSC 的输出电压和电容以操作微型 LED。这种具有图案化的 MG/MWNT 电极的平面型柔性 MSC 作为一种相当有前景的未来能量存储装置,可以集成到可穿戴计算机和可变形纳米电子器件的电子电路中,如图 3 - 23 所示。

2. 二维石墨烯与多孔碳的复合材料

高性能石墨烯基电化学电容器的电极,必须具备快速传输电子和离子的能力。因此,电极拥有理想的多孔结构和巨大的离子可接触表面积这两个特征就显得至关重要。然而,石墨烯纳米片由于片层之间的范德瓦尔斯相互作用力,引发纳米片的聚集和重新堆积,导致了多孔结构的丧失和离

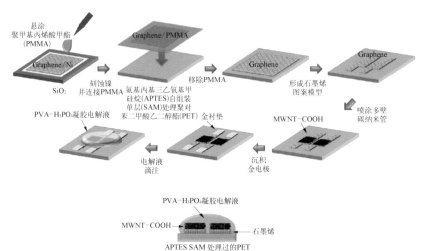

子可接触表面积的降低。为了解决这一艰巨的挑战，Wu 等开发了一种新颖的自组装方法，通过使用简单的真空过滤方法和随后的 KOH 活化过程来制备插入碳球的多孔石墨烯片（Holey Graphene Sheets Intercalated with Carbon Spheres，H‑GCS）。通过引入碳球作为间隔物，在过滤过程中还原氧化石墨烯（RGO）片材的重新堆积得到了有效缓解。同时，在随后的 KOH 活化过程中，RGO 片上产生的孔还提供了快速的离子扩散通道和较高的离子可及电化学表面积，这两者都有利于形成双电层电容。另外，H‑GCS 薄膜中 CS 的石墨化程度更高，这改善了 H‑GCS 电极的电导率。H‑GCS 电极在 6 mol/L KOH 水溶液电解液中，电流密度为 1 A/g 时的比电容为 207.1 F/g。而且，用 H‑GCS 电极和有机电解质组装的对称电化学电容器能够提供 29.5 Wh/kg 的最大能量密度和 22.6 kW/kg 的功率密度。碳球插层多孔石墨烯 3D 异质结构体系如图 3‑24 所示。

而 Lu 等则用聚二甲基二烯丙基氯化铵官能化的介孔碳纳米球（Mesoporous Carbon Nanospheres，MCS）和石墨烯的复杂分散体制备了石墨烯基柔性薄膜。形态分析显示 MCS 的存在有效地防止了单个石墨烯片的重新堆积，使得电解质离子在形成双电层的过程中更容易接近石墨烯表面。在使用 1 mol/L KOH 作为超级电容器电解液的应用中，GN/MCS 薄膜表现出优异的电化学性能，如图 3‑25 所示，包括高比电容（在 0.2 A/g 时为

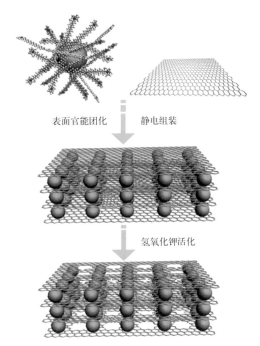

图 3- 24 碳球插层多孔石墨烯 3D 异质结构体系示意图

表面官能团化   静电组装

氢氧化钾活化

注: 带负电的 RGO 片层和带正电的 CTAB (十六烷基三甲基溴化铵) 接枝碳球之间的静电吸引相互作用形成 3D 异质结构体系。 KOH 活化在石墨烯层中产生了孔隙, 为其提供了快速的离子扩散路径。

图 3- 25 GN / MCS 电化学性能

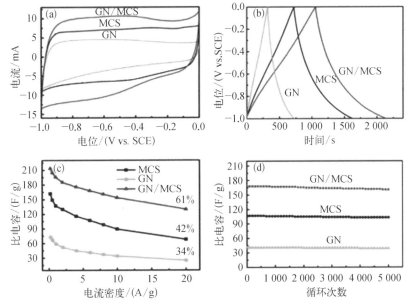

（a） 10 mV/s 扫描速率下的 CV 曲线；（b） 0.2 A/g 电流密度下的恒流充放电曲线；
（c） 比容量随电流密度的变化；（d） 6 A/g 电流密度下的循环性能

211 F/g)，良好的倍率性能(在 20 A/g 时容量保持率为 61%)和优异的电化学稳定性(5 000 次循环后容量损失 4%)。

为了获得高体积能量密度，就需要低孔体积以确保高体积电容。然而，高功率密度通常需要更多的中孔/大孔隙，其可以提供离子快速通畅的扩散/运输通道和离子缓冲储库，这表明碳基质中的高孔体积是至关重要的。为此，设计和开发具有高表面积、高导电率、低孔体积和小平均孔径以及短离子扩散路径的碳材料对于增强重量/体积性能是非常有利的。Yan 等因而提出了一种简便的方法来合成多孔无序碳层，他们通过一步法热解石墨烯氧化物/聚苯胺和 KOH 的混合物并涂覆在石墨烯片上形成互联框架，从而制备出能量储存单元。作为有效的储能单元，这些多孔碳层在提高电化学性能方面起着重要的作用。这些多孔碳材料表现出高比表面积(2 927 m²/g)、分层互连孔、中等孔体积(1.78 cm³/g)、短离子扩散路径和高氮水平(原子百分比为 6%)等特点。它在水系电解液中显示出无与伦比的重量比电容(481 F/g)和优异的体积比电容(212 F/cm³)。更重要的是，组装好的对称型超级电容器不仅在水系电解液中提供高质量比能量(基于电活性材料总质量的 25.7 Wh/kg)，而且提供高体积比能量(11.3 Wh/L)。此外，组装的不对称超级电容器能产生的最大能量密度高达 88 Wh/kg，这是在迄今报道的水系电解液中碳//MnO₂ 不对称超级电容器的最高值。因此，这种新型碳材料在能源相关技

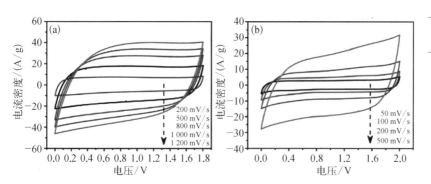

图 3 - 26

（a）SGC - 2//SGC - 2 对称超级电容器在 0～1.8 V 电压窗口内不同扫描速率下的 CV 曲线（其中 2 为 KOH 与 GO/PANI 复合材料的质量比）；(b) SGC - 2//石墨烯/MnO₂ 非对称超级电容器在 1 mol/L Na₂SO₄ 水溶液中不同扫描速率下的 CV 曲线

术领域的潜在应用方面具有很大潜力。

另外,研究人员还注意到,碳框架多孔结构的变化(即相似的表面积但更高的孔体积)会导致不同的电化学性能,因此超级电容器电极孔隙率优化的重要性不言而喻。最近,Zhang 等开发了一种合成石墨烯纳米片和多孔纳米碳复合材料的新方法,如图 3-27 所示。该方法基于聚合物的热分解和分解产物的重新组装,所述分解产物来源于包括聚偏氟乙烯,氢氧化钾和氧化石墨在内的所有固体材料。所得产物由单个到几个石墨烯层和微孔-中孔结构纳米碳组成,微孔-中孔的比表面积为 896~2 724 m^2/g,内孔体积为 0.48~2.05 cm^3/g。基于这种方法制备的电极材料在有机电解液和离子电解液组成的对称型超级电容器中分别具有 165 F/g 和 185 F/g 的比电容,且具有高体积电容,良好的倍率性能和优异的循环稳定性。

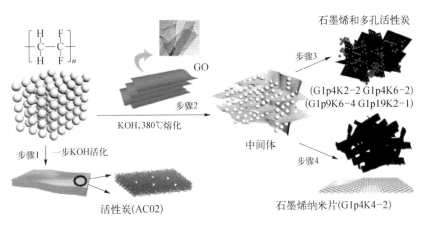

图 3-27 制造高表面积分层多孔纳米碳与石墨烯复合物(HSG)和活性炭的示意图(步骤 1: 通过 KOH 一步活化 PVDF 产生活性炭;步骤 2~4: 使用 GO 作为硬模板和熔融 KOH 以分散混合粉末,通过控制合成,获得石墨烯及其多孔纳米碳复合材料)

Liu 等展示了一种通过环境压力化学气相沉积法(Ambient Pressure Chemical Vapour Deposition,APCVD)直接在 Ni 泡沫表面上利用碳溶解和分离/析出机制来获得可控结构的 3D-FHCMs(三维泡沫状复合碳材料)的制备方法,如图 3-28 所示。3D-FHCM 的微观结构可以简单地通过生长温度来控制。3D 泡沫状多孔碳材料可以在 600℃下制造,由多孔碳和石墨烯片段组成的 3D 泡沫状复合碳材料可以在 650℃下制造。然而,由于多孔碳材料的机械强度较弱,在较低温度(≥650℃)下生长的 3D 泡沫状碳材料易于塌陷。通过控制生长温度,三维泡沫状碳材料的微观结构可以从三维多孔碳,由多孔碳和石墨烯组成的独立三维混合碳材料,调整到独立式三维中空石墨烯。由 C—C(内表面)和多层石墨烯(外表面)组成的 3D 泡沫状中空碳材料可以在 700℃、800℃和 900℃的生长温度下制造。特别是700℃时生长的 3D 泡沫状中空碳材料具有粗糙的外表面/内表面,这可以提高电荷储存容量。因此,3D-FHCM 700 具有互联的 3D 多孔骨架、高导电率和大比表面积。在这种独立的三维混合碳材料中,多孔碳紧密黏附到中空石墨烯的内表面上,由于其互连的分层多孔结构和高导电性,为电荷穿透和运输提供更有利的路径,因此被认为是一种优良的储能器件电极材料。采用这种三维混合碳材料组装的无黏结剂超级电容器表现出良好的电容性能和高倍率性能。基于 3D-FHCM 700 的超级电容器在 $0.02\ mA/cm^2$ 的电流密度下,展现出更佳的电容特性,更宽的频率范围,低弛豫时间常数和 $0.72\ mF/cm^2$ 的更高的面积比电容。

图 3-28

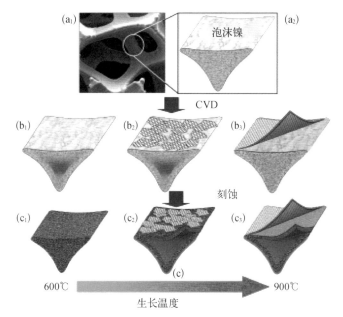

(a₁)~(a₂)3D-FHCM(三维复合泡沫状碳材料)的制造示意图;(b₁)~(b₃)Ni 泡沫的光学图像和示意图;(c)在600~900℃的生长温度下,环境压力化学气相沉积过程中碳原子在 Ni 泡沫中的溶解/分离[其中(c₁)完全蚀刻 Ni 泡沫后得到的 3D-FHCM,(c₂)不含石墨烯的 3D 泡沫状多孔碳,(c₃)表面带有石墨烯碎片的 3D 泡沫状多孔碳,在其内表面上带有无定形碳薄膜的 3D 泡沫状空心石墨烯]

Song 等则开辟了一条新途径,即采用溶剂-蒸发诱导自组装方法制备了分层有序介孔碳(Ordered Mesoporous Carbon,OMC)/石墨烯(OMC/G)复合材料。随后通过 X 射线衍射,透射电子显微镜,拉曼光谱和 77 K 下的氮吸脱附表征了这些复合材料的结构。这些结果表明,OMC/G 复合材料具有分层有序的 P 6 mm 六方晶系介孔结构,其晶格单元参数和孔隙直径分别接近10 nm 和 3 nm。OMC/G 复合材料在经过 KOH 活化后的比表面积高达2 109.2 m^2/g,明显大于活化后的 OMC(1 474.6 m^2/g)。随后,将 OMC/G 复合材料用于超级电容器电极材料,在 6 mol/L KOH 电解质中,电流密度为 0.5 A/g时,表现出高达 329.5 F/g 的比电容,其远高于 OMC 的 234.2 F/g 和 OMC 与石墨烯机械混合制成的样品(217.7 F/g)。此外,获得的OMC/G复合材料显示出良好的循环稳定性,在 5 000 次循环后最终容量保持率接近 96%,如图 3-29

图 3-29

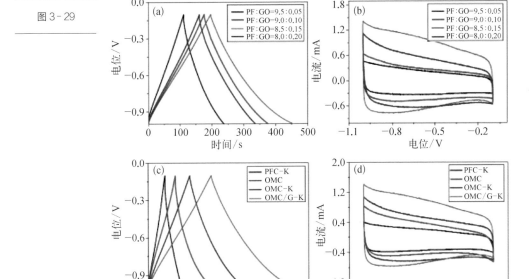

(a) 在 1.0 A/g 电流密度下不同氧化石墨烯含量的 OMC/G-K(经过 KOH 活化的分层有序介孔碳/石墨烯复合物)第一次充放电曲线;(b) 扫描速率为2 mV/s时不同氧化石墨烯含量的OMC/G-K 循环伏安曲线;(c) 在1.0 A/g的电流密度下PFC-K(经 KOH 活化的纯酚醛树脂),OMC(有序介孔碳),OMC-K(经 KOH 活化的有序介孔碳)和 OMC/G-K(PF∶GO=8.5∶0.15)的第一次充放电曲线;(d) 在2 mV/s扫描速率下的PFC-K,OMC,OMC-K 和OMC/G-K(PF∶GO=8.5∶0.15)的循环伏安曲线

所示。OMC/G 复合材料中的这些有序介孔有利于电解质的可及性和快速扩散,而 OMC/G 复合材料中的石墨烯由于其高导电性也可在充电和放电过程中促进电子的传输,因而带来优异的储能性能。

在柔性超级电容器的应用领域中,多孔炭与石墨烯材料的联合同样备受关注。Zhang 等采用一步电泳法构建了由石墨烯纳米片和碳纳米球组成的具有独特分层结构的纤维状柔性超级电容器(Fiber Flexible Supercapacitor,FFSC)电极,其结构如图 3 - 30 所示。由于氧化石墨烯(GO)纳米片和碳纳米球之间电解质接触和离子传输的协同效应,他们获得了 53.56 mF/cm² 的高电容和良好的充放电稳定性(在 4 000 次循环后保留约 91.2%)。他们还探索并优化了不同实验条件(如质量比和沉积时间)下所得 GO 纳米片和碳纳米球分层纳米结构复合材料在纤维状 Pt 电极上的电化学性能和循环稳定性。与原始 GO 纳米片相比,多孔碳纳米球分层纳米结构材料显示出高度增强的电容性能。这种分层碳基结构为许多有前途的应用提供了一个通用平台,包括超级电容器、锂离子电池、传感器和其他纤维状器件。相当有趣的是,在各种弯曲角度(甚至高达 90°)下成功实现了具有稳定电化学活性的全固态柔性超级电容器。预计这种简单但强大的制备策略可以轻松扩展,以构建各种各样的石墨烯基纤维和柔性复合材料,以其卓越的电化学性能广泛应用于各类能源材料和设备。

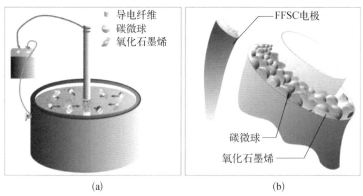

图 3 - 30

(a)通过电泳沉积方法制备包含 GO 纳米片和碳球的分层纳米结构纤维柔性超级电容器(FFSC)电极的示意图;(b)基于包含 GO 纳米片和碳纳米球的分层复合材料的 FFSC 电极具有独特的自组装层结构

近来,关于超级电容器的研究集中于通过组合二维石墨烯和其他导电 sp^2 碳(其在维度上的不同)以改进其电化学性能来开发分层纳米结构碳。Park 等通过扩展工艺和共溶剂剥离法控制局部石墨烯/石墨结构,从一维石墨碳纳米纤维合成分层石墨烯基碳材料(研究人员将其称为脊柱状纳米结构碳),如图 3-31 所示。类似脊柱状的纳米结构碳具有独特的分层结构,其部分剥离的石墨块通过石墨烯薄片以韧带式相互连接。由于暴露的石墨烯层和相互连接的 sp^2 碳结构,这种分层的纳米结构碳具有大比表面积、高导电性及优异的电化学性能。

图 3-31 脊柱状纳米结构碳的合成过程图

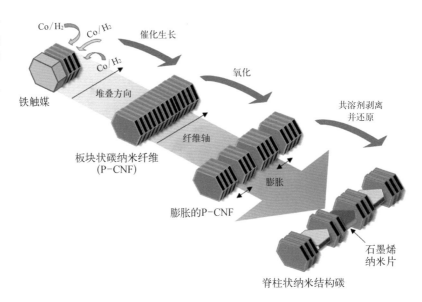

另外,Li 等成功地将氧化石墨烯表面上的间苯三酚和甲醛聚合成网状多孔碳/石墨烯片,随后通过氢氧化钾来活化。通过扫描电子显微镜、透射电子显微镜、氮吸附、X 射线光电子能谱、拉曼光谱和傅里叶变换红外光谱技术对样品的化学结构、物理性质和形貌进行了系统表征[扫描电子显微镜(SEM)图如图 3-32 所示]。结果表明,石墨烯纳米片能使酚醛树脂交联形成薄片状分层结构,因而带来完美的离子传输通道和高导电性(1 020 S/m)。所获得的层状复合材料可被用作水系电解质和离子液体电解质中超级电容器的电极材料。在电流密度为 1 A/g 时,这种复合材

料在质量分数为 30% 的 KOH 电解液中表现出 270 F/g 的优异比容量。即使在 50 A/g 的高倍率情况下,该复合材料的比电容仍可以保持在 237 F/g 的极高值(容量保持率为 87.8%)。在离子液体电解质中,当电流密度为 1 500 mA/g 时,比电容也高达 202 F/g,并且复合材料的能量密度达到 63.2 Wh/kg。这些数据表明,这种网状多孔碳/石墨烯片具有显著改善的电化学性能,在电化学能量储存中有着广泛的应用。

图 3-32

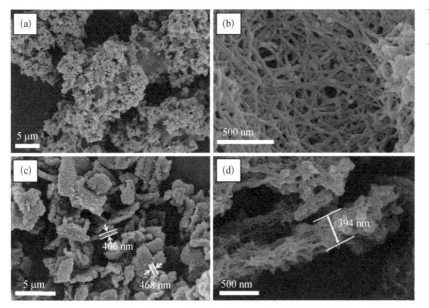

(a)(b) 酚醛树脂衍生碳在不同放大倍率下的 SEM 图;(c)(d) 网状碳/石墨烯片在不同放大倍率下的 SEM 图

3. 二维石墨烯与活性炭的复合材料

如前文所述,将混合碳材料(例如石墨烯/CNTs 复合材料)用作电极材料可以提高电化学性能。通常,由于协同作用,具有不同结构特征和物理化学性质的不同碳材料的组合将带来与单一组分相比更好的性能。受上述启发,Zheng 等用一种简单的方法制备了石墨烯/活性炭(AC)纳米片复合材料,并将其用作超级电容器的高性能电极材料。他们将含有分散氧化石墨(GO)片材的葡萄糖溶液进行水热碳化以形成棕色烧焦状中间产物,然后通过 KOH 两步化学活化转化为多孔纳米片复合物。在这种复合材料中，一层多孔活性炭涂覆在石墨烯上形成起皱纳米片结构，长度为几微米，厚度为几十纳米。该复合材料具有相当高的堆积密度(约0.3 g/cm³)和较大比表面积(2 106 m²/g)，并且含有大量的中孔。它在水系电解液和有机电解液中的比容量分别高达 210 F/g 和 103 F/g，5 000 次循环后比电容仅下降5.3%。这些结果表明，通过水热碳化和化学活化法制备的多孔石墨烯/活性炭纳米片复合材料可以应用于高性能超级电容器。

图3-33

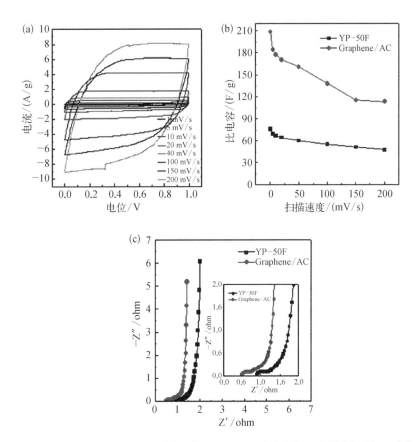

（a）石墨烯/活性炭纳米片复合电极在 6 mol/L KOH 水溶液中不同扫描速率下的 CV 曲线（电压窗口为 0~1 V）；（b）石墨烯/活性炭纳米片复合电极和商业活性炭电极在不同扫描速率下的比容量；（c）石墨烯/活性炭纳米片复合电极和商业活性炭电极的奈奎斯特图（插图为高频区域放大的电化学阻抗谱）

为超级电容器开发低成本高性能电极材料的重要性不言而喻。碳基纳米结构由于其高比表面积和稳定性而在超级电容应用中引起了特别的关注。其中活性炭颗粒的离子扩散路径过长,导致离子扩散和运输缓慢。而石墨烯由单层或多层石墨组成,只有原子厚度,不仅具有超高导电率和比表面积,而且还能减少离子传输距离。考虑到活性炭的低成本和石墨烯纳米片的更好性能,活性炭/石墨烯纳米片复合材料通过混合两种材料实现了协同作用,平衡了这两种电极材料的活性与导电性之间的冲突,改善了它在实际应用中的综合储能性能,因此成为一种合理的选择。Chen 等在这项工作中,通过用葡萄糖水热处理氧化石墨烯并用 KOH 试剂进一步活化,制备了可调节厚度的活性炭层覆盖石墨烯(Activated Carbon Layer Covered Graphene,ACG),如图 3-34 所示。ACG 的电化学性能与 ACG 表面活性层的厚度有关。由于高活性和导电性,具有 1~2 nm 合适厚度的 ACG 在 1 A/g 下表现出 248.4 F/g 的高比电容,在 100 A/g 的大电流密度下具有187.5 F/g 的理想倍率性能。特别地,活性多孔碳和导电石墨烯的协同效应为 ACG 基对称储能器件带来相当大的能量特性。

图 3-34

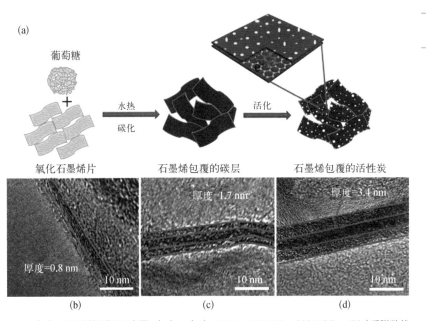

(a)ACG 制备过程示意图;(b)~(d)ACG-100/ACG-200/ACG-400(后附数值为葡萄糖和石墨烯氧化物的质量比)的高清 TEM 图

　　　　　　　　　　　　　　　　　　　　　　　　　　　石墨烯超级电容器

然而尽管石墨烯/AC复合材料显示出作为电极材料的潜力,但其性能并不令人满意,特别是在倍率性能方面。KOH活化是改变活性炭性质的有效方式,它能极大提高产物的电化学性能。Yu等通过简单的水热处理氧化石墨和KOH活化活性炭制备了KOH活化活性炭/石墨烯纳米片复合材料。随后进行的电化学实验表明,这些复合材料作为超级电容器的电极,表现出协同改进的电化学性能,如图3-35所示。这些复合材料的比容量在6 mol/L KOH水溶液和1 mol/L TEABF₄乙腈溶液中分别可达205 F/g和173 F/g。此外,使用这些复合材料制备的电极显示出更低的内阻和更高的电容保持性能。而且,整个制备过程简单、成本低、易于批量生产,因此在超级电容器中用于制备复合材料的潜力巨大。

图3-35 RGO、GKAC2（混入KAC的石墨烯）和KAC（经KOH活化的活性炭）在6 mol/L KOH水溶液中和1 mol/L TEABF₄乙腈溶液中的恒流充放电曲线（电流密度分别为2 A/g、4 A/g、8 A/g、16 A/g）

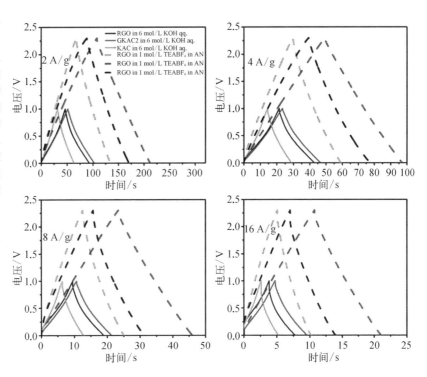

　　KOH不仅可以活化活性炭,而且能活化石墨烯。近年来,科研人员已经提出用KOH化学活化石墨烯并且广泛研究作为增加石墨烯比表面积的有效方法,其机理被认为是可以在石墨烯基底面上产生大量的微孔

或/和中孔以提供额外的孔壁表面。然而尽管活性石墨烯(AG)具有高导电性和大比表面积,却具有超低的产量和有限的堆积密度。因此,活化的热解碳和(活化的)石墨烯的结合提供了另一种解决方案。Liu 等采用一种结合静电助剂碳化和 KOH 活化的简便新方法来制备规则构建的石墨烯/活性炭复合材料。实验结果表明,这种优化复合材料是一种纳米片状碳材料,其中高孔隙率的活性炭颗粒紧凑且均匀地分布在仅有的几层石墨烯导电支架上。它这种独特的微观结构赋予了复合材料更强的电子传导网络,分层多孔性和高达 2 979 m^2/g 的比表面积,所有这些属性都有助于其超级电容器应用。与优化的活化石墨烯材料相比,优化的石墨烯/活性炭复合材料具有更高的比电容,在质量分数为 30% KOH 水系电解液中,两者具有几乎相同的高倍率性能。与纯活性炭材料相比,优化的石墨烯/活性炭复合材料同样显示出更高的比电容,且在 1 mol/L Et_4NBF_4/

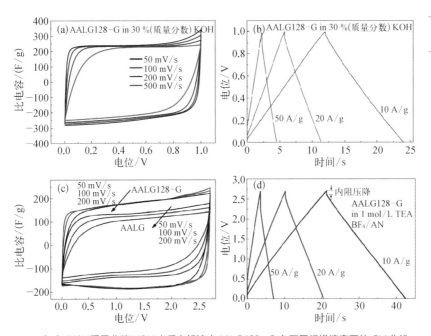

图 3-36

(a) 30%(质量分数)KOH 水系电解液中 AALG128-G 在不同扫描速率下的 CV 曲线;
(b) 30%(质量分数)KOH 水系电解液中 AALG128-G 在不同电流密度下的恒流充放电曲线;
(c) 1 mol/L TEA BF_4/AN 电解液中 AALG128-G 和 AALG 在不同扫描速率下的 CV 曲线;
(d) 1 mol/L TEA BF_4/AN 电解液中 AALG128-G 在不同电流密度下的恒流充放电曲线

石墨烯超级电容器

AN 有机电解液中,具有优越的高倍率性能。同时,优化的石墨烯/活性炭复合材料在纯离子液体(Ionic Liquid, IL)电解质中具有相当大的超级电容性能,最大能量密度达到 74.4 Wh/kg。

由上述可见,石墨烯这种形成六方 sp² 共价键碳原子的二维材料具有独特的机械性能和化学稳定性,但是它还具有强大的各向异性键合以及低质量的碳原子,这赋予了石墨烯非常高的面内热导率(K),最高可达 5 300 W/(m·K)。而关于石墨烯的热导率与层状多孔碳材料的形成之间关系的报道还寥寥无几。考虑到这一点,Huang 等首先合成了高导热率的生物质纤维素和弱缺陷石墨烯薄片的混合物薄膜,然后将它们转化为分层多孔石墨烯碳材料,以达到优异的超级电容,如图 3 - 37 所示。它具有内部相互连接的多孔碳框架,由覆盖石墨烯薄片的微孔和介孔活性炭夹着大孔壁,在 650℃下通过无模板低温活化合成纤维素/石墨烯杂化物。石墨烯薄片可能有助于降低纤维素的化学活化温度并形成分层碳孔而不破坏它们的 sp² 键。在 45 s 的放电时间中,多孔石墨烯碳基超级电容器表现出约 300 F/g 的可逆比电容,以及 67 Wh/kg、54 Wh/L 和 60 kW/kg 的超高能量存储性能。

图 3 - 37

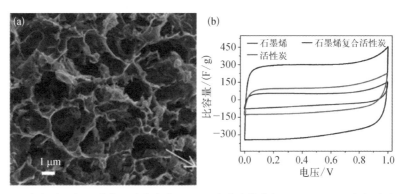

(a)分层多孔活性炭石墨烯框架的 SEM 图;(b)扫描速率 5 mV/s 下 G - aC(测得比表面积为 1 533 ㎡/g)和纯石墨烯及商业化活性炭(测得比表面积为 2 007 ㎡/g)的 CV 曲线对比图

4. 二维石墨烯与其他碳材料的复合材料

尽管碳纳米管及多孔碳材料常被用于和石墨烯材料混合作为复合材

料,其他碳材料如碳纤维和炭黑与石墨烯的复合也是研究人员的研发方向。

　　碳布是织物形式的机械柔性碳纤维,由于其良好的导电性、化学稳定性、柔性和高孔隙率,可以成为用于柔性超级电容器的有吸引力的电极材料。然而,由于碳纤维的大尺寸(约 10 μm),碳布仅表现出非常低的表面积。在碳布的生产过程中,不可避免地产生单个碳纤维之间的大间隙(大约微米尺寸),如通过扫描电子显微镜(SEM)图像(图 3 - 38)所观察到的,当用作超级电容器的电极时,这将显著减少面积归一化电容。碳布的低表面积和碳纤维之间大间隙(大约微米尺寸)的存在最终导致了该材料的性能不能令人满意。为了改善这一状况,Zou 等采用了电化学插层法,通过具有高表面积的原位剥离石墨烯将各 CF 连接起来。相互连接的 CF 用作柔性超级电容器的集流体和电极材料,其中原位剥落的石墨烯用作活性材料和导电"黏结剂"。原位电化学插层技术确保了电极(石墨烯)和集流体(碳布)之间的低接触电阻,使得导电性更强。所制备的电极材料对于柔性超级电容器的性能有显著的改进。

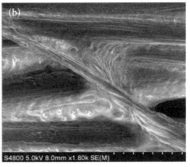

（a）低放大倍率下　　　　　　　　　（b）高放大倍率下

图 3 - 38　通过原位电化学剥离石墨烯（Ex - CC）的互联碳纤维 SEM 图像

　　具有高导电性和低廉价格的炭黑(Carbon Black,CB)是另一种取代用于制造石墨烯基混合膜的碳纳米管的优秀候选材料。Wang 等通过简单的真空过滤方法制备了具有不同炭黑(CB)含量的还原氧化石墨烯/炭黑(RGO/CB)杂化膜。炭黑颗粒均匀地分布在石墨烯层之间,不仅防止了 RGO 薄片的紧密堆积,而且还提供了 RGO 薄片基面之间的电接触。正如

　　　　　　　　　　　　　　　　　　　　　石墨烯超级电容器

预期的那样,与RGO膜相比,所制备的RGO/CB混合膜显示出增强的倍率性能。此外,以聚乙烯醇(PVA)/H₂SO₄凝胶作为电解质,Au涂层PET作为集流体和机械支撑,用优化的RGO/CB混合膜构建了固态柔性超级电容器。如图3-39所示,该固态柔性超级电容器在5 mV/s的扫描速率下具有112 F/g的比电容,在1 V/s的高扫描速率下具有79.6 F/g的比电容。此外,柔性固态超级电容器显示出良好的循环稳定性,在正常状态的3 000次循环加上弯曲状态下的2 000次循环后,电容保持率为94%。

图 3-39

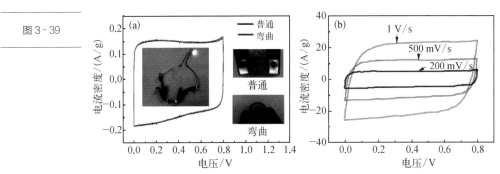

(a)在正常和弯曲状态下的Au涂覆PET固态超级电容器在5 mV/s扫描速率下的CV曲线;(b)Au涂覆PET超级电容器在不同扫描速率下的CV曲线

3.2.2 石墨烯球、石墨烯气凝胶、还原氧化石墨烯等三维石墨烯材料与其他碳材料的复合

三维石墨烯材料因其相比二维石墨烯材料具有更大的比表面积和立体性,因此在实际超级电容器应用中表现出更好的性能和更广阔的前景。类似地,三维石墨烯也将通过其与不同类型的碳材料的复合来详细描述。

1. 三维石墨烯与碳纳米管的复合材料

质轻且结构完美的一维纳米材料碳纳米管在和三维石墨烯的复合制备领域中也是被广泛应用的。

还原的氧化石墨烯(RGO)是一种三维的石墨烯材料,在超级电容器

电极制备中得到了广泛的应用。Yang 等用电化学还原氧化石墨烯
(Electrochemical Reduced Graphene Oxide，ECRGO)和多壁碳纳米管
(MWCNTs)制备了用于水性系统的无黏结剂复合材料超级电容器电极，
如图 3 - 40 所示。根据 XRD 和拉曼数据发现石墨烯可被电化学还原。
因此，这种简单可控的方法被用于还原石墨烯/MWCNTs 复合材料中的
石墨烯，从而生成 ECRGO/MWCNTs 复合材料。根据 TEM、XRD 和 N₂
吸脱附结果，ECRGO/MWCNTs 复合材料表现出比 ECRGO 更高的比电
容，这是因为多壁碳纳米管插入 ECRGO 片材会增加表面积。实验研究
了不同质量比(10∶1、5∶1、1∶1、1∶5、1∶10)的石墨烯与 MWCNTs 复
合材料。研究发现 ECRGO/MWCNTs 复合材料(GO∶MWCNTs = 5∶
1)在扫速为 10 mV/s 的循环伏安法结果中显示出最高的比电容值，在电
流密度为 1 A/g 时，比电容为 165 F/g，充放电循环4 000次后，容量保持率
为 93%。当 GO 与 MWCNTs 的质量比进一步下降到 1∶10 时，复合材料
的比电容降低，并且 ECRGO/MWCNTs 复合材料(GO∶MWCNTs = 1∶
10)的表现近乎纯双电层电容器。而且，包含 MWCNT 比例更高的复合
材料可以在更高的充放电倍率下能够保持更好的电容性能。

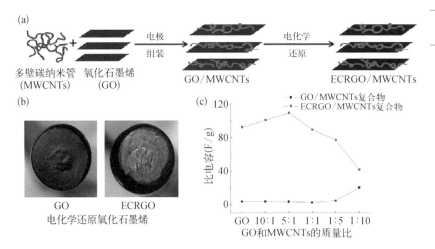

图 3 - 40

（a）无黏结剂 ECRGO/MWCNTs 电极的制备示意图；（b）氧化石墨烯还原前后对比
图；（c）GO/MWCNTs 复合材料和 ECRGO/MWCNTs 复合材料在第 300 次 CV 循环时的比容
量与 GO/MWCNTs 质量比的函数关系

高性能超级电容器是有前途的储能设备,能满足未来可穿戴应用的迫切需求。但是由于人体表面面积限制在 2 m²,因此该领域的关键挑战是如何实现超级电容器的高面积比电容,且同时具有快速充电、良好的电容保持性、柔性以及防水性。为了应对这一挑战,Yang 等使用低成本材料,包括多壁碳纳米管(MWCNT),还原氧化石墨烯(RGO)和金属纺织品来制造复合织物电极,其中 MWCNT 和 RGO 交替地用真空过滤法直接植入到 Ni 涂层棉织物表面上,如图 3-41 所示。复合织物电极表现出典型的双电层电容器特征,并且在 20 mA/cm² 的高面电流密度下具有超高面积电容,最高达 6.2 F/cm²。采用复合织物电极和防水处理制成的全固态织物型超级电容器件在第一次充放电循环时可达到 20 mA/cm² 下 2.7 F/cm² 的破纪录性能,经过 10 000 次充放电循环后,面积比容量更是达到 3.2 F/cm²。在 10 000 次弯折测试和 10 h 连续水下工作后电容衰减为零。这种超级电容器件易于组装成串联结构,并能通过简单的缝纫整合到服装中。

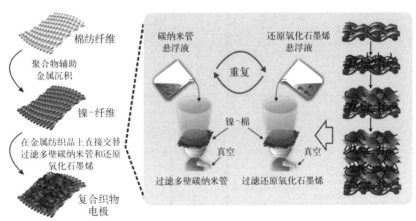

图 3-41 在覆 Ni 棉织物上直接交替过滤以制备复合织物电极示意图

由于三维互连多孔结构能够增强离子流动性和渗透性,Kim 等使用二氧化硅胶体模板法制造了还原的氧化石墨烯-碳纳米管(RGO-CNT)复合的三维互连纳米多孔结构材料。MnO₂ 修饰的 RGO-CNT 的三维互连纳米孔膜(MnO₂/RGO-CNT 纳米复合材料)最终被用作超级电容器电极,其电化学性能如图 3-42 所示。其具有由完全开放孔组成的多孔结构。这种开放孔结构允许电解质浸入电极内部,增加离子可及表面积,并因此导致在多孔纳米复合材料中形成更高含量的 MnO_2 而不增加 MnO_2 层的厚度。所得电极的比电容增加。而且,多孔结构提供了优异的离子流动性,从而提高了倍率性能。连续薄膜电极的循环性能很大程度上取决于电流密度。在增加电流密度到 20 A/g 的情况下,循环保持率降低至 92%。相反,在20 A/g 的电流密度下,多孔膜电极的循环保持率为

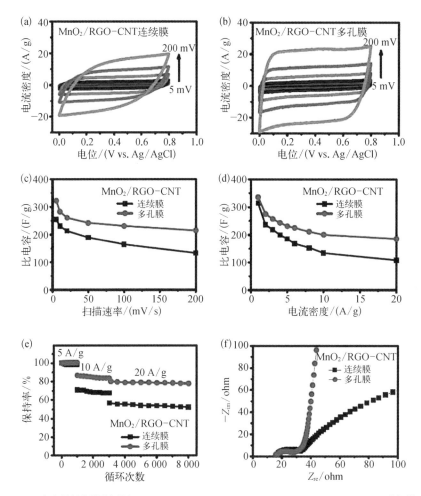

图 3 - 42 MnO₂/RGO - CNT 电极的电化学性能

(a) 连续薄膜型电极在 5 mV/s、10 mV/s、20 mV/s、50 mV/s、100 mV/s和200 mV/s 的扫描速率下的循环伏安图;(b) 多孔膜型 MnO₂/RGO - CNT 电极在 5 mV/s、10 mV/s、20 mV/s、50 mV/s、100 mV/s 和200 mV/s 的扫描速率下的循环伏安图;(c) 两种电极的比容量与电流密度的关系;(d) 两种电极的扫描速率与电流密度的关系;(e) 电流密度为 5 A/g、10 A/g 和 20 A/g 时两种电极的循环性能;(f) 连续薄膜型和多孔薄膜型 MnO₂/RGO - CNT 电极的奈奎斯特图

97.4%。因此,可以得出结论,多孔结构的构建对于制备 RGO-CNT 基电极来说,在高电流密度下具有优异的比电容和优异性能的超级电容器的应用方面是有效的。我们也预计这种结构将有助于改善各种电化学装置。

然而,对于各种制备还原的氧化石墨烯的化学方法来说,由于个体之间的强相互作用引起的不可逆聚集,难以获得理想的比表面积。聚集的还原氧化石墨烯在物理化学性质上与石墨相似。Zeng 等采用简单的超声波氧化切割法修整原始多壁碳纳米管(MWCNTs),合成了纵横比小于 5 的零维超短碳纳米管(Super-Short Carbon Nanotubes,SSCNTs)。SSCNTs 的引入充分提高了 MWCNTs 闭孔容积的利用率,并有效地抑制了还原的氧化石墨烯的堆积。因此,可通过湿化学方法来制备用于超级电容器的 RGO/SSCNT 复合材料,如图 3-43 所示。通过扫描电子显微镜和氮等温吸附线表征了所制备材料的形貌和结构,并对其超级电容器性能进行了研究。结果表明,SSCNTs 可以跨越 RGO 层的空隙形成三维(3D)多层结构,在 50 mV/s 时比容量为 244 F/g,比 RGO(136 F/g)和 RGO/MWCNTs(91 F/g)具有更高的比电容。此外,RGO/SSCNT 在 1 000 mV/s 的超高扫描速率下显示出高达 210 F/g 的比电容(与 50 mV/s 时相比,容量保持率为 85%)。这些有吸引力的结果表明,具

图 3-43 多层 RGO/SSCNT 结构的形成示意图

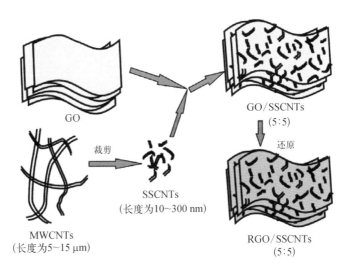

GO

MWCNTs
(长度为5~15 μm)

裁剪

SSCNTs
(长度为10~300 nm)

GO/SSCNTs
(5:5)

还原

RGO/SSCNTs
(5:5)

有 3D 多层结构的 RGO/SSCNT 是用于高功率超级电容器的有前景的石墨烯基材料。

开发超级电容器技术中最具挑战性的问题之一,是合理设计和合成具有良好的形貌、合理的多孔结构和优异的导电性的纳米级活性电极材料。如前所述,石墨烯片的重新堆积是降低存储电容的主要限制因素。为了解决这个问题,高孔隙度石墨烯电极的设计受到了很多关注,这些电极通过将单个石墨烯片的形态调整成“褶皱”或“弯曲”形状来实现,由此在每层周围产生人造孔隙。Mao 等通过将二维(2D)石墨烯片转化为褶皱球形,提出了具有大表面积和抗聚集性能的新型三维(3D)石墨烯结构,将其用作超级电容器中的活性材料可以解决与二维石墨烯片重新堆积有关的问题。为了进一步改善物质传输/电子转移并解决褶皱的石墨烯球(Crumpled Graphene Balls,CGB)之间或 CGB 与集流体之间的有限接触点的问题,研究人员因此开发了独特的多孔碳纳米管(CNT)网络修饰的褶皱石墨烯球分层纳米混合物(p - CNTn/CGBs)(图 3 - 44),这不仅大大提高了活性物质和集流体之间的桥接亲和力,而且还保持了超级电容器应用中所需的有利特征,如大表面积,三维分层纳米结构,优异的导电性和出色的抗聚集性。基于 p - CNTn/CGB 的电极在比容量和倍率性能方面远远超过原始 CGB 和还原的氧化石墨烯(RGO)。

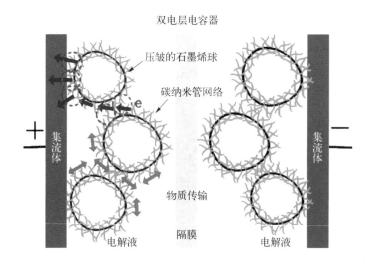

双电层电容器

压皱的石墨烯球

碳纳米管网络

e⁻

集流体

集流体

物质传输

隔膜

电解液

电解液

图 3 - 44 基于多孔网状 CNT 修饰褶皱石墨烯球的分层纳米杂化材料的超级电容器示意图

石墨烯超级电容器

其他的改进的化学制备方法也被开发用于制备还原氧化石墨烯。Xiong 等通过电泳沉积(EPD)和化学气相沉积(CVD)结合法制备了生长在碳纤维(Carbon Fibre,CF)上的还原氧化石墨烯(RGO)-碳纳米管(CNT)复合材料,如图 3-45 所示。首先,通过电泳沉积制备碳纤维-石墨烯复合材料。其次,通过浮动催化剂化学气相沉积法在碳纤维-还原氧化石墨烯基底上合成碳纳米管,得到 CF-RGO-CNT 杂合体。得到的三维(3D)分层混合物显示出强大的机械稳定性和各种弯曲角度下的高度柔性。此外,该混合物由扫描电子显微镜、X 射线衍射和拉曼光谱表征,其超级电容性能也进行了测试。电化学测量显示它具有 203 F/g 的高比电容,比纯碳纤维的高 4 倍。重要的是,该混合物在各种弯曲角度下都显示出相当高的电化学稳定性,并且可以直接作为柔性电极用于不含黏结剂的高性能超级电容器。所有这些有吸引力的结果表明,这种三维混合物是柔性超级电容器应用中有希望的候选者。

图 3-45

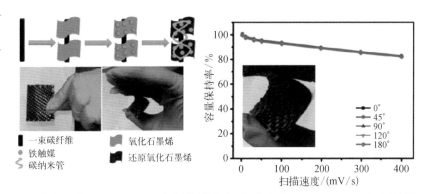

（a）三维 CF-RGO-CNT 复合材料的合成示意图;（b）CF-RGO-CNT 复合材料为 0~180° 的几个不同弯折角度下循环 5 000 次后,其容量保持率与扫描速率的函数关系图

Xiong 等同样采用了电泳沉积和浮动催化剂化学气相沉积法来制备三维还原氧化石墨烯(RGO)-碳纳米管(CNT)-镍泡沫(NF)混合材料,其杂乱体表征图见图 3-46。在这项研究中,垂直排列的 CNT 森林不仅有效地防止了 RGO 薄片的堆叠,而且还有助于充放电过程中的电子转移,并因此对整体的电容量有所助益。此外,三维的 RGO-CNTs-NF 杂化体可以直接

用作超级电容器的电极而无需黏结剂。此外,该混合物的比电容为
236.18 F/g,远高于 RGO‑NF 电极的 100.23 F/g。重要的是,三维 RGO‑
CNTs‑NF 的能量密度和功率密度分别高达 19.24 Wh/kg 和5 398 W/kg。

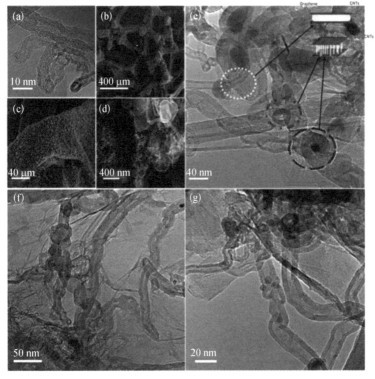

图 3‑46　在 NF
上合成的 RGO‑
CNTs 杂化体表
征图

　　(a)制备的 VACNTs 的 TEM 图像;(b)(c)在 NF 模板上制备的 3D RGO‑CNTs 复
合物的 SEM 图像;(d)3D RGO‑CNTs 的 SEM 图像;(e)3D RGO‑CNTs 的 TEM 图像;
(f)(g)不同放大倍数下三维 RGO‑CNTs 混合物的 TEM 图像

　　另一种广泛应用的三维石墨烯材料是石墨烯气凝胶(GA),基于其大
比表面积,高孔隙率和高电导率等卓越性能,GA 已被尝试用作超级电容器
的电极材料。常见的石墨烯气凝胶生产方法有化学气相沉积(CVD)等,尽
管 CVD 生产的石墨烯气凝胶具有高纯度和优异的导电性,但低收率和所
需的高操作温度条件阻碍了其实际应用。Shao 等通过水热法制备出具有
期望价值的单壁碳纳米管间隔石墨烯气凝胶(Single-Walled Nanotubes
spaced Graphene Aerogels,SSGA)并用于超级电容器,如图 3‑47 所示。

　　　　　　　　　　　　　　　　　　　　　石墨烯超级电容器

通过调整碳纳米管的添加量可以控制其比表面积和比电容。该复合气凝胶保留了气凝胶结构能够提供大孔的优点,确保了电极被电解液离子快速润湿,并且还具有由碳纳米管间隔体产生的额外的中孔以获得更多的离子吸附。得益于此,复合气凝胶在水系和离子液体电解质中都表现出显著增强的超级电容器性能。在水系电解液中,复合气凝胶在2.5 A/g的电流密度下具有245.5 F/g的比电容,比石墨烯气凝胶高37%,在80 A/g的高电流密度下具有197.0 F/g的高倍率容量。此外,当使用离子液体(EMIMBF$_4$)作为电解质时,复合气凝胶在0.5 A/g下的比容量为183.3 F/g,能量密度高达80 Wh/kg。同时该石墨烯气凝胶超级电容器也表现出优异的倍率性能和较长的循环寿命。

图3-47 单壁碳纳米管间隔石墨烯气凝胶(SSGA)的结构及电化学性质

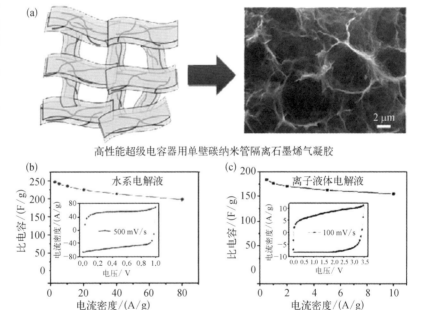

(a)SSGA结构示意图及其SEM图像;(b)基于水系电解液的SSGA超级电容器CV曲线及其倍率性能;(c)基于离子液体电解液的SSGA超级电容器CV曲线及其倍率性能

虽然得益于其独特的三维互连多孔结构和高比表面积,基于石墨烯的气凝胶是用作新型超级电容器的优秀候选者。然而,在通常应用于制造超级电容器的辊压工艺中,虽然降低了接触电阻并提高了体积比容量,但该过程易使多孔结构变形或破坏,并显著阻碍所制备的超级电容器实现其预期性能。Ma等为了提高辊压过程中石墨烯基气凝胶的耐压性,采用简便的两步法制备了高比表面积为811.5 m²/g的碳纳米管负载石墨烯基复合气凝胶(Graphene-Based Composite Aerogel/Carbon Nanotube,GCA/CNT,其转化机制及电化学性能如图3-48所示)。研究人员发现将碳纳米管结合到石墨烯基气凝胶中可以有效地提高其耐压性并显著减少多孔结构的变形,尤其是在介孔区域中。此外,所得到的GCA/CNT复合气凝胶由于形成了三维石墨/碳纳米管导电网络,因而表现出显著改善的导电性,以及随之而来优异的倍率性能。

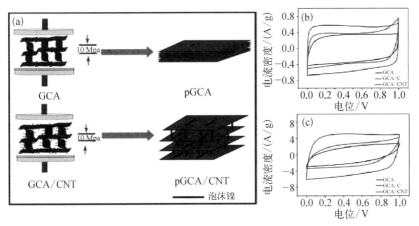

图3-48

(a) 从GCA和GCA/CNT到pGCA和pGCA/CNT的转化机制示意图;(b) GCA、GCA/C和GCA/CNT在5 mV/s扫描速率下的CV曲线;(c) GCA、GCA/C和GCA/CNT在50 mV/s扫描速率下的CV曲线

2. 三维石墨烯与多孔碳的复合材料

由于储能需求的增加,基于石墨烯的超级电容器和相关的柔性装置备受关注。作为超级电容器电极中有希望的三维(3D)纳米结构,石墨烯基气凝胶近来引起了广泛关注,并且已经开发了许多用于提高其储能性能的方法。Song等通过在三维多孔碳织物内直接原位生长还原氧化石墨烯(RGO)气凝胶得到二元三维结构的界面,如图3-49所示。这种独特的结构在纳米结构和化学成分的改进方面显示出各种优势。与纯

石墨烯超级电容器

RGO 气凝胶相比，它们在电流密度分别为 0.1 A/g、1 A/g 和 5 A/g 时具有更强的电化学性能（分别为 391 F/g、229 F/g 和 195 F/g），同时还具有出色的循环稳定性。将其用于柔性全固态超级电容器后，对该超级电容器的性能研究结果以及关于电化学性能相关机制的讨论揭示了先进储能器件发展中的遗留问题和相关机会。由于该策略相对简单、多功能且具有可调节性，为许多领域制造各种三维多孔结构提供了独特的平台。

图 3 - 49　二元三维结构的制备过程示意图

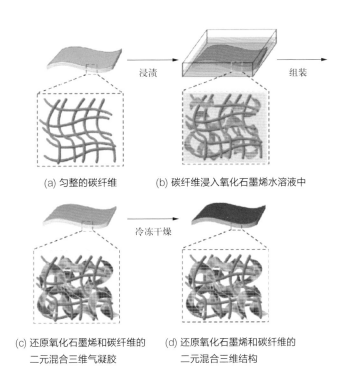

(a) 匀整的碳纤维　　　　　(b) 碳纤维浸入氧化石墨烯水溶液中

(c) 还原氧化石墨烯和碳纤维的　　　(d) 还原氧化石墨烯和碳纤维的
　　二元混合三维气凝胶　　　　　　　二元混合三维结构

　　Wang 等在 KOH 环境下碳化还原的氧化石墨烯（RGO）和丝素蛋白（Silk Fibroin，SF）纳米纤维复合物来制备石墨烯和丝素蛋白基碳（GCN - S）材料。活化后的 RGO 和 SF 纳米纤维组合使得所得的 GCN - S 材料具有高比表面积、多孔结构、良好的电导率和优异的电化学性能，如图 3 - 50 所示。例如，以 0.5∶1 比例配比的 KOH 和 RGO/SF 纳米纤丝悬浮液合成的 GCN - S - 0.5 显示出高达 3.2×10^3 m^2/g 的 BET 比表面积，在

0.5 A/g电流密度下,比电容为 256 F/g。而且,即使在高达 50 A/g 的电流密度下,它仍然可以提供 188 F/g 的比电容,相当于有着 73.4% 的容量保持率。在 5 A/g 下循环充放电 10 000 次后,GCN‐S‐0.5 表现出显著的电化学稳定性,容量保持率为 96.3%。此外,基于 GCN‐S‐0.5 的超级电容器在 40 000 W/kg 的超高功率密度下可实现高达 14.4 Wh/kg 的高能量密度。这项工作所显示的结果意味着 GCN‐S 材料有望用于制造具有高性能和相对低成本的超级电容器。

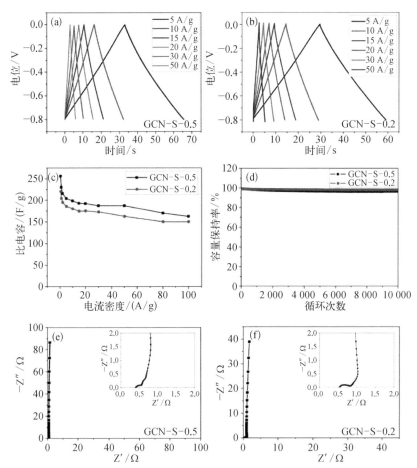

图 3‐50 GCN‐S 材料的电化学性能

(a)(b) GCN‐S‐0.5 和 GCN‐S‐0.2 在 5~50 A/g 的电流密度下的恒流充放电曲线;
(c) GCN‐S‐0.5 和 GCN‐S‐0.2 在不同电流密度(从 0.5 到 100 A/g)下的倍率性能;
(d) GCN‐S‐0.5 和 GCN‐S‐0.2 在 5 A/g 的电流密度下的循环性能;(e)(f) GCN‐S‐0.5 和 GCN‐S‐0.2 的电化学阻抗谱(插图为放大的 0~2 Ω 区)

3. 三维石墨烯与其他碳材料的复合材料

最近,开发轻量、柔性和可植入式的可穿戴电子设备的储能系统问题引起了越来越多的兴趣。Zhou 等通过引入还原氧化石墨烯(RGO),成功地将商业棉织物转化为导电的电化学活性织物。这种导电还原氧化石墨烯-碳化棉织物(RGO/CCF)电极做成的柔性超级电容器表现出高电容(在 2 mV/s 下 87.53 mF/cm^2),良好的循环稳定性(1 000 次充放电循环后 89.82% 的电容保持率)和优异的电化学稳定性(100 次弯曲循环后的电容保持率为 90.5%)。该超级电容器因具有独特的宏观三维夹心-叉指式器件结构(Sandwich-Interdigital Structure,SIS),从而大大提高了它的性能。在水系电解液中,电流密度为 0.062 5 A/cm^3 时,体积电容为5.53 F/cm^3,在基于相同电极材料和电解质的条件下,相比于传统夹心结构(Sandwich Structure,SS)和叉指式结构(Interdigital Structure,IS)分别高出 1.67 和 4.28 个数量级。此外,通过采用设计良好的器件结构,也实现了超级电容器的能量密度提升。基于精细器件结构和高性能电极材料的原始 SIS 超级电容器可为柔性储能装置提供新的设计途径。

图 3-51 基于三种类型器件结构的超级电容器示意图

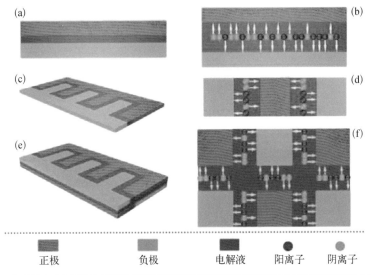

（a）（b）SS 超级电容器及其离子电吸附模型表明电解质离子只能接触电极的上表面（或下表面）；（c）（d）IS 超级电容器及其离子电吸附模型显示只有电极指的两个侧表面可被电解质离子接近；（e）（f）SIS 超级电容器及其离子电吸附模型显示每个电极指的上表面（或下表面）和两个侧表面都可以接近电解质离子

Ramadoss 等在柔性石墨纸上使用三维石墨烯实现了高柔性、轻便且高性能的全固态超级电容器。利用简单快速的自组装方法将化学气相沉积(CVD)生成的高质量 3D 石墨烯粉末均匀沉积在柔性石墨纸基材上,其电化学性能如图 3-52 所示。所制造的纸基对称型超级电容器在三电极系统中表现出最大电容为 260 F/g(15.6 mF/cm^2),全电池为 80 F/g(11.1 mF/cm^2),容量保持率高,且在功率密度为 178.5 W/kg(24.5 mW/cm^2)下达到 8.8 Wh/kg(1.24 mWh/cm^2)的高能量密度。即使在弯曲、卷绕或扭曲的条件下,该柔性超级电容器也能很好地保持它的性能。由于柔性/可穿戴电子设备和小型化设备应用需要能够满足各种需求的能量存储单元,因此我们采用这种方法直接制造的高柔性轻便超级电容器能够为它们提供一种新的设计方向。

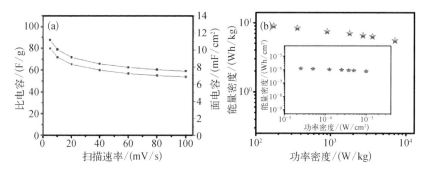

图 3-52 柔性超级电容器(FSC)的电化学性能

(a)FSC 的重量比电容和面积比电容与扫描速率的关系图;(b)FSC 的 Ragon 图

便携式和可穿戴式电子产品的最新进展促进了对高性能和灵活的能源储存设备的日益增长的需求,这些设备既丰富又实惠。因为源自廉价石墨的还原的氧化石墨烯(RGO)作为比传统活性炭和碳纳米管更高性能的储能电极,所以用于柔性超级电容器的 RGO/聚合物复合电极的研究和开发已成为吸引力的中心。然而,基于 RGO 的柔性电极的制造通常需要长时间的高温处理或有毒的化学处理,导致缺乏可扩展性和环保性。在这里,Koga 等展示了一种快速、可扩展和环保的制造高性能 RGO/纤维素纸超级电容器电极的方法,其制备过程如图 3-53 所示。单层氧化

石墨烯超级电容器

石墨烯(GO)片材和回收利用的废纸浆纤维通过成熟的可扩展造纸工艺成功制造成纸复合材料,然后在室温条件下经过无添加剂毫秒级闪蒸处理工艺制备出该复合材料。所制备的RGO/纸电极可用于所有纸基柔性超级电容器,都具有高比电容(高达212 F/g),与那些最先进的基于RGO的电极相当,同时将氧化石墨烯的还原时间从传统小时级显著降低至毫秒级。这项工作为未来制备绿色、柔性且可批量生产的储能纸可穿戴电子设备铺平道路。

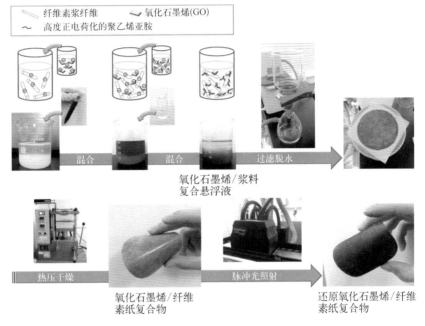

图3-53 通过造纸和连续闪蒸工艺制备RGO/纤维素纸复合材料的过程示意图(其中纸复合物的直径为75 mm、厚度为100 μm)

想要在高倍率下同时提升重量和体积比电容仍然是石墨烯基超级电容器发展中的一个矛盾。Wang等将还原诱导自组装过程与干燥后处理相结合,制备出了致密分层石墨烯/活性炭复合气凝胶。这个制备方法可以保持复合气凝胶的致密和多孔结构。干燥后处理对提高气凝胶的组装密度有显著影响。引入的活性炭在其中扮演了间隔和桥梁的关键角色,能够缓和相邻石墨烯纳米片的重新堆积,同时连接横向和纵向的石墨烯纳米片。组装密度为0.67 g/cm³的优化气凝胶在电解质水溶液中可以提

供的最大重量和体积比电容分别为 128.2 F/g 和 85.9 F/cm³（电流密度为
1 A/g）。在电流密度为 10 A/g 下循环 20 000 次后，比电容没有明显的降
低。在离子液体电解质中的循环稳定性也是可以接受的，相应的重量和
体积比电容分别为 116.6 F/g 和 78.1 F/cm³。该结果表明我们可以设计
用于超级电容器的致密分层石墨烯基气凝胶。石墨烯基气凝胶电极结构
控制如图 3 - 54 所示。

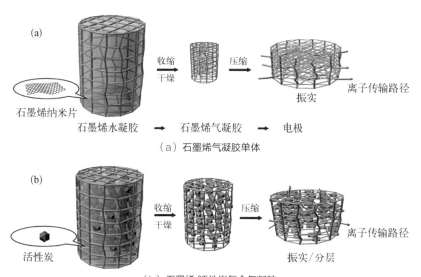

（a）石墨烯气凝胶单体

（b）石墨烯/活性炭复合气凝胶

图 3 - 54 石墨烯
基气凝胶电极结构
控制示意图

　　尽管石墨烯基材料具有用于各种能量储存装置的巨大潜力，但是石
墨烯的预期性能尚未实现，这似乎是由于电极制备过程中重新堆叠的石
墨烯缺乏了相互连接的孔隙率和主动暴露的表面积。在此 Wang 等使用
电泳沉积（EPD）方法来制作由还原氧化石墨烯（RGO）薄片和导电炭黑
（CB）颗粒组成的无黏结剂多孔超级电容器电极，其制作过程如图 3 - 55
所示。EPD 用于静电稳定的 RGO 和 CB 纳米颗粒水溶液，EPD 中的电
泳挤压力使 RGO 薄片和置于 RGO 夹层中的 CB 颗粒一起在面内方向上
排齐。发达的阶梯状交错复合结构为离子和电子的轻松运动提供了理想
的多孔网络和导电路径。控制水性混合物中 RGO 和 CB 纳米颗粒的浓
度（$C_{s,RGO}/C_{s,CB}$）和/或 ζ 电位（ζ_{RGO}/ζ_{CB}）的比例，可以制造不同纳米结构

图 3- 55　EPD 制作方法示意图

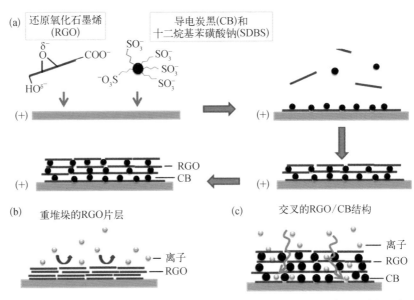

（a）交错 RGO/CB 膜；（b）（c）沉积的 RGO 和 RGO/CB 的 EPD 过程以及电解质离子通过电极的路线示意图

的交错 RGO/CB 层压体。研究人员将 RGO/CB 材料制作成超级电容器电极，在有机电解液（TEA BF$_4$）中进行了彻底测试，测得它在 1 mV/s 的扫描速率下提供了 218 F/g 的比容量（在 2 A/g 的电流密度下比容量为 133.3 F/g），能量密度为 43.6 Wh/kg，功率密度为 71.3 kW/kg。由此可见，由可扩展的原位 EPD 工艺开发的用于大批量生产的无黏结剂交错石墨烯层压材料的独特纳米结构可以发挥石墨烯内在的理想性能。

3.2.3　其他新型石墨烯与碳材料的复合

如今，透明的柔性储能器件由于其作为集成电源的巨大潜力而引起了大量的研究兴趣。但是，为了充分利用透明和柔性的设备，其电源也需要透明和柔性。在目前的工作中，Lee 等使用简单的电泳沉积（EPD）方法制备了螯合的石墨烯和石墨烯量子点（Graphene Quantum Dots，GQD）并应用于透明且柔性的微型超级电容器，其电化学性能如图 3－56 所示。通过石

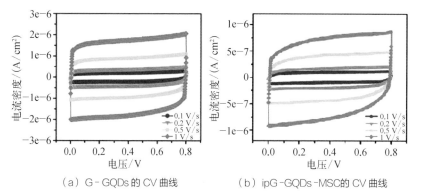

图 3 - 56 G - GQDs 与 ipG - GQDs - MSC 的电化学性能

(a) G-GQDs 的 CV 曲线　　　　(b) ipG-GQDs-MSC的CV曲线

墨烯和带金属离子的 GQD 之间的螯合作用,GQD 材料强烈地黏附在互相交叉的石墨烯(ipG - GQDs)上,然后将其产生的多孔 ipG - GQDs 膜用作微型超级电容器中的活性材料。令人惊讶的是,这些超级电容器器件具有高透明度(550 nm 时为 92.97%),高储能(9.09 $\mu F/cm^2$),短弛豫时间(8.55 ms)和稳定的循环保持率(10 000 次循环约为 100%),即使在严重弯折 45° 的情况下进行 10 000 次循环,仍然保持了高稳定性。

Ling 等通过离子液体模板法合成了石墨烯-碳干凝胶(Graphene- Carbon Xerogel,CX)复合材料,其中石墨烯对所制备的石墨烯-碳干凝胶复合材料的形态和孔结构有着显著影响,从而提升了基于该材料的超级电容器的电容和倍率性能,证明了石墨烯-碳干凝胶复合材料比大多数文献报道的有或没有活化的碳气凝胶和碳干凝胶都具有更高的比容量。研究人员通过循环伏安法(CV),恒电流充放电(GCD)和电化学阻抗谱(Electrochemical Impedance Spectroscopy,EIS)评估 xG/CXs 的电化学性能,如图 3-57 所示。可以清楚地看到,通过添加石墨烯可以显著提高超级电容器的性能,4G/CX 在目前的工作中表现最好。在 0.1 A/g 的电流密度下,比容量从 140 F/g 增加到 230 F/g,表明不使用活化剂对石墨烯有明显的促进作用。此外,4G/CX 在 30 A/g 的高电流密度下,比容量可以保持在 166 F/g,而对于没有添加石墨烯的 CX,当电流密度超过 10 A/g 时就无法获得有用的电容量。在目前的工作中,4G/CX 显示出最大的比容量、倍率性能、最小的 ESR 以及优异的循环稳定性。在 3 A/g 的

图 3-57 xG/CXs
的电化学性能

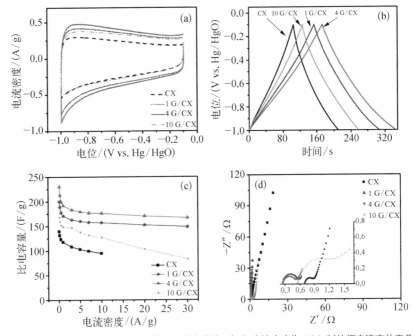

（a）扫描速率为 2mV/s 时的循环伏安曲线；（b）电流密度为 1A/g 时的恒电流充放电曲
线；（c）比电容对电流密度关系图；（d）奈奎斯特图（插图是 EIS 分析的 Warburg 半圆）

电流密度下循环 5 000 次后没有观察到明显的容量减少，并且最后 6 个周
期的 GC 曲线证明了 4G/CX 的良好可逆性和优异的循环稳定性。综上
所述，采用离子液体为模板合成石墨烯-CX 复合材料，通过改变石墨烯
的添加量，可以在一定程度上调节石墨烯-CX 复合材料的形貌和孔结
构。作为超级电容器的电极材料，所制造的 xG/CXs 在比容量、倍率性能
和循环稳定性方面表现出极大的改善。xG/CXs 有望用于制备高性能超
级电容器，并且这里报道的方法能为不使用活化剂生产高性能 G/CX 复
合材料铺平道路。

参考文献

［1］ Becker H I. Low voltage electrolytic capacitor：U.S. Patent 2,800,616

[P]. 1957 - 7 - 23.

[2] Ghosh A, Lee Y H. Carbon-based electrochemical capacitors [J]. ChemSusChem, 2012, 5(3): 480 - 499.

[3] Béguin F, Presser V, Balducci A, et al. Carbons and electrolytes for advanced supercapacitors[J]. Advanced materials, 2014, 26(14): 2219 - 2251.

[4] Zhu C, Liu T, Qian F, et al. Supercapacitors based on three-dimensional hierarchical graphene aerogels with periodic macropores[J]. Nano letters, 2016, 16(6): 3448 - 3456.

[5] Yoo J J, Balakrishnan K, Huang J, et al. Ultrathin planar graphene supercapacitors[J]. Nano letters, 2011, 11(4): 1423 - 1427.

[6] Cao X, Shi Y, Shi W, et al. Preparation of novel 3D graphene networks for supercapacitor applications[J]. small, 2011, 7(22): 3163 - 3168.

[7] Yuan K, Xu Y, Uihlein J, et al. Straightforward generation of pillared, microporous graphene frameworks for use in supercapacitors [J]. Advanced Materials, 2015, 27(42): 6714 - 6721.

[8] Wu Z S, Sun Y, Tan Y Z, et al. Three-dimensional graphene-based macro-and mesoporous frameworks for high-performance electrochemical capacitive energy storage[J]. Journal of the American Chemical Society, 2012, 134(48): 19532 - 19535.

[9] Zhu J, Childress A S, Karakaya M, et al. Defect-engineered graphene for high-energy-and high-power-density supercapacitor devices[J]. Advanced Materials, 2016, 28(33): 7185 - 7192.

[10] Zhu Z, Jiang H, Guo S, et al. Dual tuning of biomass-derived hierarchical carbon nanostructures for supercapacitors: the role of balanced meso/microporosity and graphene[J]. Scientific reports, 2015, 5: 15936.

[11] Yoon Y, Lee K, Baik C, et al. Anti-Solvent Derived Non-Stacked Reduced Graphene Oxide for High Performance Supercapacitors [J]. Advanced materials, 2013, 25(32): 4437 - 4444.

[12] Yang X, Qiu L, Cheng C, et al. Ordered gelation of chemically converted graphene for next-generation electroconductive hydrogel films [J]. Angewandte Chemie International Edition, 2011, 50(32): 7325 - 7328.

[13] Qin K, Kang J, Li J, et al. Continuously hierarchical nanoporous graphene film for flexible solid-state supercapacitors with excellent performance[J]. Nano Energy, 2016, 24: 158 - 164.

[14] Zhang H, Zhang X, Sun X, et al. Large-Scale Production of Nanographene Sheets with a Controlled Mesoporous Architecture as High-Performance Electrochemical Electrode Materials [J]. ChemSusChem, 2013, 6(6): 1084 - 1090.

[15] Biswas S, Drzal L T. Multilayered nano-architecture of variable sized

graphene nanosheets for enhanced supercapacitor electrode performance [J]. ACS applied materials & interfaces, 2010, 2(8): 2293 - 2300.

[16] Zhang S, Li Y, Pan N. Graphene based supercapacitor fabricated by vacuum filtration deposition[J]. Journal of Power sources, 2012, 206: 476 - 482.

[17] Shi J L, Du W C, Yin Y X, et al. Hydrothermal reduction of three-dimensional graphene oxide for binder-free flexible supercapacitors[J]. Journal of Materials Chemistry A, 2014, 2(28): 10830 - 10834.

[18] Kang Y R, Li Y L, Hou F, et al. Fabrication of electric papers of graphene nanosheet shelled cellulose fibres by dispersion and infiltration as flexible electrodes for energy storage[J]. Nanoscale, 2012, 4(10): 3248 - 3253.

[19] Qi D, Liu Z, Liu Y, et al. Suspended wavy graphene microribbons for highly stretchable microsupercapacitors[J]. Advanced Materials, 2015, 27 (37): 5559 - 5566.

[20] Chen J, Sheng K, Luo P, et al. Graphene hydrogels deposited in nickel foams for high-rate electrochemical capacitors[J]. Advanced materials, 2012, 24(33): 4569 - 4573.

[21] Huang H, Xu L, Tang Y, et al. Facile synthesis of nickel network supported three-dimensional graphene gel as a lightweight and binder-free electrode for high rate performance supercapacitor application [J]. Nanoscale, 2014, 6(4): 2426 - 2433.

[22] Xia K, Li Q, Zheng L, et al. Controllable fabrication of 2D and 3D porous graphene architectures using identical thermally exfoliated graphene oxides as precursors and their application as supercapacitor electrodes [J]. Microporous and Mesoporous Materials, 2017, 237: 228 - 236.

[23] Zhang X, Yan P, Zhang R, et al. Fabrication of graphene and core-shell activated porous carbon-coated carbon nanotube hybrids with excellent electrochemical performance for supercapacitors[J]. International Journal of Hydrogen Energy, 2016, 41(15): 6394 - 6402.

[24] Seo D H, Yick S, Han Z J, et al. Synergistic Fusion of Vertical Graphene Nanosheets and Carbon Nanotubes for High-Performance Supercapacitor Electrodes[J]. ChemSusChem, 2014, 7(8): 2317 - 2324.

[25] Yang Z Y, Zhao Y F, Xiao Q Q, et al. Controllable growth of CNTs on graphene as high-performance electrode material for supercapacitors[J]. ACS applied materials & interfaces, 2014, 6(11): 8497 - 8504.

[26] Antiohos D, Romano M S, Razal J M, et al. Performance enhancement of single-walled nanotube-microwave exfoliated graphene oxide composite electrodes using a stacked electrode configuration[J]. Journal of materials

chemistry A, 2014, 2(36): 14835 - 14843.

[27] Deng L, Gu Y, Gao Y, et al. Carbon nanotubes/holey graphene hybrid film as binder-free electrode for flexible supercapacitors[J]. Journal of colloid and interface science, 2017, 494: 355 - 362.

[28] Jiang L, Sheng L, Long C, et al. Densely packed graphene nanomesh-carbon nanotube hybrid film for ultra-high volumetric performance supercapacitors[J]. Nano Energy, 2015, 11: 471 - 480.

[29] Shakir I. High energy density based flexible electrochemical supercapacitors from layer-by-layer assembled multiwall carbon nanotubes and graphene[J]. Electrochimica Acta, 2014, 129: 396 - 400.

[30] Sun H, You X, Deng J, et al. Novel graphene/carbon nanotube composite fibers for efficient wire-shaped miniature energy devices[J]. Advanced Materials, 2014, 26(18): 2868 - 2873.

[31] Brown B, Swain B, Hiltwine J, et al. Carbon nanosheet buckypaper: A graphene-carbon nanotube hybrid material for enhanced supercapacitor performance[J]. Journal of Power Sources, 2014, 272: 979 - 986.

[32] Wang W, Ruiz I, Lee I, et al. Improved functionality of graphene and carbon nanotube hybrid foam architecture by UV-ozone treatment[J]. Nanoscale, 2015, 7(16): 7045 - 7050.

[33] Trigueiro J P C, Lavall R L, Silva G G. Nanocomposites of graphene nanosheets/multiwalled carbon nanotubes as electrodes for in-plane supercapacitors[J]. Electrochimica Acta, 2016, 187: 312 - 322.

[34] Nam I, Bae S, Park S, et al. Omnidirectionally stretchable, high performance supercapacitors based on a graphene-carbon-nanotube layered structure[J]. Nano Energy, 2015, 15: 33 - 42.

[35] Yun J, Kim D, Lee G, et al. All-solid-state flexible micro-supercapacitor arrays with patterned graphene/MWNT electrodes[J]. Carbon, 2014, 79: 156 - 164.

[36] Wu S, San Hui K, Hui K N, et al. A novel approach to fabricate carbon sphere intercalated holey graphene electrode for high energy density electrochemical capacitors[J]. Chemical Engineering Journal, 2017, 317: 461 - 470.

[37] Lu X, Dou H, Zhang X. Mesoporous carbon nanospheres inserting into graphene sheets for flexible supercapacitor film electrode[J]. Materials Letters, 2016, 178: 304 - 307.

[38] Yan J, Wang Q, Lin C, et al. Interconnected Frameworks with a Sandwiched Porous Carbon Layer/Graphene Hybrids for Supercapacitors with High Gravimetric and Volumetric Performances [J]. Advanced Energy Materials, 2015, 4(13): 1294 - 1305.

[39] Zhang H, Wang K, Zhang X, et al. Self-generating graphene and porous

nanocarbon composites for capacitive energy storage [J]. Journal of Materials Chemistry A, 2015, 3(21): 11277 - 11286.

[40] Liu Y, Yuan L, Yue Y, et al. Fabrication of 3D foam-like hybrid carbon materials of porous carbon/graphene and its electrochemical performance [J]. Electrochimica Acta, 2016, 196: 153 - 161.

[41] Song Y, Li Z, Guo K, et al. Hierarchically ordered mesoporous carbon/graphene composites as supercapacitor electrode materials[J]. Nanoscale, 2016, 8(34): 15671 - 15680.

[42] Zhang X, Lai Y, Ge M, et al. Fibrous and flexible supercapacitors comprising hierarchical nanostructures with carbon spheres and graphene oxide nanosheets[J]. Journal of Materials Chemistry A, 2015, 3 (24): 12761 - 12768.

[43] Park S H, Yoon S B, Kim H K, et al. Spine-like nanostructured carbon interconnected by graphene for high-performance supercapacitors [J]. Scientific reports, 2014, 4: 6118.

[44] Li X, Zhou J, Xing W, et al. Outstanding capacitive performance of reticular porous carbon/graphene sheets with superhigh surface area[J]. Electrochimica Acta, 2016, 190: 923 - 931.

[45] Zheng C, Zhou X, Cao H, et al. Synthesis of porous graphene/activated carbon composite with high packing density and large specific surface area for supercapacitor electrode material[J]. Journal of power sources, 2014, 258: 290 - 296.

[46] Chen Z, Liu K, Liu S, et al. Porous active carbon layer modified graphene for high-performance supercapacitor[J]. Electrochimica Acta, 2017, 237: 102 - 108.

[47] Yu S, Li Y, Pan N. KOH activated carbon/graphene nanosheets composites as high performance electrode materials in supercapacitors[J]. RSC Advances, 2014, 4(90): 48758 - 48764.

[48] Liu D, Jia Z, Wang D. Preparation of hierarchically porous carbon nanosheet composites with graphene conductive scaffolds for supercapacitors: An electrostatic-assistant fabrication strategy [J]. Carbon, 2016, 100: 664 - 677.

[49] Huang J, Wang J, Wang C, et al. Hierarchical porous graphene carbon-based supercapacitors [J]. Chemistry of Materials, 2015, 27 (6): 2107 - 2113.

[50] Zou Y, Wang S. Interconnecting carbon fibers with the in-situ electrochemically exfoliated graphene as advanced binder-free electrode materials for flexible supercapacitor [J]. Scientific reports, 2015, 5: 11792.

第 4 章

石墨烯基赝电容

4.1　石墨烯/金属氧化物

众所周知,石墨烯是完全离散的单层石墨材料,其整个表面可以形成双电层;根据双电层原理,石墨烯电极表面的双电层电容约为21 $\mu F/cm^2$。由于石墨烯的理论比表面积为 2 675 m^2/g,可以预测,如果石墨烯的比表面积能够被完全利用,其理论比容量将高达 550 F/g。但是由于石墨烯在宏观制备的过程中层与层间形成的 π 键及范德瓦尔斯力的作用,石墨烯片层会相互堆垛叠加,使得石墨烯材料的实际比表面积远小于其理论值,使得可形成双电层电容的场所大大减小,使制备的石墨烯材料的比电容远小于其理论值。因此,要提高石墨烯基超级电容器的性能,就必须找到一条阻止石墨烯团聚的崭新途径。最近的研究发现,可以将具有高比表面积和超高导电率的石墨烯作为载体与具有高能量密度的金属氧化物复合成石墨烯/金属氧化物复合材料。在这类复合材料中,金属氧化物是生长在石墨烯上的缺陷以及官能团位点上,在金属氧化物晶体长大的过程中,石墨烯会有效阻止晶核的聚合,有效减小生长在石墨烯片上的金属氧化物颗粒的尺寸;同时生长在石墨烯上的金属氧化物颗粒会有效地增大石墨烯层间的距离,从而抑制石墨烯层间的二次堆叠,可以在复合材料中保留石墨烯的独特性质。石墨烯基金属氧化物复合材料不仅能有效抑制石墨烯片间的相互堆叠,还能有效减小金属氧化物的尺寸能够产生新颖的协同效应,从而增进彼此的电化学电容性能。下面分别就目前研究较多的金属氧化物做简要的介绍。

4.1.1　石墨烯/氧化钌

在各种金属氧化物中,氧化钌是研究最早也是最为广泛的超级电容器电极材料,这主要是归因于其自身的优点:高比容量、良好的导电性、优良的电化学可逆性、高倍率性能和长循环寿命等。

RuO$_2$材料产生赝电容的机理如下：在 H$_2$SO$_4$溶液中，在 RuO$_2$电极上发生法拉第反应，被认为是在 RuO$_2$微孔中发生可逆的化学离子的注入。反应如下

$$RuO_2 + xH^+ + xe^- \leftrightarrow RuO_{2-x}(OH)_x \quad (RuO_2 \text{ 为结晶形态}) \quad (4-1)$$

$$HRuO_2 + HRuO_2 \leftrightarrow H_{1-\delta}RuO_2 + H_{1+\delta}RuO_2 \quad (RuO_2 \text{ 为无定形态})$$

$$(4-2)$$

影响氧化钌材料的性能因素包括以下几个方面。(1)比表面积的大小。氧化钌的赝电容主要来源于在电极表面的法拉第反应，比表面越高，发生氧化还原反应的位点越多，产生的比容量也越高。(2) RuO$_2 \cdot x$H$_2$O 中 x 的大小。水合氧化钌是一个很好的质子导体，质子的扩散系数为 $10^{-8} \sim 10^{-12}$ cm^2/s，质子在微孔中的快速迁移产生电容，据文献报道 RuO$_2 \cdot 0.5$H$_2$O 的容量高达 900 F/g，而当水的含量下降到 RuO$_2 \cdot 0.03$H$_2$O 时容量只有 29 F/g。(3)氧化钌的形态。无定形的 RuO$_2 \cdot x$H$_2$O 易于质子扩散到其内部进行氧化还原反应，而结晶 RuO$_2$ 的刚性大，难膨胀，质子反应只在表面进行，导致比容量比无定形态要低很多。(4)颗粒的大小。氧化钌颗粒越小，不仅越可以缩短扩散距离，还能促进质子在氧化钌颗粒中的运输，通过增加其表面积，增加电活性中心等来提高其容量性能。

氧化钌材料虽然具有非常优异的超电容性能，但是其价格昂贵阻碍了它的实用发展，电极材料的成本大概占了整个电容器的90%，因此很多科研工作者都致力于开发廉价、性能优越的电极材料，并提高活性材料的利用率。主要方式是通过掺杂廉价过渡金属氧化物或将氧化钌与碳材料、聚合物等掺杂复合。

随着新型碳材料石墨烯的兴起，人们利用这种新型碳材料制备了一系列的超级电容器电极复合材料。Soin 等通过微波等离子体化学气相沉积法在层状石墨烯(FLG)纳米片上合成了 RuO$_2$，改善了复合材料的电化学性能，如图 4-1(c)所示，具有这种特殊多孔结构的层状石墨烯(FLG)

不仅可以沉积具有大比表面积的 RuO_2 纳米颗粒,而且还有助于电解质渗透,从而提高离子迁移速度。测试结果显示,在 $1.40\ mA/cm^2$ 电流密度下,在多层石墨烯(FLG)上良好分散的纳米 RuO_2 最终实现了高达 650 F/g 的比电容;在 500 mV/s 时显示出优异的循环能力,超过 4 000 次循环容量保持率达 70%。RuO_2-FLAG 纳米复合材料的电容至少是纯 RuO_2 薄膜的两倍。合成复合材料的方法也很多。在前人研究的基础上,Kim 等开发了一种原位化学合成法,室温下,不需要在 Ru 前驱体和 GO(氧化石墨烯)水溶液中使用任何还原剂,制备了 RuO_2/RGO(还原氧化石墨烯)纳米复合材料。在不同电流密度下进行充放电测试(0.5 A/g、1 A/g、2 A/g、4 A/g、8 A/g 和 16 A/g,基于 RuO_2/RGO 纳米复合材料的质量)[图 4-1(d)],可以看出,充放电曲线在 0.0~1.0 V (vs. SCE)的电位窗口处呈现出典型的线性,并具有相对恒定的斜率,放电后 IR 没有明显下降,表明复合材料的电导率相当高。此外,复合材料表现出良好的电化学稳定性,在 1 000 次循环后的电容保持率为 98.2%[图 4-1(e)],Wang 等利用简单的化学氧化法合成 RuO_2/RGO 纳米带作为电极材料,比电容高达 677 F/g(在 1 A/g 电流密度下),在 20 A/g 电流密度下容量保持率达91.8%[图 4-1(g)]。Meng 等首次成功地将电沉积方法用于制备钌和碳纳米复合材料。制备 RuO_2-CG(羧化石墨烯)复合物的具体步骤如图 4-1(b)所示。由于复合材料比纯 RuO_2、MWCNTs、GO 等具有更好的电化学性能,RuO_2-CG/QCM 电极在能量密度为 101 Wh/kg、功率密度为 2.5 kW/kg 时比电容高达 756 F/g。如图 4-1(f)所示,复合材料比电容优于其他的 RuO_2 基材料。

Ma 等采用一种拆解-重新组装的方法(图 4-2)获得一种均匀致密的纳米 RuO_2/G 复合材料,这种复合材料的体积密度为 $2.63\ g/cm^3$,远高于采用机械法压制(压力:50 MPa)得到的石墨烯复合材料密度。电化学测试表明,在 0.1 A/g 电流密度下,比容量可达 $1\ 485\ F/cm^3$;在 20 A/g 电流密度下,体积比容量为 $1\ 188\ F/cm^3$,表现出优异的倍率性能。最值得一提的是,当单电极负载量提高到 $12\ mg/cm^2$ 时,其比容量仍保持在 1 415 F/g,

图 4 - 1

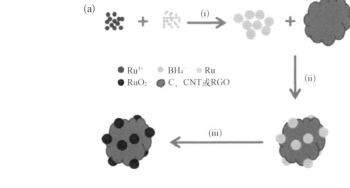

(a)

- Ru³⁺
- BH₄⁻
- Ru
- RuO₂
- C、CNT或RGO

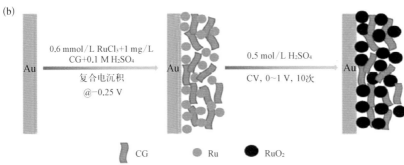

(b)

Au → 0.6 mmol/L RuCl₃+1 mg/L CG+0.1 M H₂SO₄ 复合电沉积 @−0.25 V → Au → 0.5 mol/L H₂SO₄ CV, 0~1 V, 10次 → Au

- CG
- Ru
- RuO₂

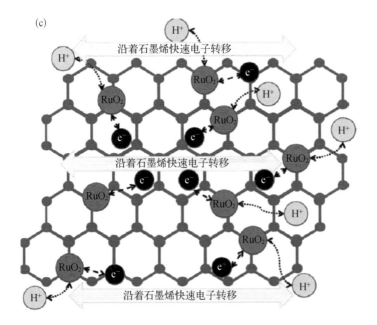

(c)

沿着石墨烯快速电子转移

沿着石墨烯快速电子转移

沿着石墨烯快速电子转移

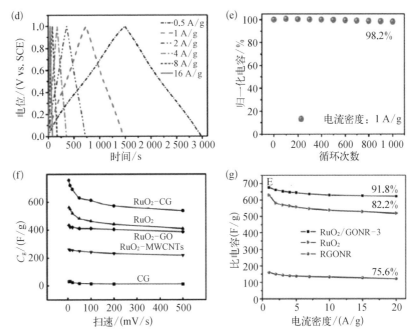

（a）在多种碳基底材上负载超细 RuO$_2$ 颗粒作为超级电容器电极材料的制备过程；（b）制备 RuO$_2$-CG 复合材料过程；（c）RuO$_2$ 纳米颗粒中电荷储存示意图；（d）在 1 A/g 电流密度下 RuO$_2$/RGO 复合电极的比电容；（e）不同电流密度下 RuO$_2$/RGO 纳米复合电极的充放电曲线；（f）不同材料改性 QCM 电极在 3 kHz 扫描速率下的比电容；（g）不同电流密度下 RGONR、RuO$_2$、RuO$_2$/RGONR-3 复合材料的比电容

图 4-2 纳米 RuO$_2$/G 复合材料制备的拆解-自组装过程

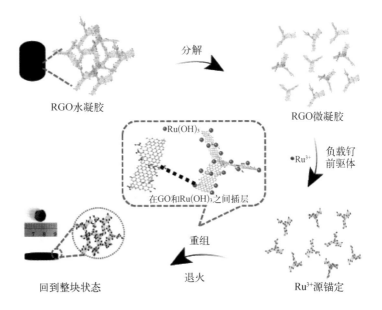

说明这种电极具有良好的可延展性。Wu等利用溶胶凝胶＋低温热处理的方法将氧化钌负载到石墨烯表面,借助石墨烯材料的高比表面积和高导电性,以提高活性材料的利用率,研究发现当金属钌的负载量达到38.2%(质量分数)时,复合材料的比电容约为570 F/g,基本达到与纯氧化钌相当的水平,但能够显著减少钌的用量。

总的来说,在氧化钌材料中引入碳材料除了提高其电化学反应,还能减少金属离子的电阻、扩大反应活性中心、增加材料的导电性,从而相应提高电容器的容量和功率特性。

4.1.2 石墨烯/锰系氧化物

二氧化锰(MnO_2)作为常用的赝电容电极材料之一,具有原料易得、价格低廉、来源广泛、环境友好等优点。在1999年Lee等首次提出MnO_2在水系电解质中表现出赝电容行为,并分析了MnO_2电极材料的储能机理(图4-3)。MnO_2的储能机理非常复杂,在不同电解质中,其储能机理不同。下面以水系电解质为代表,其中质子H^+可以为K^+、Na^+、Li^+等,主要反应可分为两步。

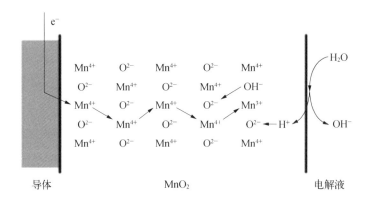

图4-3 二氧化锰还原机理示意图

第一步 MnO_2还原成羟基氧化锰(MnOOH)

$$MnO_2 + H_2O + e^- \Longrightarrow MnOOH + OH^- \qquad (4-3)$$

第二步 MnOOH 自 MnO$_2$ 表层处发生转移

$$MnOOH + H_2O + e^- \Longrightarrow Mn(OH)_2 + OH^- \qquad (4-4)$$

第一步,MnO$_2$ 还原成 MnOOH 的过程[式(4-3)]。在该过程中,电解液中的质子和电子嵌入到 MnO$_2$ 晶体中,晶体中的 Mn^{4+} 被还原成 Mn^{3+}。该过程是由二氧化锰晶体的表面逐步向其内部转移的。整个反应过程中二氧化锰仍然是均相,表明二氧化锰具有良好的可充性。如图 4-3 所示,二氧化锰固体颗粒和电解液形成了固/液界面上的双电层,电解液中的质子和电子正是通过双电层进入了二氧化锰晶体的内部将 Mn^{4+} 还原成了 Mn^{3+}。

第二步,MnOOH 的深度转移,同时 MnOOH 部分进一步还原成 Mn(OH)$_2$ [式(4-4)]。该过程是非均相反应。该过程是部分不可逆的过程,充放电过程中晶体的结构发生了改变遭到破坏。MnOOH 放电时形成了 Mn$_3$O$_4$,该物质既难以被氧化又难以被还原,所以在不断的充放电过程中积累在电极材料中,消耗了电极材料同时又增加了电极的内阻,导致电极的比容量下降。在进行充放电的过程中,控制电压是非常重要的,可以使得电极反应尽量发生在第一步可逆过程中,避免生成大量的 Mn$_3$O$_4$ 导致电极材料被破坏。

影响二氧化锰赝电容性能的因素主要有以下两个方面。(1) 材料的晶体结构。Ghodbane 研究了不同晶体结构的 MnO$_2$ 电极材料与比电容的关系,得出比电容的增长规律:软锰矿(28 F/g)<含镍钡镁锰矿<斜方锰矿<隐钾锰矿<钠锰矿<尖晶石(241 F/g)。其中三维结构的尖晶石结构具有最大的比电容,其次是二维层状结构,在一维结构中,孔体积较大的 MnO$_2$ 比电容较高。他们认为离子传导率是决定因素,其微观结构密切影响着离子在电极材料中的传导。(2) 材料的形貌。MnO$_2$ 的形貌对其赝电容性能影响极大,采用不同制备方法可合成不同形貌的 MnO$_2$ 纳米粉末,如一维(1D)的 MnO$_2$ 纳米棒、纳米线、纳米带;二维(2D)的 MnO$_2$ 纳米片、纳米薄片;还有三维(3D)的 MnO$_2$ 纳米球、纳米花等。与普

通结构的 MnO_2 相比,某些特殊形貌的 MnO_2 具有更高的电导率、比电容、循环寿命和能量密度及功率密度等优异的电化学特性。

二氧化锰的电导率很低,作为电极材料时内阻很大,很大程度上降低了其活性物质的利用率,导致其比容量不高。为了改善其导电率,科研工作者尝试了很多方法,其中石墨烯与其复合是比较成功的。石墨烯具有很强的导电率和很高的比表面积,是一种优良的双电层电容器电极材料。二氧化锰分布于石墨烯的表面上增大了复合材料的比表面积,同时改善了二氧化锰电极导电率差的弱点,提高了其电化学性能。

Yan 等通过微波照射法合成了石墨烯二氧化锰复合材料,纳米级的 MnO_2 均匀分布在石墨烯的表面上。MnO_2 的百分含量为 87% 时,该复合材料的电化学性能最好,在扫描速率为 2 mV/s 时比容量为 310 F/g,甚至在扫描速率为 500 mV/s 时,其比容量仍然达到 228 F/g,远高于单纯的石墨烯的 104 F/g 和 MnO_2 的 103 F/g。高导电性石墨烯的引入极大改善了电极的导电性,增加了 MnO_2 和电解液的接触面积,从而改善了电极材料的电化学性能。Cheng 等通过电化学沉积的方法在石墨烯薄膜上沉积花状的 MnO_2,通过控制沉积时间可以控制石墨烯薄膜上的 MnO_2 质量和厚度。当 MnO_2 与石墨烯的比例从 0.5 增加到 1.0 时,复合材料的比容量也是逐渐增加的;进一步增加 MnO_2 与石墨烯的比例,复合材料的比容量几乎保持不变。在充电电流为 1 mA 时,比电容能够达到 328 F/g,能量密度为 11.4 Wh/kg,功率密度为 25.8 kW/kg。同时与 MnO_2 电极相比复合电极表现出更好的循环稳定性(图 4 - 4)。

Li 等采用水热法制备的 GNS/MnO_2 复合电极材料,在扫描频率为 2 mV/s 时比电容能够达到 211.5 F/g。Chang 等采用原位 X 射线吸收光谱(X-ray Absorption Spectrum,XAS)和电化学测试分析了 MnO_2 包覆不同种碳材料形成复合物的超电容性能,包括 MnO_2/C - CNT、MnO_2/RGO、MnO_2/RGO - Au 三种电极材料。通过自发的氧化还原反应,MnO_2 沉积在 C - CNT、RGO、RGO - Au 的表面,形成了大量的 MnO_2/C - CNT、MnO_2/RGO 基电极材料。MnO_2 对不同结构的碳材料表现出不同充放电行为。

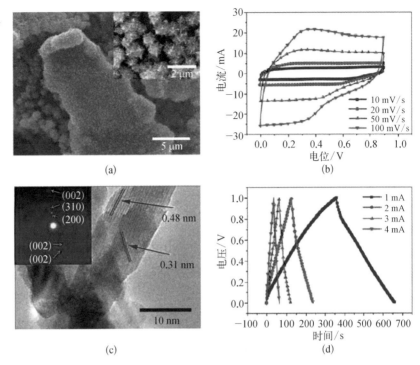

图 4-4 石墨烯/
MnO₂ 电极的形貌
与性能

图 4-4 石墨烯/MnO₂电极的形貌与性能

(a)

(b)

(c)

(d)

在 1 A/g 的电流密度下,MnO₂/RGO、MnO₂/RGO‐Au 的比电容分别为
433 F/g、469 F/g,几乎是 MnO₂/C‐CNT 电极材料的 1.5 倍(259 F/g)。在
80 A/g 的电流密度下,MnO₂/RGO、MnO₂/RGO‐Au 的比电容分别为
220 F/g、281 F/g,经 1 000 次循环后,容量保持率在 90% 左右,而 MnO₂/
C‐CNT 在 1 000 次循环后,容量保持率仅为 60%。因此,相较于 MnO₂/
C‐CNT,MnO₂/RGO 基电极材料具有更为优异的电化学性能。Liu 等提出
在超重力场下使用脉冲电沉积的方法合成 MnO₂‐Graphene 复合材料,通过
控制场强得到由纳米片构成的 3D 花朵状 MnO₂ 纳米球分散在石墨烯表面
(图 4‐5),该材料具有非常高的比电容(597.5 F/g)以及优异的循环稳定性。

Wang 等报道了两步溶液相合成 Mn₃O₄/RGO 复合物应用于锂离子
电池。相对于自由形成的 Mn₃O₄,Mn₃O₄ 粒子选择性地生长在 RGO 片
层上,能够通过底层的石墨烯网络层使绝缘的 Mn₃O₄ 粒子被接通形成集
流体。由于石墨烯基底与 Mn₃O₄ 粒子之间紧密的相互作用,使 Mn₃O₄/
RGO 复合物展现了高的比容量和高倍率的充放电能力,在 40 mA/g 电流

图 4 - 5 G/MnO₂
的制备流程及性能
表征

密度下,比容量达到 900 mAh/g,在 400 mA/g 电流密度下,比容量达到
780 mAh/g,甚至在 1 600 mA/g 电流密度下,比容量也达到 390 mAh/g。在
不同电流密度下经过 40 次充放电后,在 400 mA/g 电流密度下,比容量达
到 730 mAh/g,表现了优异的循环稳定性,而 Mn₃O₄ 粒子在 40 mA/g 的电
流密度下,比容量低于 300 mAh/g,经过 10 次循环,比容量下降到
115 mAh/g,所以 Mn₃O₄/RGO 复合物可能成为高容量、价格低廉和对环
境友好的锂离子电极材料之一。

4.1.3 石墨烯/氧化镍

由于氧化镍容易合成,比电容相对较高(理论比电容为 3 750 F/g),对
环境污染小,成本低廉,因此被认为是一种用于碱电解液中的电化学超级

电容器的可选电极材料。氧化镍在碱性溶液中的化学反应为

$$NiO + OH^- \rightleftharpoons NiOOH + e^- \qquad (4-5)$$

Ni 的氧化物具有多孔结构,而这种结构会限制电解液离子的运输,导致电化学过程在电荷储存和传递过程中进行缓慢。为了改善这种结构,人们研制出具有分层多孔结构的镍的氧化物。因此,在高电势扫描速率下,氧化镍的电容滞留比会有所提高,这是因为开放分层的多孔结构可以使离子很容易进入电极/电解液的界面。研究表明,在合成的过程中,烧结温度会大大影响 NiO_x 的晶体结构、x 值以及比电容。温度在 280℃ 以上,会产生更多的晶化,使 x 值降低,250℃ 时的比电容最高能达到696 F/g。但是当 $Ni(OH)_2$/CNT 电极被加热到 300℃ 时,电容会急剧减小;通过化学过程能合成具有立方结构的 NiO,其最大的比电容为167 F/g,但通过溶胶凝胶方法制备的多孔 NiO 的比电容能达到 200～250 F/g。

采用 NiO 基电极材料制备电化学超级电容器仍然存在很多挑战,主要包括以下方面。(1)循环性能差。如通过电化学沉积制备的六边形纳米多孔Ni(OH)$_2$薄膜具有 578 F/g 的比电容。但是,经过 400 次循环以后,由于材料微结构的退化,会损失大约 4.5% 的比电容。另外,通过电化学方法制备的氧化镍薄膜也表现出较差的循环特性。在电流密度为 0.49 mA/cm^2 条件下,循环 5 000 次后其比容量从 160 F/g 降低到 140 F/g,损失了初始电容的 12.5%。(2)电阻率高。NiO 电极的另一个问题是电阻率太高(电导率低)。而解决这一问题的有效方法之一,是将 NiO 与导电碳材料复合。在石墨烯/NiO 复合材料中,石墨烯能够极大改善 NiO 的导电性。石墨烯的高比表面积也会增加还原反应的活性点。因此,NiO_x/GN 电极的 NiO_x 标准比电容能达到 525 F/g,即使在电流密度为 200 mA/g 的情况下,经过 1 000 次循环后仍能保持 95.4%。

Wang 等利用水热法合成 Graphene/NiO 复合材料,实验中只使用 $NiSO_4$ 作为反应前驱体,节能环保。该材料获得的最大比电容约 600 F/g,并且展现了优异循环稳定性能。

王晓峰等将可溶性镍盐在一定条件下水解制得 $Ni(OH)_2$ 胶体,经热处理得到具有特殊结构及表面的超细 NiO 粉末作为电极活性物质,其比容量达 240 F/g;梁速等用电化学阴极沉积法在 Ni 基片上制得 $Ni(OH)_2$ 膜,经热处理获得 NiO 膜,并研究了掺杂对比电容的影响,并制得掺钴的 NiO 膜的比电容量达 280 F/g。

Yang 等用一种不添加有害还原剂的温和方法,制备了三维还原氧化石墨烯/泡沫镍复合材料。石墨烯氧化物由泡沫镍在其 pH=2 的水悬浮液中,室温下直接还原制得,合成的 RGO 同时聚集在泡沫镍的支柱周围。这种 RGO/泡沫 Ni 复合材料被用作不含黏结剂的超级电容器电极,并显示出其较高的电化学性能。其电容面密度易通过改变还原时间来得到不同 RGO 荷载量来调整。当还原时间从 3 d 增加到 15 d 时,在0.5 mA/cm² 电流密度条件下,复合物的容量面密度从 0.5 mF/cm² 增加到 136.8 mF/cm²。温度被证明是影响还原效率的关键因素,在70℃还原 5 h 的复合物在 0.5 mA/cm² 下电容面密度为 206.7 mF/cm²,且具有良好的倍率性能和循环稳定性,在 3 mA/cm² 下循环 10 000 次容量保持率为 97.4%,其表现出的电化学性能更优于环境温度下还原 15 d 的复合物。在 70℃下将还原时间进一步延伸到 9 h,在 0.5 mA/cm² 下电容面密度高达 323 mF/cm²,同时仍保持了良好的倍率性能和循环稳定性。

4.1.4 石墨烯/铁氧化物

氧化铁作为锂离子电池负极材料,其存储机理也如同上述。Li^+ 和 Fe_2O_3 之间可逆的相互转化反应实现能量的存储,通过这种氧化还原反应形成铁纳米晶分布在 Li_2O 中,这种反应可以表示为

$$Fe_2O_3 + 6Li^+ + 6e^- \leftrightarrow 2Fe + 3Li_2O \qquad (4-6)$$

Fe_2O_3 有 4 种晶型,即 $\alpha、\beta、\gamma、\varepsilon$,如图 4-6 所示。$\alpha-Fe_2O_3$ 具有结构稳定、理论比电容高、电压窗口宽、价格低廉、储量丰富、无毒等优点,因此

石墨烯超级电容器

被广泛用于电极材料研究。α-Fe_2O_3 属于 Rc 空间群，六角相的刚玉型结构，O^{2-} 呈 hcp（六角密排）堆积，按照 ABAB 的顺序沿[001]面铺展，Fe^{3+}则在两个氧离子层之间，占据 2/3 的八面体空隙。纯 Fe_2O_3 电极材料导电性差、易团聚。将其与石墨烯复合，由于两者的协同效应，既降低了 Fe_2O_3 的团聚又缓解了石墨烯的堆叠，复合电极既能发挥 Fe_2O_3 高的能量密度，又能展现石墨烯优异的电性能。

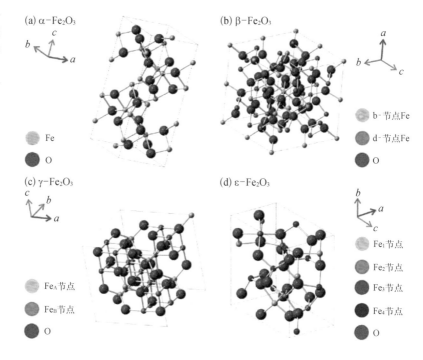

图 4-6 不同晶型三氧化二铁的晶体结构

Song 等用水热的方法合成了 3D 石墨烯气凝胶与 Fe_2O_3 纳米颗粒复合材料。该复合电极在三电极测试系统中具有宽的电压窗口 -0.8～0.8 V，当充放电电流密度为 1 A/g 时，电极的比电容为 81.3 F/g。Yang 等用水热法制备了片层石墨烯与棒状 Fe_2O_3 复合材料，当充放电电流为 10 mA/cm^2 时，电极材料的比电容为 320 F/g；且 500 次充放电循环后，容量的剩余率达到 97%，呈现出了良好的循环稳定性。Lee 等用一种简单的方法合成了高比表面积的 Fe_2O_3 纳米管负载在石墨烯上。当扫描速率为 2.5 mV/s 时，复合电极的比容量为 215 F/g，其比电容是同等测试条件下 Fe_2O_3 NTs 电极的 7 倍。Wang 等一步合成了石墨烯水凝胶与单晶 Fe_2O_3 的复合电极材料，当电流密度从 2 A/g 增至 50 A/g 时，其比容量仍为原始电容的 69%，显示了良好的倍率性能。此外，三氧化二铁/石墨烯复合的例子还有很多，复合的形式也具有多样性。Wang 等分别从制备方法及形态结构方面入手，对氧化铁/石墨烯基复合材料在能量储存与转化装置方面的应用进行了综合分析及前景展望；这对制备出具有优异电化学综合性能的超级电容器复合电极材料有一定的借鉴意义。

Zhu 等报道了先用均相沉淀，后在微波照射下用肼还原氧化石墨烯两步合成 RGO/Fe_2O_3 并作为锂离子电池负极材料。在 100 mA/g 的电流密度下，RGO/Fe_2O_3 复合物的首次放电和充电容量分别为 1 693 mAh/g 和 1 227 mAh/g，经过 50 次循环后，放电容量仍然达到 1 027 mAh/g，甚至在 800 mA/g 的电流密度下，放电容量还为 800 mAh/g。而 Fe_2O_3 粒子在 100 mA/g 电流密度下的首次放电容量为 1 542 mAh/g，经过 30 次循环后，放电容量下降至 130 mAh/g。RGO/Fe_2O_3 复合物的比容量比 RGO 和 Fe_2O_3 的都高，表现出在提高电化学性能上正的协同作用。RGO/Fe_2O_3 复合物具备高容量、良好的循环稳定性和高倍率充放电能力等电化学性能，可以作为高性能锂离子电池潜在的电极材料。

4.1.5　石墨烯/钴氧化物

氧化钴材料稳定性好，具有优异的氧化还原可逆性、高比表面、高导电性和长循环稳定等性能，是一种理想的赝电容电极材料。Co_3O_4 电容行为的氧化还原反应如下

$$Co_3O_4 + H_2O + OH^- \leftrightarrow 3CoOOH + e^- \qquad (4-7)$$

据文献报道将 Co_3O_4 纳米线涂在泡沫镍集流体上制成电极，在电流密度为 5 mA/cm^2，比容量可达 746 F/g。通过电化学沉积法制备的 Co_3O_4 薄

膜,在 20 mV/s 的扫速下,表现的比容量为 235 F/g,应用于电容器中能量密度和功率密度为 4.0 Wh/kg 和 1.33 kW/kg。Srinivasan 等研究了电化学沉积制备氢氧化钴用于超级电容器的特性。但其存在电化学窗口较窄(约 0.5 V)的不足,且钴材料也涉及成本高的问题,限制其应用。

Wh 等报道了用一种温和的方法合成 Co_3O_4/Graphene 复合物,Co_3O_4 粒子固定在 Graphene 表面上,作为高性能锂离子电池的负极材料。Co_3O_4 粒子的大小是 10～30 nm,并且均匀地分布在石墨烯片上,作为相邻石墨烯之间的隔离器。二维石墨烯的柔性结构和 Co_3O_4 粒子与石墨烯之间强的相互作用有助于有效地防止该材料在充放电过程中的体积膨胀/收缩和 Co_3O_4 粒子的团聚。因此,这样的一个复合物能够有效地利用石墨烯的良好导电性、高表面积、机械灵活性、良好的电化学性能以及大的电极与电解液接触面积来缩短 Li^+ 运输路径和提高纳米 Co_3O_4 粒子的稳定性。Co_3O_4/Graphene 复合物在 50 mA/g 的电流密度下,经过 30 次循环后,它还是展现了较大的可逆容量 935 mAh/g,而 Co_3O_4 电极和 Graphene 电极的可逆容量分别为 638 mAh/g 和 184 mAh/g,表明 Co_3O_4/Graphene 复合物具有优异的循环性能、高的库仑效率、好的高倍率充放电能力。Co_3O_4 粒子固定生长在 Graphene 片上的显著优势是最大限度地利用 Co_3O_4 粒子和 Graphene 的电化学活性对于高性能锂离子电池的能量储存作用。

Huang 等通过简单温和的水热条件制备了前驱体,然后退火处理得到石墨烯/Co_3O_4 复合材料,恒流充放电测试表明这种复合电极材料在 10 A/g 的电流密度时,比电容能够达到 443 F/g,当电流密度增到 60 A/g 时,比电容仍能保持 54%,1 000 次循环后保持最初的 97.1%,显现了优异的循环性能。Xiang 等利用水热法在石墨烯表面上原位生长出尺寸 20 nm 左右的 Co_3O_4 纳米颗粒合成 RGO‐Co_3O_4 复合材料,由于具有优异赝电容特性的 Co_3O_4 纳米颗粒与高导电性的 RGO 两者之间的协同作用,使得其表现出高电容特性及长稳定性。

4.2 石墨烯/导电聚合物

法拉第赝电容的电极材料主要是导电聚合物,其电容主要是由法拉第赝电容贡献的,常见的导电聚合物材料有聚苯胺(PANI)、聚噻吩(PTH)、聚吡咯(PPy)、聚并苯(PAS)以及聚对苯(PPP)等。这些材料单独作为电容器电极材料时,虽然理论比电容值很高,但由于内阻较大及较差的循环充电/放电能力等缺陷,限制了其在超级电容器电极材料方面的应用。为了提高其导电性,将导电性聚合物和碳材料相结合,发挥两者的优点,从而解决单独用于电容器电极材料时出现比电容低、电化学性能差等问题。

4.2.1 石墨烯/聚苯胺

聚苯胺是超级电容器导电性聚合物广泛使用的电极材料,由于易于合成、良好的环境稳定性、高导电性等优点,已被广泛地研究应用。然而,聚苯胺因为充放电循环过程的体积变化过大和循环充电/放电稳定性较差,其单独作为超级电容器的电极材料仍有很多不足,限制了其在超级电容器电极材料方面的应用。然而,化学方法制备的聚苯胺通常会引入去掺杂态聚苯胺。在碳纳米材料的基体上沉积纳米结构的聚苯胺,制备聚苯胺与碳材料的复合物能解决去掺杂态的聚苯胺的绝缘性。研究表明,可以通过石墨烯中的共轭体系与聚合物中的 $\pi-\pi$ 共轭链的相互作用产生的较大的范德瓦尔斯力将石墨烯与聚合物连接起来。并且这种 GNS/PANI 复合物能使两者发生协同作用,充分利用石墨烯优异的导电性与机械性能和聚苯胺的高电容。最近,科学家们制备出了不同形态的石墨烯与聚苯胺的复合物,并且它们在电极材料和能量储存装置的应用方面表现出了有所提高的电化学性。

如图 4-7 所示,Zhang 等采用原位化学聚合法在氧化石墨烯表面上复合聚苯胺,制备得到氧化石墨烯/PANI 复合材料,然后还原得到石墨烯/PANI 纳米复合材料,循环伏安法测得在电流密度为 0.1 A/g 时,比电容高达 480 F/g,且表现出很好的稳定性。

图 4-7　石墨烯/PANI 复合材料制备示意图及性能表征

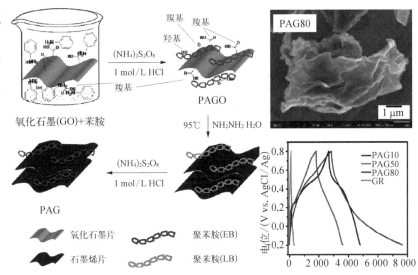

Zhang 等通过静电吸附作用制备了形如三明治的氧化石墨烯/聚吡咯(GO/PPY)复合材料,这种层状结构增强了导电聚合物的机械性能和在充放电过程中的稳定性,比电容高达 500 F/g。Gao 等用葡萄糖还原氧化石墨烯,然后通过电化学沉积法将石墨烯沉积在不锈钢电极上,再将聚苯胺纤维沉积在上面,反复重复制备得到层状结构的石墨烯/聚苯胺复合电极材料,电化学测试表明这种电极材料的面电容高达 516 F/cm²,并且经过 1 000 次循环后电容值仍能保持 93%。

Wang 等将氧化石墨烯引入聚苯胺中,得到的复合物比电容增加。并且研究了氧化石墨烯的投加量及原材料的尺寸大小对复合物电化学电容的影响。在后期研究中发现氧化石墨烯与苯胺单体投加量之比对复合物的形貌有很大的影响,且不同尺寸的氧化石墨烯,得到最优性能复合物时的投加量之比不一样。Zhang 等也对苯胺与氧化石墨烯的投加比对复合物的影响进行研究。他们首先制备投加比不同的聚苯胺/氧化石墨烯复合物,然后用水合肼进行还原,再采用过硫酸铵水溶液处理,将被还原的聚苯胺氧化,最后得到聚苯胺/石墨烯复合物。电化学性能测试结果发现,当苯胺与氧化石墨烯的投加比较低时,沉积在石墨烯表面的聚苯胺较少,石墨烯片层较薄。当苯胺与氧化石墨烯的质量投加比增加到90∶10时,聚苯胺在石墨烯表面堆积。苯胺投加量太大,反而不利于提高复合物的比电容,高投加比的样品其比电容比低投加比的样品低。可能是电解质离子不能顺利地进入堆积的聚苯胺内部,导致大部分聚苯胺没有参与电化学反应。Zhou 等将石墨烯包覆在聚苯胺纳米纤维外部,从形貌上看,聚苯胺纳米纤维构成网络结构,石墨烯连接相邻或相近的聚苯胺纳米纤维。聚苯胺纳米纤维构成的网络结构不但防止堆积情况的产生,有利于活性比表面积的暴露,而且,有利于电解质离子进出材料内部,因而该复合物在有机电解质中获得较高的比电容和良好的循环稳定性。Fan 等首先制备聚苯胺中空纳米球,再用氧化石墨烯包覆纳米球,制备成电极之后,采用电化学法还原氧化石墨烯,见图 4-8。柔性的石墨烯连接单独的聚苯胺纳米微球,如图 4-8(b)、图 4-8(c)所示。高导电性的石墨烯在相邻或相近的聚苯胺纳米球之间形成导电通路,有利于电子的传输,而聚苯胺中空结构减短电解质离子传输路径,因而复合材料的内阻减小。复合物在 1 A/g 时,比电容高达 614 F/g,500 次循环之后,电容保持率为90%。Zhao 等为防止石墨烯团聚,用磺化聚苯胺修饰石墨烯,得到均匀分散液。将苯胺溶于该分散液之后,用电化学法将两者聚合到电极上,得到聚苯胺片/石墨烯复合膜。但是通过这种方法得到的复合物中聚苯胺与石墨烯间的结合力小,因此作者首先制备的是聚对苯乙烯磺酸修饰的聚苯胺,其投加量不多[文献中投加量为 2%(质量分数)],因而比电容不高(0.1 A/g 时,比电容为 257 F/g)。

Wang 等采用低温缓慢聚合法首先制备了氧化石墨烯/聚苯胺复合物,聚苯胺以纳米颗粒形式在氧化石墨烯片层上沉积,厚度为 10~20 nm,复合膜片层的厚度为 30~40 nm。由于氧化石墨烯电导率低,他们采用热碱还原、盐酸再掺杂得到石墨烯/聚苯胺复合物,其在 1 mV/s 的扫描速度下,比电容为 1 126 F/g,且循环稳定性好。Li 等首先将 GO 和 PANI 纳米

图 4-8

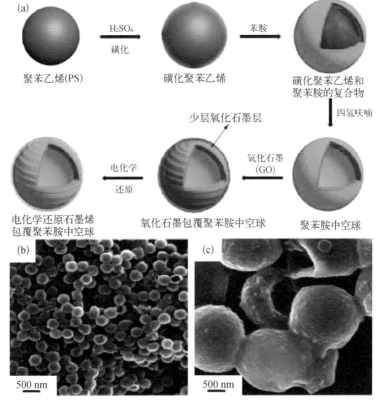

（a）聚苯胺纳米球/石墨烯复合材料的形成示意图;（b）~（c）不同粒径聚苯胺/石墨烯复合材料的 SEM 图像[（b）330 nm;（c）2.4 μm]

粒子复合,然后采用水合肼还原氧化石墨烯。聚苯胺作为赝电容添加剂,一方面防止石墨烯团聚,另一方面提供赝电容。复合物的比表面积（891 m^2/g）远大于石墨烯（268 m^2/g）和聚苯胺（49 m^2/g）。

　　Wang 等课题组讨论了聚苯胺形貌的影响,他们采用的磺化石墨烯亲水性好且可以作为聚苯胺的掺杂酸。他们发现磺化石墨烯的投加量以及外加掺杂酸（盐酸）都会对聚苯胺的形貌产生影响。当只有磺化石墨烯为掺杂酸时,聚苯胺以无规则的纳米棒形式沉积在石墨烯上。该复合物比电容相对较小,但循环稳定性好。当加入盐酸时,聚苯胺以纳米颗粒形式均匀地在石墨烯表面生长。若在此基础上减少磺化石墨烯的含量,那么聚苯胺尺寸增大,且在石墨烯外部生长。后两种情况下,复合物的比电容较大,但循环稳定性差。

从上述研究中可以发现,均匀形貌的纳米级石墨烯/导电高分子复合物具有更优异的电化学电容性能,研究者们也致力于对复合物进行可控制备。

为提高聚苯胺电极的比电容和循环稳定性,Xu 等采用稀释聚合法制备氧化石墨烯/聚苯胺纳米线复合物。稀释聚合法可使聚苯胺纳米线阵列在各种基体上生长,且氧化石墨烯的含氧官能团成为聚苯胺的成核位点[如图 4-9(a)所示]。复合物的形貌及比电容受到苯胺投加浓度的影响,如图 4-9(b)和 4-9(c)所示。当苯胺浓度为 0.05 mol/L 时,在氧化石墨烯表面得到定向的聚苯胺纳米线阵列,复合物的比电容可高达550 F/g,相较于聚苯胺纳米线提高了 86%。在充放电流密度为 1 A/g 时循环 2 000 次后,复合材料的比电容保持为初始值的 92%,而聚苯胺则只有 74%。若继续提高苯胺的投加浓度,苯胺将在本体溶液聚合,生成聚苯胺纳米纤维,从而破坏复合物材料的均匀性,比电容降低。Xu 等在超临界 CO_2 的辅助下,将聚苯胺纳米粒子均匀沉积在氧化石墨烯表面。

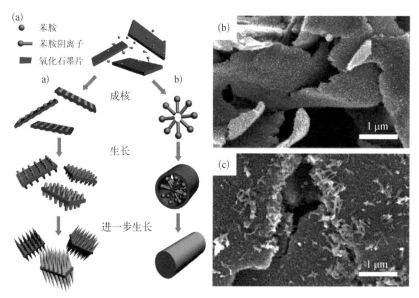

图 4-9

(a)聚苯胺的成核和生长示意图;(b)~(c)聚苯胺/氧化石墨烯复合物在不同浓度苯胺上的 SEM 图像[(b) 0.05 mol/L;(c) 0.06 mol/L]

石墨烯超级电容器

Li 等在低温下将聚苯胺纳米棒沉积在超声剥离的膨胀石墨基底上，未完全剥离的膨胀石墨其石墨烯片层相连，而聚苯胺纳米棒阵列可形成一个介孔结构，便于电解质离子进出电极材料。在 1 A/g 时，复合物的比电容可达 1 665 F/g。Li 等在石墨烯纳米带上沉积聚苯胺纳米棒，石墨烯纳米带可形成多孔网络结构，聚苯胺纳米棒尺寸小（约 20 nm 宽，300 nm 长），有效活性比表面积大，其复合物具有很好的电化学电容行为。

Wu 等采用机械混合法制备石墨烯/聚苯胺复合膜，虽然复合膜的机械强度比较好，但是石墨烯与聚苯胺之间的相互作用弱，致使复合膜的比电容相对于聚苯胺膜并没有很大的提高。Sarker 等通过层-层自组装法制备超薄的石墨烯/聚苯胺复合膜。研究发现复合膜的比电容、电导率与层数有关。当复合膜为 3 个石墨烯/聚苯胺层时，电导率为 53.3 S/cm。电流密度为 3.0 A/cm^3 时，比电容值为 584 F/cm^3，并且速度行为较好，当电流密度为 100 A/cm^3 时，比电容仍有 170 F/g。

Wang 等采用电化学法制备石墨烯/聚苯胺复合膜，首先将制备石墨烯自支撑膜作为阳极，采用电化学法将苯胺聚合到石墨烯膜上，但是他们研究发现，聚苯胺主要在膜表面生成，膜内部聚苯胺量少，致使复合膜不均匀。Cong 等用恒电位法在石墨烯纸上沉积聚苯胺纳米棒，在 0.8 V（vs. Ag/AgCl）下沉积 10 min，得到的复合膜其比电容为 763 F/g。

综上所述，对实验条件进行控制，如稀释法、低温法、有机溶剂及超临界 CO_2 辅助都可以得到均匀形貌的石墨烯/导电高分子复合物。以上研究均证明导电高分子的形貌对复合物的电化学电容行为有极大的影响。而石墨烯的表面化学及其结构对复合物的电化学电容行为的影响也不容忽视。研究者们发现：在石墨烯表面引入能与聚苯胺形成共价键的官能团，可以促进石墨烯与聚苯胺之间的相互作用及与电解质间的亲和作用，达到改善其复合物的电化学电容行为的目的；构建多孔石墨烯与导电高分子的复合物可改善复合物电极材料的速度行为，在快速充放电过程中，多孔结构为电解质离子快速进入电极内部特供通道。以下的研究就证实了石墨烯的表面化学及结构的影响。

4.2.2 石墨烯/聚吡咯

在导电聚合物中,聚吡咯是一种发现较早且性能优越的电极材料。它易于合成、成本低、环境稳定性好、质轻且具有良好的电化学性能,具有广泛的应用价值和前景,成为超级电容器的研究热点。然而,聚吡咯通常机械性能差且聚合物分子链连续地吸胀,这些是导致聚吡咯经过长时间循环之后稳定性差的主要原因。克服这种缺点的方法之一是将其与稳定性好的碳基材料复合。碳基材料在电解液中有良好的电化学稳定性、电导率高而且可以快速充放电等特点,在电化学电容器方面得到了广阔的研究和应用。自从石墨烯被发现以来,由于其特殊的性能,备受研究者青睐。通常石墨烯可以用氧化还原反应法制备,氧化石墨烯-石墨烯的氧化衍生物具有高的比表面积和强的机械性能也引起了人们的大量关注,被广泛地研究与应用。将聚吡咯与氧化石墨烯复合制成复合电极材料,能将机械性能差的聚吡咯分散于比表面积大的氧化石墨烯片上,并且在一定程度上限制了聚吡咯的吸胀,充分利用了两者的优点,所以复合电容材料将表现出优于单纯聚吡咯或氧化石墨烯的电容性能。

Sudllakar 等用铅笔鳞片石墨和商用石墨通过化学方法合成石墨烯片晶,在其存在条件下,通过原位阳极电聚合法在不锈钢基体上制备吡咯单体,得到结构均一且导电率高的化学改性石墨烯/聚吡咯(PPy)纳米纤维复合材料。该材料用作超级电容器电极时,2 mA/cm² 下比容量为304 F/g。Yang 等采用真空过滤的方法制备了还原氧化石墨烯(RGO)/聚吡咯纳米管(PPyNT)复合材料应用于柔性全固态超级电容器。经测试发现掺入RGO 能提高 PPyNT 的电化学性能,该电极在 1 mA/cm² 的电流密度下,面积比电容高达 807 mF/cm²,在 0.1 A/cm³ 的电流密度条件下,最大的面积比电容为 512 mF/cm²;在 0.1 A/cm³ 的电流密度下,最大体积比电容为 59.9 F/cm³。此外,它还具有优异的倍率性能(1~10 mA/cm² 有 86.3% 的容量保持率)和循环稳定性能,且在不同弯曲状态下无容量偏差、漏电流小和自放电低的特性。

　　Zhang 等在氧化石墨烯分散液中利用微乳液聚合法制备聚吡咯纳米纤维和纳米球。洗去表面活性剂后，聚吡咯嵌入氧化石墨烯片层中。即便氧化石墨烯电导率不高，作为支撑材料也使得聚吡咯的比电容和循环稳定性得以改善。Zhang 等采用化学原位聚合制备石墨烯/导电高分子复合物时加入少量乙醇，乙醇有利于石墨烯的分散，也促进单体向石墨烯表面扩散。即使在导电高分子沉积量很大的时候，也能保证其在石墨烯表面均匀生长。而不加入乙醇，导电高分子极易在石墨烯表面团聚，甚至在石墨烯外部生长。在有乙醇存在的条件下，导电高分子均相成核受到抑制，而促进其在石墨烯表面的异相成核，从而利于形成结构均匀的复合物，这可作为制备均匀形貌的石墨烯/导电高分子的指导。

　　Yang 等制备了一种三维大孔石墨烯/导电聚合物修饰电极和氮掺杂石墨烯修饰电极，此方法包括三个步骤。首先，三维大孔石墨烯采用氢气泡动态模板，在不同的导电基底上通过还原氧化石墨烯得到。3DMG 的形貌和孔径由使用的表面活性剂和气泡产生与离开的动态决定。其次，三维大孔石墨烯/聚吡咯(MGPPy)复合材料，在 3D MG 网络结构上直接电聚合聚吡咯。由于 3D MG 良好的导电性能以及聚吡咯的赝电容性能，复合材料展现出优越的电容特性，在 1 mA/cm^2 电流密度下，面积比电容达到 196 mF/cm^2。最后，通过热处理得到 3D 打孔纳米结构和有序的氮掺杂 MGPPy 复合材料。

　　采用电化学法制备复合膜时，恒电位或者恒电流法可能导致复合膜材料内外不均匀，因此，Davies 等采用的脉冲法也可以制备出均匀的石墨烯/聚吡咯复合膜，在脉冲开的时候，吡咯在石墨烯膜上聚合，在脉冲关的时候，吡咯单体则扩散到石墨烯膜的内部。因此，再次开启脉冲时吡咯可以在石墨烯的内部聚合。另外，以脉冲法制备的复合膜也比较均匀，如图 4-10 所示。他们研究了电沉积时间的影响，电沉积时间增加，石墨烯上聚吡咯的量增加(图 4-11)，影响复合物的比电容值。当沉积时间为 120 s 时，复合膜在 10 mV/s 时的比电容为 237 F/g，当继续增加沉积时间时复合膜的比电容则会下降。

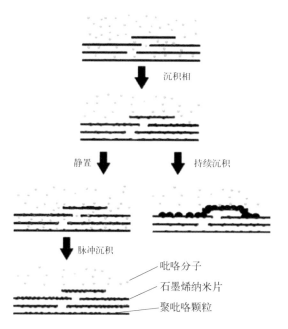

图 4 - 10　石墨烯 / 聚吡咯的脉冲聚合示意图

吡咯分子

石墨烯纳米片

聚吡咯颗粒

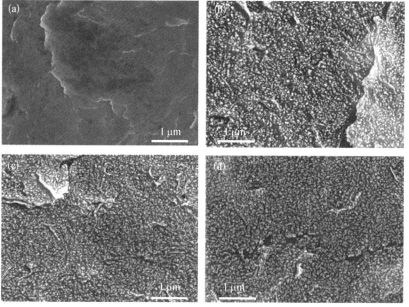

图 4 - 11

（a）纯石墨烯和石墨烯 / 聚吡咯的 SEM 图像；（b）60 s 电沉积后的 SEM 图像；（c）120 s 电沉积的 SEM 图像；（d）360 s 电沉积后的 SEM 图像（图中白色颗粒为聚吡咯）

若首先将单体与水分散好的石墨烯或者氧化石墨烯充分混合,再采用电化学方法聚合,可以得到均匀复合膜。Liu 等采用电化学方法制备磺化石墨烯/聚吡咯复合膜,由于磺化石墨烯的水分散性好且电导率高,因此,磺化石墨烯和吡咯在通电的情况下一并聚合到电极上,可以形成均匀的复合膜。Si 等以氧化石墨烯和吡咯为原料,采用电化学氧化还原一步法制备石墨烯/聚吡咯复合膜,与 Liu 等方法一样,可以得到均匀复合膜。

4.3 石墨烯/杂原子掺杂碳材料

在过去的十年中,石墨烯的研究取得了巨大进步。石墨烯已经改变了许多科学技术领域的发展,例如凝聚态物理、电子学、能量储存和转换、生物医学研究。经过过去广泛的研究,纯石墨烯的性质现在已基本得到理解和认知。单层纯石墨烯缺乏内在的能带隙,这就在很大的程度上限制了纯石墨烯在实际中的应用。因此,在实际中的应用(如燃料电池和超级电容器)使用石墨烯时,首要的问题是在单层的石墨烯中构建一个能带隙。另一方面,由于石墨烯纳米片在制备和应用的过程中倾向于堆叠,而这种堆叠能够引起的单层石墨烯许多性能的损失(如比表面积的减小),产生不连续的通道导致离子运输延缓,所以想充分地利用单层石墨烯的潜在性能是很难的。许多的文献已经研究和讨论了通过化学方法在石墨烯中掺杂杂原子可以获得能带隙、阻止石墨烯片层之间发生堆叠、可以引入合适的活性位点调整石墨烯的物理和化学性能进而提高石墨烯的电化学性能。另外,在石墨烯中掺杂杂原子还能够在石墨烯基面上产生缺陷,石墨烯平面上的缺陷孔洞可以作为离子或电解质快速输送的路径。在本节中,我们主要讨论掺杂硼、氮、磷的石墨烯。

4.3.1 掺杂杂原子石墨烯的制备方法

基于石墨烯材料的制备方法,可以衍生出不同的掺杂杂原子的方法。

制备掺杂杂原子石墨烯的方法通常可以分为原位法及后处理法。

1. 原位法

原位方法,即同时实现石墨烯的合成及杂原子的掺杂,主要包括化学气相沉积法、球磨法和自下而上的方法。

(1) 化学气相沉积法

如上文所述,化学气相沉积法适用于工业上大规模的生产大面积连续的石墨烯薄膜。其催化生长机制对制备掺杂杂原子石墨烯薄膜是一个很方便的路线,特别是将杂原子直接掺入到石墨晶格中。如图 4-12 所示,通过引入所需的杂原子的固体、液体或气体前驱体,在生长炉高温的条件下同时产生杂原子的掺杂和石墨烯的合成,在某些情况下,碳和杂原子有着相同的前驱体。另外,多个杂原子同时的共掺杂也可以实现,其目的是为了创造多个杂原子之间的协同作用。由于硼、氮和碳具有类似的尺寸大小和价电子数,所以可以相对容易地把它们掺入到石墨烯中,在用此方法制备掺杂杂原子石墨烯时,与使用多前驱体比较,同时含有碳和所需杂原子的单体被认为是更方便可控的。此外,还有将含杂原子的聚合物(有时是嵌入在聚合物载体的基质)直接气相沉积或旋涂在金属催化剂上以生长成石墨烯和原位掺杂。这种方法的优点是安全,而且不使用高温气体,可以实现简化掺杂的途径。

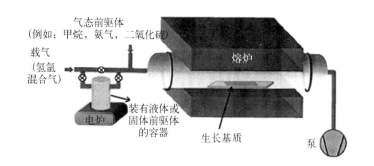

图 4-12 化学气相沉积掺杂石墨烯的实验装置

(2) 球磨法

相比较化学气相沉积法成本高、只适用于合成石墨烯的薄膜和不适合大规模生产等特点,球磨法是大规模生产低成本的石墨烯薄片的有效途径,以剥离石墨层和裂解 C—C 键的方式进行。它为石墨烯的掺杂提供了一种特殊的可能性。通过机械化学的方式,在石墨烯的边缘新形成的活性炭的种类(如碳基、碳正离子和碳负离子),可以很容易地和掺杂的物质发生反应。这样的边缘选择性的官能化过程保留了石墨烯平面的优异的结晶度和电化学性质。

(3) 自下而上法

Wurtz 型的还原偶联反应(Wurtz Reduced Coupled,WRC)被认为是一种制备高质量的掺杂杂原子石墨烯的自下而上的方法。例如,Lu 等在三溴化硼(BBr_3)存在的条件下,将四氯化碳(CCl_4)和钾(K)在温和的条件下(210℃,10 min)发生反应,可以得到原子比例为 2.56% 的少层石墨烯。在WRC 反应中,掺杂的杂原子含量水平可以通过调节前驱体的量来控制。与化学气相沉积法相比,此方法不需要过渡金属催化剂,但是高含氧量将不可避免地被引入。

2. 后处理法

后处理方法主要包括高温热解前驱体法、湿化学法、等离子体和电弧放电法。

(1) 高温热解前驱体法

化学剥离方法制备的氧化石墨烯(GO)可以被视为掺杂氧的石墨烯。其表面丰富的含氧官能团和缺陷可作为其他杂原子掺杂的活性位点。在高温的条件下热解氧化石墨烯(或还原氧化石墨烯)和合适的前驱体是一种很有效的方法,可用来恢复 sp^2 型碳的网格结构,同时还可以获得掺杂杂原子的石墨烯。例如,Wu 等在氩气气氛、800℃的条件下,热解还原氧化石墨烯(RGO)和三氯化硼(BCl_3)两个小时,得到硼原子含量为 0.88% 的掺硼石墨烯。

(2) 湿化学法

上述讨论了一些掺杂的方法。然而,这些方法大多数需要复杂的程序和苛刻的条件,而且产量低、成本高。因此,研究开发低成本的在液相中大规模生产掺杂石墨烯材料的方法是有必要的。由于石墨烯两亲性的性质,它可以很好地分散在水和各种溶剂中,另外,其表面上的氧官能团可与含杂原子的前驱体反应,这就为合成掺杂杂原子石墨烯提供了一个便捷的途径。

(3) 等离子体和电弧放电法

等离子体处理和电弧放电法具有反应时间短、能耗低等特点,也是掺杂杂原子的一种有效方法。

4.3.2 杂原子掺杂石墨烯材料在超级电容器中的应用

1. 氮掺杂石墨烯与其他材料的复合材料

近来,具有可控结构的多孔碳材料被用作阴极上氧化还原反应的电催化剂和超级电容器的电极材料,在能量转换和储能器件领域得到了广泛应用。通过这些研究发现,杂原子掺杂碳材料在氧化还原反应中具有巨大的潜力,因为通过调节催化部位,可以大幅提高电催化性能。另外,在碳材料框架中掺杂过渡金属,如铁或钴,将由于金属、氮和碳材料的协同作用而带来高性能。另外,碳材料的多孔性是影响氧化还原电催化性能的另一个关键要素,另一方面,氮掺杂可以提高电解液的表面润湿性和碳导电性,由此带来的法拉第反应将有助于超级电容器的赝电容。同时,微孔/介孔结构可以提供大比表面积和快速离子传输。因此,合理设计具有大比表面积、分层多孔结构和高杂原子含量的碳材料将有助于获得性能优越的电化学超级电容器。

Liu 等通过简单的两步水热法在三维(3D)氮掺杂石墨烯晶体(Nitrogen-Doped Graphene Foam, NGA)上生长制备尖晶石 $CoMn_2O_4$ (CMO)纳米粒子。NGA 不仅具有石墨烯的固有特性,而且具有丰富的孔结构,可以用于负载尖晶石型金属氧化物纳米粒子,因此适合作为良好的氧化还原反应(ORR)电催化剂。实验通过 X 射线衍射(XRD)、扫描电镜(SEM)、透射电子显微镜(TEM)、拉曼光谱、氮吸附脱附测量和 X 射线光电子能谱(XPS)研究了CMO/NGA的结构、形貌、多孔性质和化学组成。通过循环伏安(CV)、电化学阻抗谱(EIS)和旋转圆盘电极(Rotating Disc Electrode, RDE)测量了O_2饱和的0.1 mol/L KOH电解液中催化剂的电催化活性。

在XRD图像分析中可以看到,$CoMn_2O_4$纳米粒子在NGA表面得到了有效的沉积,同时在这个水热过程中,氧化石墨烯被还原了。所得NGA的SEM图像[图4-13(a)]展示了一个具有连续大孔隙的三维多孔框架,而所得CMO/NGA的图像[图4-13(b)]则清楚地显示出$CoMn_2O_4$微球的大小为10~20 mm,在多孔氮掺杂石墨烯薄片上均匀地聚集了多个$CoMn_2O_4$纳米颗粒,表明在溶剂热处理过程中,$CoMn_2O_4$纳米颗粒与NGA板之间有高效的组装。NGA的TEM图像[图4-13(c)]显示其具有与石墨烯大致相同的形状和褶皱结构,表明它保持了高比表面积和更多电化学活性位点的特征。而CMO/NGA的高清TEM图像[图4-13(f)]则显示$CoMn_2O_4$纳米颗粒具有明显的晶格条纹,这进一步证实了NGA上$CoMn_2O_4$颗粒的良好结晶性质。实验又通过拉曼光谱进一步研究了NGA的结构,以及CMO纳米颗粒和NGA片层之间的连接,发现在将GO还原成掺氮石墨烯气凝胶的过程中存在缺陷的引入、氧化官能团的去除以及sp^2共轭碳结构的恢复。

通过氮等温吸脱附法测得NGA的比表面积为708.5 m^2/g,比单个石墨烯片的理论值(2 600 m^2/g)小得多,这是由于石墨烯片在NGA中存在堆叠。尽管如此,测得的比表面积优于已报道的石墨烯气凝胶和碳纳米管凝胶,并且与其他报道的NGA相当。CMO/NGA的比表面积为278.5 m^2/g,这里比表面积的减小可能归因于CMO纳米颗粒插入NGA片内导致CMO/NGA多孔网络中孔的塌陷。根据BJH方法测得的NGA和CMO/NGA的孔径分布,NGA的大多数孔径分布位于2~30 nm区域,峰值孔径为4.1 nm,而大多数CMO/NGA的孔径分布位于2~50 nm区域,峰值孔径为5.6 nm。孔径的增加与SEM观察结果一致。这些结果表明中孔对氧化还原反应(Oxidation-Reduction Reaction, ORR)活性有帮助。同时,宽孔径分布提供了氧化还原所需的有效三相(固-液-气)区域。

图 4-13

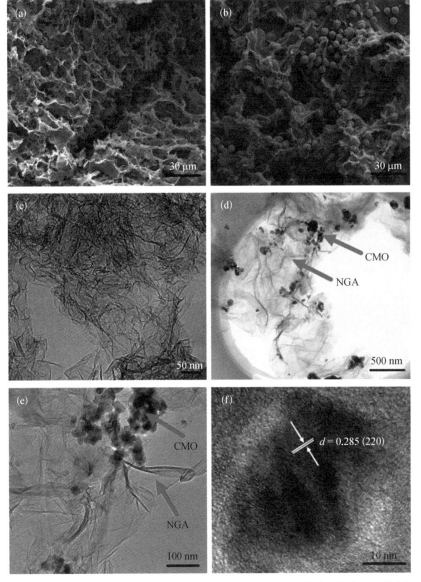

（a）NGA；（b）CMO/NGA 复合物的 SEM 图像；（c）NGA；（d）~（e）不同放大倍率下 CMO/NGA 复合物的 TEM 图像；（f）CMO/NGA 复合物的高清 TEM 图像

通过在 N_2 和 O_2 饱和的 1.0 M KOH 中以 50 mV/s 的扫描速率进行循环伏安测试研究 CMO/NGA 纳米复合材料的 ORR 催化活性。结果表明，CMO/NGA 纳米复合材料相比其他催化剂具有更好的 ORR 催化活性，这可能是由于尖晶石 CMO 纳米晶与氮掺杂石墨烯晶格之间的协同作用,并且由氮引起的石墨烯边缘缺陷能够使边缘位点具有更高的催化活性,从而有利于氧气吸附。RDE 测量进一步用于研究催化剂的 ORR 动力学。CMO/NGA 纳米复合材料表现出比 CMO 和 NGA 更高的初始电位和半波电位,以及更快的电荷转移,其电荷转移电催化性能与市售的质量占比 20%Pt/C 相当。此外,它主要支持直接四电子反应通道,并具有优异的乙醇耐受性和高耐久性,这归因于 NGA 独特的三维褶皱多孔纳米结构,使其具有较大的比表面积和快速的电子传输特性,以及 $CoMn_2O_4$ 纳米粒子与 NGA 之间的协同共价偶联。

Zou 等为了实现电荷储存性能的增强,制造了由氧化钴和掺氮石墨烯泡沫(NGF)组成的分层电极结构。在这项工作中,他们展示了一种新颖的自下而上的设计的 3D 高性能电极,即在通过 CVD 法制备的氮掺杂石墨烯泡沫上垂直生长介孔 Co_3O_4 纳米片阵列。3D NGF 是连续的,并且起到高度导电的石墨烯网络的作用。

通过高倍 SEM 图像可以看到,Co_3O_4 纳米片垂直生长在 NGF 上,形成高度开放和多孔的有序纳米片阵列结构。在用作电化学电容器的电极材料时,这种结构将能够增加电解液离子的可及率。实验又采用了 XRD、拉曼光谱和 XPS 对材料进行表征,确认了 Co_3O_4 纳米片在三维 NGF 上整合成功。另外,氮等温吸脱附 BET 分析表明该 Co_3O_4 纳米片的比表面积为 42 m^2/g,孔直径为 3~8 nm,这与 TEM 观测结果大致相符。

研究人员又以 Co_3O_4/NGF 复合电极为工作电极,铂网格为对电极,饱和甘汞电极为参比电极,采用 1 mol/L KOH 为电解液,制造了一个三电极体系,并进行了循环伏安测试、恒流充放电测试以及电化学阻抗谱测试(图 4-14)。

实验发现,Co_3O_4/NGF 的 CV 曲线包围面积大于 Co_3O_4/Ni 泡沫和纯 NGF 的 CV 曲线包围面积,这表明大协同电容与 Co_3O_4/NGF 复合电极有关。在恒电流充放电曲线中也可以观察到该材料改善的电荷储存特性。在引入 NGF 后,电流密度 1 A/g 下,比容量从 Co_3O_4/Ni 泡沫电极的 320 F/g 提升到了 451 F/g。在 1~10 A/g 的不同电流密度下进行恒流充

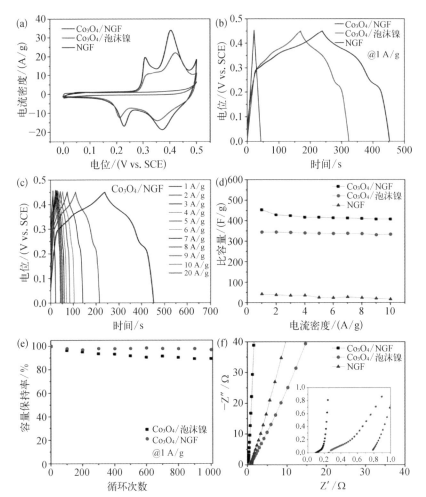

图 4-14 1 mol/L KOH 电解液中三电极体系下 NGF、Co₃O₄/NGF 泡沫和 Co₃O₄/NGF 复合物的电化学性能

（a）20 mV/S 扫速下各样品的 CV 曲线；（b）放电电流密度为 1 A/g 时各样品的恒流充放电曲线；（c）Co₃O₄/NGF 在不同电流密度下的恒流充放电曲线；（d）样品在不同放电电流密度下的比容量；（e）样品在 1 A/g 电流密度下的循环性能；（f）样品的奈奎斯特图（0.01 Hz～100 KHz，AC 振幅 5 mV）

放电测试，放电曲线显示出赝电容特性，与 CV 曲线的结果一致。值得注意的是，当电流密度为 20 A/g 时，Co₃O₄/NGF 复合材料的比容量为 260 F/g，表现出高倍率性能。继续在 1 A/g 下通过恒流充放电技术评估该材料的电化学稳定性，经过 1 000 次循环后 Co₃O₄/NGF 复合材料的容量保持率为 95%。

由上述测试可见，由于三维分层结构和 Co₃O₄ 与 NGF 的协同作用，

Co_3O_4/NGF 电极表现出增强的电荷储存性能。作为独立式单片电极，与以前报道的 Co_3O_4 和石墨烯复合材料相比，这种材料的性能表现得到了改进，因此建议用于超级电容器应用。这是具有这种独特 3D 分层结构的氧化钴和氮掺杂 CVD 石墨烯泡沫复合材料的首次报道。这表明可以使用具有先进结构的电极材料来制造高性能电化学电容器。另外，目前的这种电极设计还可以容易地扩展到其他电活性材料及其复合材料中。

改善导电聚合物的溶解性以促进加工通常会降低它们的导电性，并且由于充电循环过程中的膨胀-收缩而导致循环稳定性差。Wang 等利用氮掺杂石墨烯(NG)增强聚丙烯酸/聚苯胺(NG‐PAA/PANI)复合材料的新型制备方法规避了这些问题，确保了可扩展生产的优异加工性能。在允许 CC 单丝上无缺陷涂层的限制下，PANI 的最高含量可以提高至 32%。然后再调整 NG 含量以优化比电容。

纯聚苯胺颗粒的不规则形态将它们与原位聚合 PAA/PANI 颗粒的球形区分开来。在添加 PANI 颗粒后，获得两种形态的混合物，其显示大部分 PAA/PANI 聚集起来，就像没有添加 PANI NPs 一样。不规则的，通常为凹面的 PANI 形状的存在有助于增加孔隙率。大多数已知的掺杂有绝缘聚合物(如 PAA)的 PANI 复合材料显示出两个可区分的相。这里描述的方法导致非常好的混合单相。SEM 图显示了 NG 如何与 PAA/PANI 紧密结合。根据重量百分比，NG 只添加了很少的量，但 NG 非常轻，NG 薄片也非常薄(由 TEM 图像可见)。因此可以在整个样品中发现 NG，并将片材大范围分散以连接许多 PAA/PANI 纳米粒子，从而极大地改善了电子转移。

NG‐PAA/PANI 分散体也是均匀和稳定的。为了优化 NG 含量，研究人员调查了不同 NG 百分比的 NG‐PAA/PANI 复合膜的电化学性能。其中质量百分比为 1.3% 时比容量达到最佳值，这已经高于纯 PANI 纳米粒子(约 150 F/g)，当然它的 PANI 质量占比为 100%。用这种最佳的 NG‐PAA/PANI 复合物(PANI 质量占比为 32%，NG 质量占比为 1.3%)测量了 CC 电极的 CV 曲线[图 4‐15(c)]。曲线的面积随着扫描速率的增加而增加，并且曲线的形状主要揭示了法拉第赝电容。由于 CC 本身作为超级电

图 4 - 15

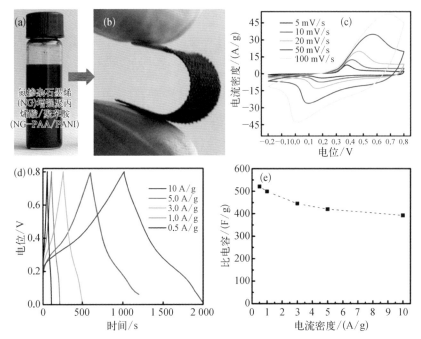

（a）质量占比为 32% PANI 和质量占比为 1.3% NG 的 NG-PAA/PANI 悬浮液的照片；
（b）单个弯曲 CC 电极的照片；（c）1 mol/L H$_2$SO$_4$ 中的优化 NG-PAA/PANI 在不同扫速下的 CV 曲线；（d）1 mol/L H$_2$SO$_4$ 中的优化 NG-PAA/PANI 在不同电流密度下的恒流充放电曲线；（e）1 mol/L H$_2$SO$_4$ 中的优化 NG-PAA/PANI 在对应的比容量与电流密度关系图

容器的电极材料具有一定的活性，因此 PANI 曲线中典型的 PANI 的氧化峰和还原峰不可见。然而，纯 CC 比容量较低（CV 曲线显示为 2 mF/cm^2），与文献（1～2 F/g）一致，这意味着浸渍的 CC 电极的电容主要是由于 NG-PAA/PANI 复合材料。不同电流密度下的恒电流充放电曲线显示峰值后几乎没有压降。在电流密度为 0.5 A/g、1.0 A/g、3.0 A/g、5.0 A/g 和 10 A/g 时，相应的比容量分别为 521 F/g、499 F/g、445 F/g、420 F/g 和 392 F/g［图 4 - 15（e）］。其中 0.5 A/g 电流密度下，521 F/g 的比容量值位于柔性聚合物膜的报告值的上限范围内。与 1.0 A/g 下具有 210 F/g 性能的 G-PANI-纳米纤维的纸状复合薄膜相比，该复合材料的性能提高了一倍以上。即使在 10 A/g 下，CC 电极仍具有 392 F/g 的比容量（为 0.5 A/g 下比容量的 75%），这使其在快速充电／放电应用中非常有前途。

将该电容器与以前报道的基于 PANI-碳纳米管复合材料的柔性电

容器相比,由质量百分比为 20%PANI CC 电极制成的对称超级电容器具有超过四倍的比容量(1 A/g 时为 68 F/g),比 PANI/PAA 电容器提高了13 倍,并且在 135°的大弯曲角度下仍能使容量几乎保持不变。该电容器在 1.1 kW/kg 能量密度下的功率密度为 5.8 Wh/kg,同时具有优异的倍率性能(在 10 A/g 下仍为 1 A/g 下比容量的 81%)和长期的电化学稳定性(2 000 次循环后容量保持率为 83.2%)。

氮掺杂还原氧化石墨烯气凝胶(N-RGO 气凝胶)具有高孔隙率和离子电导率,Iamprasertkun 等通过水热法用水合肼还原氧化石墨烯并经冻干合成了该材料。将 N-RGO 气凝胶喷涂在具有亲水表面的羧基改性碳纤维纸上并用作超级电容器电极。N-RGO 气凝胶电极不仅可以加速电解质的扩散,而且由于含氮基团,它可以通过表面氧化还原反应储存电子电荷。

由场发射扫描电子显微镜(Field Emission Scanning Electron Microscope,FESEM)图像可见,N-RGO 气凝胶的表面比 N-RGO 纳米片材的要粗糙,孔隙率增高后则有利于电解质的扩散,其中相互连接的大孔直径为 0.5~3 μm。同时,N-RGO 气凝胶片的 TEM 图像显示其有许多来自框架结构的皱纹。N-RGO 纳米片和气凝胶的电子衍射图案显示出晶体 RGO 结构的对称六角形点,表明原始 GO 被还原为 RGO。在上述实验中,可继续通过 XRD、RAMAN、FTIR 和氮气吸脱附来进一步表征所制备的材料。聚合的 GO,N-RGO 纳米片和 N-RGO 气凝胶的 BET 表面积分别约为 40 m^2/g,124 m^2/g,294 m^2/g。另外,稀释后的氮含量和 N-RGO 气凝胶表面的有机官能团还可通过 XPS 进行表征。

最终制备的 CR2016 纽扣电池超级电容器,采用了循环伏安法(CV)、恒电流充放电法(GCD)和电化学阻抗光谱法(EIS)进行电化学评估(图4-16)。在 CV 测试中,BMP-DCA 离子液体电解液相比水系和有机系电解液展现出更大的电容电流,当扫速为 10 mV/s 时,在 BMP-DCA 离子液体基超级电容器的 CV 曲线中观察到宽达 4.0 V 的工作电压。其中宽广的氧化还原峰表明了 N-RGO 材料源自含氮官能团的赝电容材料。在恒流充放电测试中,当电流密度为 1 A/g、2 A/g、3 A/g、

4 A/g时,BMP‑DCA离子液体基 N‑RGO 气凝胶超级电容器的比容量分别为 764.53 F/g、744.95 F/g、718.71 F/g 和 673.66 F/g。因其高比表面积和多孔性,在 1 A/g 电流密度下,N‑RGO 气凝胶器件的电容电流相比 N‑RGO 片材高了 38%。最后,将该超级电容器恒流充放电循环 3 000 次后,N‑RGO 气凝胶和 N‑RGO 片材在 BMP‑DCA 离子液体电解液中的容量保持率分别为 85.6% 和 66.1%。由 Ragone 图可见,N‑RGO 气凝胶基超级电容器的能量密度和功率密度分别是 N‑RGO 片材基超级电容器的 2.5 和 2.6 倍。BMP‑DCA 离子液体电解液在 1 481.04 W/kg 功率密度下提供了高达 245.00 Wh/kg 的能量密度。采用单枚纽扣电池形状(CR2016)制造的器件原型可在 17.53 min 内为红色 LED 供电。

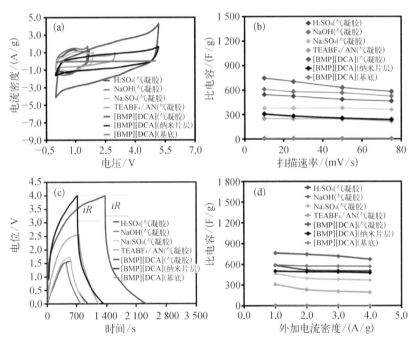

图 4‑16　CR2016 纽扣电池超级电容器电化学评估

　　(a) 10 mV/S 扫速下 N‑RGO 纳米片和 N‑RGO 气凝胶超级电容器在不同电解液中的 CV 曲线;(b) 超级电容器的比容量和扫速的关系图;(c) 1 A/g 电流密度下 N‑RGO 纳米片和 N‑RGO 气凝胶超级电容器在不同电解液中的 GCD 曲线;(d) 超级电容器的比容量和电流密度的关系图

　　Chen 等通过简单方便的一步水热法成功合成了一种由氮化石墨烯

(Nitrogen-Doped Graphene,GN)和硫化铜(CuS)微球构成的超级电容器电极。通过 X 射线衍射(XRD)、拉曼光谱、X 射线光电子能谱(XPS)以及日立 S‐4800 扫描电子显微镜(FE‐SEM)对 GN/CuS 的化学组成和微观结构进行了表征。FE‐SEM 图像显示 CuS 微球沉积在褶皱的 GN 片层上。明显可见 CuS 微球由整齐的片状物组成,平均直径为 500 nm。这些纳米复合材料使得 GN 片层被分散,并且加大了复合材料的界面面积,从而有助于电子传输和电解液扩散。

实验继续通过 CV,恒电流充放电和 EIS 研究了样品在作为活性电极时的电化学性能。所有电化学测量均在 Li₂SO₄ 电解质水溶液中进行测试。CV 曲线的形状清楚地表现出 ‐0.8~1 V 的电位区间中的电化学反应引起的赝电容行为。众所周知,氧化还原进程可以大幅提高作为赝电容的比容量。图 4‐17(a)显示了各种扫描速率下 GN/CuS 电极的 CV 曲线。随着扫描速率从 5 mV/s 增加到 50 mV/s,CV 曲线的面积增加,并且即使在 50 mV/s 的扫描速率下仍然观察到氧化还原峰。此外,在扫描速率为 5 mV/s、10 mV/s、20 mV/s 和 50 mV/s 时,GN/CuS 复合材料的比容量分别为 405.1 F/g、383.7 F/g、353.1 F/g 和 228.0 F/g。该结果表明了 GN/CuS 的可逆氧化还原反应和倍率性能。从图 4‐17(b)中可以清楚地看出,在扫描速率为 50 mV/s 时,GN/CuS 复合材料电极比纯 CuS 和 GN 具有更高的电容,这意味着 CuS 纳米球和 GN 片之间存在密切的相互作用,同时,由于电荷携带可以有效且迅速地进行,所以增强了电化学活性。

图 4‐17

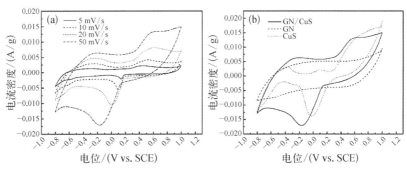

（a）不同扫速时 GN/CuS 复合材料的 CV 曲线;（b）扫速为 50 mV/s 时 GN、CuS 和 GN/CuS 的 CV 曲线对比

在恒电流充放电(GCD)试验中,由于其特定的电极结构,该电极材料在 1 A/g 电流密度下的比容量为 379 F/g。在 1~5 A/g 不同电流密度下的充放电曲线明显呈现出三角形对称性不足,同时该现象也与 CV 曲线吻合,随着电流密度的增加,电容减小缓慢,与纯 CuS 相比,该复合材料显示出更高的容量。此外,为了评估复合电极的耐久性,还应用 GCD 来表征恒定电流密度为 1 A/g 时的长期充放电行为。实验结果表明 GN/CuS 复合材料的比容量维持在初始值的 72.46%,这表明有源电极的良好循环稳定性。最后通过电化学阻抗谱(EIS)实验看出,复合材料的电荷转移电阻低于纯 GN,同时与纯 GN 相比,它表现出更好的垂直斜线。由 EIS 表征的所有电性能应该归因于 CuS(一种典型的半导体)的更好的导电性,在可逆氧化还原反应中做出了很大的贡献。

2. 多元素共掺杂石墨烯材料

杂原子掺杂中的控制对于表面性能和电子性质非常关键,但是当并入两个或更多个杂原子时,化学反应变得更加复杂。在此,Yu 等证明了硫(S)和磷(P)原子在三维(3D)大孔活化石墨烯气凝胶(SP-AG)中的共掺杂。图 4-18 展示了 AG 和 SP-AG 的制备流程图。C—S 和 C—P ═ O 键作为主要官能团同时并入 SP-AG 的表面。尽管 S 和 P 的负载量分别高达 5.8% 和 4.6%,但 3D 大孔的连续性仍得以保留。在 10 mV/s 时,

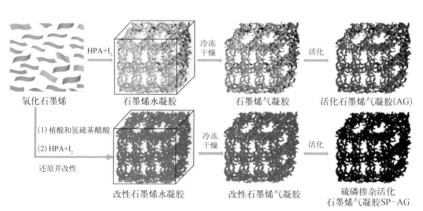

图 4-18 AG 和 SP-AG 的制备流程示意图

石墨烯超级电容器

SP‐AG 的比容量为 438 F/g,远大于 S‐AG、P‐AG 和 AG 的 347 F/g、313 F/g 和 240 F/g。此外,当扫描速率增加到 500 mV/s 时,SP‐AG 提供 381 F/g 的比容量,表明电容保持率为 87.2%。在 1 A/g 的电流密度下进行 10 000 次充放电循环后,由于 S 和 P 的共掺杂以及 3D 结构的协同作用,SP‐AG 显示出比 AG 更高的电化学稳定性,容量保持率为 93.4%。这种合成物和结构的协同作用通过有机和离子液体电解质中能量密度和功率密度的增加得到了进一步的证实。

SP‐AG 的 SEM 图像显示出均匀分布的大孔结构,直径为几百纳米至几微米。其通过部分起皱的超薄石墨烯纳米片相互连接。与 AG 相比,SP‐AG 的大孔结构在杂原子修饰后没有显著变化。SP‐AG 的部分起皱性质可能源于 S 和 P 改性的石墨烯晶格的缺陷结构,这进一步由 TEM 图像证实。在 SP‐AG 表面观察到 C,O,S 和 P 的存在和均匀分布,表明 S 和 P 已通过热活化成功地结合到石墨烯表面。通过氮吸脱附分析证实 SP‐AG 的中孔平均直径为 12.3 nm。SP‐AG 的表面积(409 m^2/g)是 AG(305 m^2/g)的 1.34 倍,这归因于 S 和 P 的结合导致了石墨烯晶格的结构变形。XPS 分析显示,由于在热活化期间 S 和 P 原子的掺入引起氧含量降低,SP‐AG(12.1)显示出比 AG(8.9)更高的 C/O 原子比。拉曼光谱则显示 SP‐AG 的 I_D/I_G 比例随着石墨 C—C 键的裂化和边缘改性而引起的缺陷密度的增加而增加。

为了评估 SP‐AG 的电化学性能,实验进一步通过三电极系统在 1 mol/L H_2SO_4 水溶液中使用 0.8 V 电压窗口进行了 CV 测试。在 10 mV/s 的扫速下,SP‐AG 的比容量为 438 F/g,约为 AG 比容量(240 F/g)的 1.8 倍,大于 S‐AG 的 347 F/g 和 P‐AG 的 313 F/g。随着扫速的增加,SP‐AG 的宽广氧化还原峰出现在 0.275 V 和 0.409 V,这与之前观察到的单一 S 或 P 掺杂石墨烯气凝胶的峰位置几乎一致。这一发现表明该材料中形成‐SOn‐和 C—P=O 键,因而存在赝电容贡献。特别是,在 500 mV/s 的高扫速下,SP‐AG 的比容量电容略微降至 381 F/g,容量保持率为 87.2%,而 AG 在相同的扫速下表现出 192 F/g 的电容,容量保持率为

80%。SP‑AG 的优越性能可以归因于它的分层结构以及 S 和 P 共掺杂的协同作用。实验又通过 EIS 分析了电极的频响特性。由于共掺杂对高频率区域电子性质的影响,SP‑AG 表现出比 AG 小得多的电阻值。SP‑AG 的界面电荷转移电阻低于 AG,表明通过共掺杂促进了电荷转移。同时在低频区域,SP‑AG 显示出更加垂直的曲线,更接近理想的电容特性,这源于通过 3D 大孔的连续性快速离子传输。最后,在 1 A/g 下进行循环稳定性测试,SP‑AG 相比 AG 显示出显著增强的循环稳定性。尽管在前几百个周期仅有轻微的改善,然而在 10 000 次循环后,SP‑AG 的电容为 393 F/g,电容保持率为 93.4%,或每 100 个周期的电容损失为 0.28 F/g。

Qin 等通过将压缩/热固化策略与化学还原和水热处理相结合,成功设计和制造了三维柔性 O/N 共掺杂石墨烯泡沫(Graphene Foam,GF),其中三聚氰胺泡沫不仅用作引入赝电容的 N/O 官能团的来源,也作为抑制石墨烯团聚的牺牲模板。此外,实验还系统地研究了压缩/热固化方法的机理。所得到的 GF 表现出优异的机械强度和柔韧性。

当压缩 GF 用作超级电容器的独立电极时,由于消除了部分内部应力以达到更稳定的状态,因此在 10 MPa 下压缩 GF 会降低吉布斯自由能的变化。如图 4‑19(b)所示,近似对称的恒电流充放电曲线表明了 GF 和 10 MPa‑GF 中赝电容和 EDLC 的组合特性。并且,在 1 A/g 电流密度下,10 MPa‑GF 电极的放电时间比 GF 电极的放电时间大得多,表明 10 MPa‑GF 电极的电荷储存能力更优异。如图 4‑19(d)所示,电流密度为 1 A/g 时,10 MPa‑GF 电极的体积电容达到 106 F/cm³(55 m²/g 和 0.063 cm³/g),比文献报道的来自丝素蛋白的富氮碳电极(25 F/cm³、803 m²/g 和 0.54 cm³/g)、掺氮多孔碳胶囊电极(60~68 F/cm³、1 200~1 660 m²/g 和 1.14~1.61 cm³/g)、RGO/PA66 纳米织物(30 F/cm³)、中孔碳(17.4 F/cm³、583 m/g 和 1.1 cm/g)和碳化物衍生碳膜(37 F/cm³)都要高,并且高于原始 GF(25 F/cm³)。此外,10 MPa‑GF 的密度达到 506 mg/cm³,比原始 GF(287 mg/cm³)高出 76%,这表明制造致密电极的策略具有巨大潜力。

　　　　　　　　　　　　　　　　　　　　　　石墨烯超级电容器

图 4 - 19 GF 和
10 MPa - GF 电极
在 1 mol /L H₂SO₄
液态电解液中的电
化学性能

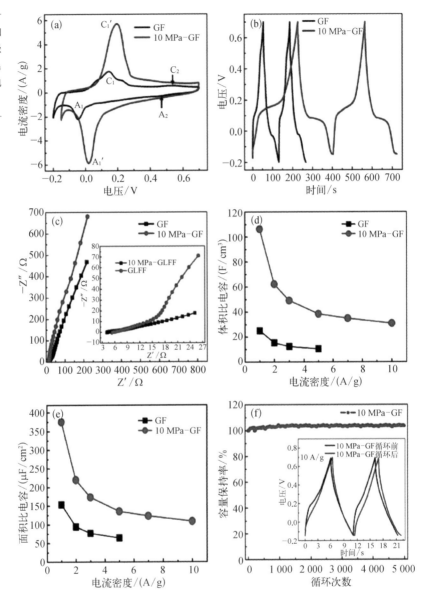

（a）10 mV/s 扫速下GF 和 10 MPa-GF 电极的 CV 曲线；（b）1 A/g电流密度下 GF 和
10 MPa-GF 电极的恒流充放电曲线；（c）GF 和 10 MPa-GF 电极的 EIS 图（插图为高频区奈
奎斯特放大图）；（d）GF 和 10 MPa-GF 电极的体积比容量；（e）GF 和 10 MPa - GF 电极的
面积比容量与充放电电流密度的关系；（f）10 MPa - GF 电极在 10 A/g 电流密度下的循环稳定
性（插图为 10 MPa - GF 电极在循环前后的恒流充放电曲线）

此外,在 1 A/g 电流密度下的 BET 表面积测试表明 GF 和 10 Mpa-GF 电极的最大面积电容分别达到 154 $\mu F/cm^2$ 和 375 $\mu F/cm^2$,同时还有 10 A/g 电流密度下 10 Mpa-GF 的 108 $\mu F/cm^2$ 以及 5 A/g 电流密度下 GF 的 65 $\mu F/cm^2$,这远远高于其他文献中报道的材料,例如由昂贵的天然蛋清制备的大尺寸单片层碳(46 $\mu F/cm^2$),由摩洛哥坚果种子壳制备的活性炭(15 $\mu F/cm^2$),由动物骨头制备的多孔炭(9 $\mu F/cm^2$),使用 NaOH 处理过的沸石模板制备的多孔炭(11 $\mu F/cm$)和纳米多孔炭(8 $\mu F/cm^2$)。在 10 mHz 至 105 Hz 的频率范围内获得的 EIS 曲线在低频状态下显示出几乎垂直的线,表明 10 MPa-GF 的电容特性比相应原始 GF 的更理想,如图 4-19(c)所示。此外,如图 4-19(f)所示,10 MPa-GF 在 10 A/g 的高电流密度下循环 5 000 次后表现出优异的循环稳定性,容量保持率超过 100%。并且如图 4-19(f)的插图所示,在 1 A/g 循环之前/之后的充放电曲线中没有出现明显的失真。在其他用于超级电容器的基于碳的电极中也已经报道了容量随循环上升的现象,这是由于电活化过程和/或电极润湿性的改善。此外,根据 10 mV/s 的循环伏安曲线,高浓度的 N/O 官能团占 10 MPa-GF 电极总电容的 65%,表明赝电容占了主要贡献。而 10 MPa-GF 的对称型超级电容器表现出 16 Wh/kg(8 Wh/L)的最大能量密度,以及 17 kW/kg(8.6 kW/L)的最大功率密度。这些用于 10 MPa-GF 电极的优异电化学性能主要归因于具有赝电容的 O/N 官能团的贡献以及这种精心设计的用于增强石墨烯泡沫电极体积电容的策略的优越性。此外,这项工作还提供了通过引入高浓度的具有赝电容的官能团来制备具有高体积电容和面积电容的多孔超级电容器电极的可能性。

4.3.3 杂原子掺杂调整对石墨烯材料的影响

由于轻质,高电子传导性和可调节的比表面积的协同共轭作用,碳材料在能量储存装置中无处不在,尤其是用作大多数商用锂离子电池的阳极活性材料和超级电容器电极中的主要组分。这些性质与形态和维度的无穷变化的结合提供了一系列独特的多功能的功能材料。碳与非等电子元素的缔合增强了相邻原子之间的电荷转移，对电子电导率、润湿性、孔隙可及性以及能量和功率密度具有正面影响。一些研究还报道了用两种电子互补元素同时掺杂碳的协同作用，这进一步增加了用于材料工程的前景。由于氮原子和硼原子分别作为电子供体和受体，它们是模型元素，显示共存掺杂碳网络能量存储提供的可能性。尽管文献中利用 BNC 的器件的例子很少，但他们很快指出了这三种元素在用于超级电容器和锂二次电池的新材料中的可能性。

Wu 等研究了调整氮硼掺杂石墨烯的电化学反应。纳米材料在原子尺寸水平上的结构改性有可能产生用于不同任务的更强性能定制组件。石墨烯的化学多功能性一直用于制造多功能掺杂二维材料，其应用包括能量储存和电催化。尽管关于掺硼和氮掺杂石墨烯的报道很多，但将这些电子互补元素结合起来可能产生的协同作用尚未得到充分的理解和探索。本书综述了用于制造这些纳米材料的技术，在氧化还原反应以及超级电容器和锂二次电池能量储存中氮硼单独掺杂的优点，及联合掺杂的电催化反应。大量共掺杂材料的研究在充分理解上述应用中杂原子的真实作用方面存在内在限制。最终，具有受控组合物的替代单层的设计和创造可能成为碳基能量相关应用的关键。

将氮或硼掺杂的碳材料应用于超级电容器已在文献中被广泛报道。将这些杂原子添加到宿主网络导致通过法拉第贡献的电容增强，这通常归因于硼在氧化学吸附中的催化作用和来自氮的氧化还原活性。由于来自富电子氮原子的输入，氮掺杂也显示出改善的电子电导率，并且已经实际观察到在石墨烯片中产生空穴，改善电解质润湿并加速离子迁移以形成双层。已有一些报道明确表明硼和氮两种元素同时掺杂的碳，其性能优于原始的硼掺杂和氮掺杂的碳。

报道的石墨烯状 BNC 结构的掺杂水平为 3.95%（原子百分数）B 和 19.73%（原子百分数）N。在温度超过 600℃ 的三聚氰胺二硼酸盐存在下，退火氧化石墨烯可制备得到该材料。据报道，该材料的比容量高达

130.7 F/g(0.2 A/g,1 mol/L H$_2$SO$_4$),稳定性高达至少2 000个循环,几乎是具有类似薄片尺寸的原始石墨烯的两倍,并且优于 B 掺杂和 N 掺杂的样品。通过水热合成和冷冻干燥的组合制备三维石墨烯气凝胶,仅呈现0.6%(原子百分数)B 和 3%(原子百分数)N,并且杂原子在样品中分布良好。即使在如此低的掺杂浓度下,也能获得239 F/g(1 mV/s,1 mol/L H$_2$SO$_4$)的比容量,其中有来自杂原子的强赝电容贡献。此外,该材料用于全固态超级电容器,使用 PVA/H$_2$SO$_4$凝胶作为电解质,相对于共掺杂样品的两个电极的重量,其比容量高达 62 F/g(5 mV/s),得到的能量密度为 8.7 Wh/kg,功率密度为 1 650 W/kg。上述工作的重要性在于它们提供了具有相似形态的共掺杂样品、单元素掺杂和原始石墨烯的性能之间的直接对比,并且呈现出对 BNC 具有正协同作用的有力证据。尽管如此,文献中报道的材料的广泛形态和组成对系统和基本地理解掺杂在储能性能中的作用提出了挑战。

Xie 等通过调整石墨烯表面的氧基官能团,得到了不同氮型和不同含量的氮掺杂石墨烯。实验结果表明,从羧基的石墨烯氧化物可以得到高百分比的吡啶和吡啶氮。由此设计的氮型石墨烯在电化学测试中具有较高的电容和循环性能,表明石墨烯表面的特殊氧官能化是一种具有良好应用前景的方法,可以由此合成含有优化氮掺杂形态的氮掺杂石墨烯基高性能超级电容器。

实验通过透射电子显微镜(TEM)和原子力显微镜(AFM)确定典型的氮掺杂石墨烯为3~5层,通过 X 射线光电子能谱(XPS)测得氮含量为(6.8~8)%(原子百分数)。通过拉曼光谱表征具有不同表面官能团的氮掺杂石墨烯的结构。研究结果表明,GO 的羧化是在氮原子掺杂过程中获得吡啶型氮和吡啶酮型氮的关键因素。

在 6 mol/L KOH 溶液中,采用三电极结构比较研究了 GO-N、GO-N-180 和 GO-OOH-N 的超级电容性能(图 4-20)。扫描速率为 20 mV/s 时,不同样本的循环伏安曲线(CV)都显示出良好的矩形状,并具有较宽峰值,表现出双电层电容(EDLC)和赝电容性质。其中,由于 N-5/N-6 和羧基的高含量(比例),GO-OOH-N 的最大比容量明显

图 4 - 20　GO - N、GO - N - 180 和 GO - OOH - N 的超级电容性能

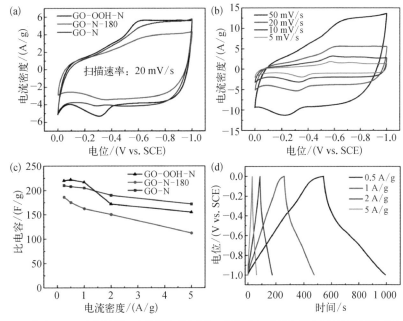

（a）20 mV/s 扫速下三个样品的 CV 曲线；（b）GO - OOH - N 在不同扫速下的 CV 曲线；（c）不同电流密度下三个样品的比容量；（d）GO - OOH - N 的恒流充放电曲线

具有最大的曲线面积和最明显的赝电容峰，这与法拉第反应密切相关。与 GO - N 相比，GO - N - 180 电极的曲线面积明显下降，原因是其缺陷程度较高。随着扫描速率从 5 mV/s 增加到 50 mV/s，GO - OOH - N 的赝电容特征一直保持在 CV 曲线上，说明了离子的良好润湿性和离子到 GO - OOH - N 电极表面的易及性。实验在 1 A/g 下测得 GO - N、GO - N - 180 和 GO - OOH - N 的比容量分别为 205 F/g、162 F/g 和 217 F/g，与 CV 分析一致。在 1 A/g 下循环 500 次后，GO - N 和 GO - OOH - N 的容量保持率分别下降到初始的 82.1% 和 88.8%，GO - OOH - N 电极材料循环稳定性的提升表明了在前驱体表面重新分配氧化基团是提升氮掺杂石墨烯充放电过程稳定性的有效途径。

4.3.4　其他杂原子掺杂石墨烯材料的制备方法

除了前述的各种常规方法之外，研究人员还尝试了多种制备石墨烯

及其多功能复合材料的方法,并且取得了良好的成效。

  Cheng 等提出了一种可替代的无溶剂和无试剂的固态方法,可以非常简单快速地制备石墨烯块体及其多功能复合材料。该方法使用 GO 气凝胶作为起始材料。在暴露于远程激光光斑或聚焦太阳光照射下时,还原反应自发发生,并且在环境条件下仅在几十毫秒内就能持续地将整个 GO 块转化为还原样品(图 4-21)。这种强大而有效的光照射方法不仅可制备任何宏观尺寸的纯石墨烯块体,而且还可制备其具有杂原子(如 N、P、S)的掺杂结构和具有金属和金属氧化物的功能性复合材料。这些制备出来的材料在能源转换和存储设备(如燃料电池,超级电容器和锂离子电池)中表现出优异的性能。

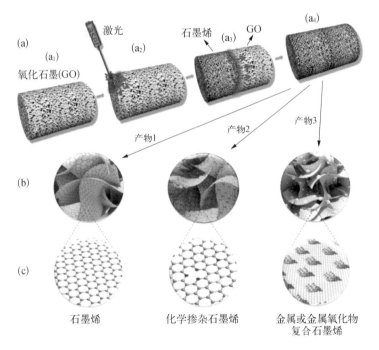

图 4-21　石墨烯块及其功能性复合物的制备示意图

(a) 石墨烯块及引入几毫秒激光照射得到功能性复合物的制备流程示意图[(a₁) GO 气凝胶或带有功能性前驱体的 GO 气凝胶,前驱体可以是含有异质元素的复合物(如氮、磷、硫)或金属盐;(a₂) 将一束激光照射在 GO 气凝胶上来瞬间触发还原反应;(a₃) GO 还原在整个样品中自发延伸;(a₄) 被还原的 GO 块或功能性复合物;(b)(c) 石墨烯(产物 1)、化学掺杂石墨烯(产物 2)和含有金属或金属氧化物的石墨烯复合物(产物 3)的连续结构放大示意图

石墨烯超级电容器

扫描电镜图显示所得样品由石墨烯片 3D 网络组成,在反应后没有发生明显的 3D 框架塌陷。根据氮等温吸脱附的结果,所得样品的 BET 比表面积大约为 508 m^2/g,远大于其他还原方法获得的石墨烯单体,如 HI、N_2H_4 还原和热处理,这里的还原反应非常快(小于 1 s)。透射电镜研究和电子衍射图显示获得的石墨烯片具有高度结晶结构。拉曼光谱和 XPS 分析进一步确定了石墨烯的化学结构和组成。最终石墨烯体的不同部分的结构和组成几乎相同,表明样品各向反应均匀。所有这些结果再一次验证了通过这种光触发反应过程的 GO 得到了有效的还原。不但诸如 N、S、P 的杂原子可以通过光触发反应容易地掺入石墨烯结构中,这个过程也可以应用于与其他杂原子共同掺杂的反应。

例如,当将乙酸锰($MnAc_2$)嵌入的 GO 气凝胶暴露于激光照射时,可在数秒内获得用 Mn_3O_4 纳米颗粒修饰的石墨烯块。反应过程类似于 GO 气凝胶的还原。在 0.5 mV/s 扫速下循环测量了该复合材料的 CV 曲线,发现在第一次循环后出现几乎重叠的 CV 曲线,这意味着所制备的电极具有快速稳定的性能和良好的可逆性。此外,在 100 mA/g 电流密度下经过 200 次循环后仍具有 680 mAh/g 的高可逆容量,表明其具有优异的循环稳定性。该值远高于商用石墨(372 mAh/g)和纯 Mn_3O_4 的理论容量(490 mAh/g),这可能归因于 Mn_3O_4 和石墨烯之间的协同作用。重要的是,Mn_3O_4/石墨烯显示出非常好的倍率性能。在 0.1 A/g、0.5 A/g、2 A/g 和 10 A/g 电流密度下,该材料的可逆容量分别达到了 660 mAh/g、526 mAh/g、354 mAh/g 和 91 mAh/g。值得注意的是,即使在 2 A/g 的高电流密度下,其比容量仍有 354 mAh/g。当电流密度恢复到 100 mAh/g 时,在不同电流密度下进行 90 次循环后,其仍能保持 720 mAh/g 的高比容量,这意味着其具有良好的可逆性和稳定的循环性能。此外,Mn_3O_4/石墨烯的高倍率性能是在 2 A/g 的电流密度下得到的。在 600 次深放电-充电循环后,比容量可达 550 mAh/g,该数值优于大多数报道的 Mn_3O_4 基阳极。这些结果表明通过光引发还原制备 Mn_3O_4/石墨烯复合材料在电池及超级电容应用中的巨大前景。

4.4 石墨烯/新型赝电容材料

4.4.1 石墨烯/氧化镍复合材料

金属氧化物是一种主要的赝电容材料,与双电层材料相比具有较高的比电容,有望制作高比能的电容器器件。但是赝电容材料比表面积低、稳定性差。科研工作者们将金属氧化物与碳材料进行复合,两种材料协同作用,既能提高器件能量密度,还能保证器件电化学性能稳定性,是目前超级电容器材料的研究热点。

石墨烯作为双电层电容器的一种,具有较大比表面积和超高比电容,与金属氧化物复合,是目前提高超级电容器电化学性能的主要研究方向。石墨烯/金属氧化物复合材料作为超级电容器电极材料,一方面石墨烯本征电导率很高可为电子提供快速的传输通道,使得材料的充放电速率大幅提高;另一方面金属氧化物通过氧化还原反应为电极提供更高的电容量。此外,将金属氧化物与石墨烯复合可以有效避免石墨烯的团聚,从而提高电解液与电极材料的有效接触面积,进而改善材料的电容性能。目前与石墨烯复合的金属氧化物主要有氧化钌(RuO_2)、氧化锰(MnO_2)、氧化钴(Co_3O_4)、氧化镍(NiO)等。

Lv 等通过水热法制备了介孔棒状镍钴矿修饰的石墨烯。由于钴酸镍的多次氧化还原反应,可以得到高电容 845 F/g。为了获得高能量密度和功率密度,他们利用介孔镍钴酸盐石墨烯作负极、掺杂碳作负极,组装了不对称超级电容器,如图 4-22 所示。得益于正负电极容量平衡,该不对称超级电容器具有较高的能量密度 52.2 Wh/kg 和优异的循环寿命。10 000 个循环后的电容保持率为 97.3%,优异的电化学性能可以归因于这两个电极的协同贡献。

具有高电容和优异稳定性的电极材料是开发柔性超级电容器(Flexible Supercapacitor,FSC)的关键,近年来受到越来越多的关注。Tian 等制备了

图 4 - 22 介孔棒
状镍钴矿修饰石墨
烯的形成,以及基
于介孔镍钴酸盐石
墨烯和掺杂碳电极
制备的非对称超级
电容器

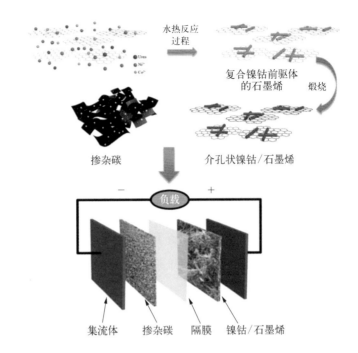

层次化 CuS/三维石墨烯(3DG)复合材料,如图 4 - 23 所示,在电流密度为
4 A/g 下具有较高的比电容 249 F/g,5 000 次充放电循环后,容量保持率
为 95%。此外,柔性固态超级电容器是用无黏结剂电极材料组装,在
450 W/kg 功率密度下表现出 5 Wh/kg 的能量密度。由于 CuS 特有的层
次结构可以在活性物质和电解质之间提供丰富的接触面积,从而缩短扩
散距离。高电导率 3DG 可降低电极材料的总电阻,提高电极材料的性
能。因此,分层 CuS/3DG 复合材料在柔性能源中具有广阔的应用前景。

Garakani 等采用一锅水热法制备了碳酸钴氢氧化物/石墨烯气凝胶和碳

图 4 - 23 分层
CuS/3DG 复合材
料制备示意图

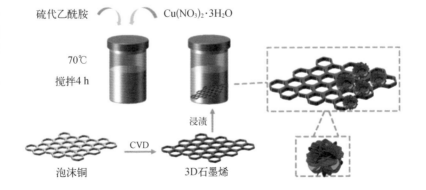

酸钴/石墨烯气凝胶(CCH/GA 和 CC/GA)超级电容器电极材料。实验证明通过优化工艺条件可以控制复合材料的组成和微观结构，并验证了组成和微观结构对电容性能的影响。最佳纳米线形状的 CCH/GA 电极在电流密度 1 A/g 下获得比电容 1 134 F/g，该比电容是目前为止钴复合电极最高比电容，而在纳米碳中却并未达到该比电容值。电极还提供优异的功率性能和循环稳定性。得益于 CC 基活性材料和高导电性，互连的三维结构 GA 的赝电容特性，在相同条件下，CC/GA 电极比容量为 731 F/g。CCH/GA 复合材料中石墨烯表面的碳酸钴氢氧化物 SEM、TEM、HRTEM 和 FFT 如图 4-24 所示。

Lee 等通过冰模板自组装过程制备了层状磷酸钒(VPO_4)与石墨烯纳米复合材料，如图 4-25 所示，呈三维垂直多孔结构，具有较高比表面积和导电性。在相同电流密度 0.5 A/g 下，纯三维 VPO_4 以及 VPO_4-石墨烯纳米复合材料放电比电容分别为 247 F/g、527.9 F/g，复合材料电容性能大幅提高，且具有良好的循环稳定性。赝电容的有效提高主要源于垂直方向的多孔结构，因为直接生长于冰晶同时诱发径向偏析形成 VPO_4-石墨烯纳米片的堆叠结构。VPO_4-石墨烯纳米复合电极表现出高表面积，相对隔膜的垂直多孔结构，从堆叠结构上看具有结构稳定性和高导电性，因而能有效缩短电子传输路径和提高电荷传输速率。采用 VPO_4-石墨烯纳米复合电极制备的不对称超级电容器(VPO_4-石墨烯作正极，石墨烯作负极)，器件的电压范围为 1.6 V，能量密度高达 108 Wh/kg。

Yang 等通过共沉淀法在聚二烯丙基二甲基氯化铵(PDDA)存在下制备了还原石墨烯(RGO)负载下的六氰铁酸镍纳米立方体(NiHCF NBs)，由于静电作用，NiHCF NBS 均匀沉积在 RGO 表面。在不同放大倍数下，其 TEM 图，NiHCF 见图 4-26。当 NiHCF NBs 含量从 32.6%变为 68.2%时，复合材料的尺寸可以从 10 nm 调整到 85 nm。当 NiHCF NBS 含量为 51.46%，NiHCF/PDDA/RGO 复合材料平均粒径为 38 nm，电化学性能最佳。在电流密度为 0.2 A/g 下比电容达到 1 320 F/g，10 000 充放电循环后容量保持率为 87.2%。更重要的是，NiHCF/PDDA/RGO 复合材料在 80 W/kg 功率密度下，具有 58.7 Wh/kg 的超高能量密度。NiHCF/PDDA/

图 4 - 24 CCH/ GA - 2复合材料中石墨烯表面的碳酸钴氢氧化物 SEM [(a)~(b)], TEM [(c) ~ (d)], HRTEM 和 FFT [(e)]

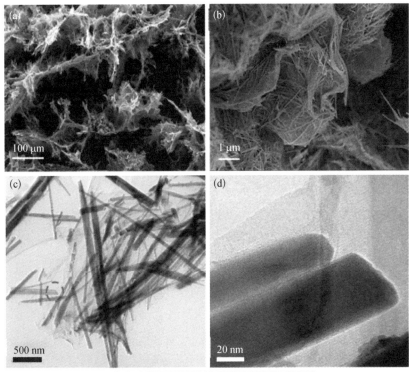

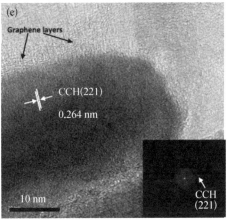

RGO复合材料在不同放大倍数下的 TEM 图像如图 4 - 26 所示。

Li 等通过一步法制备了石墨烯/SnO_2超级电容器复合电极材料。在盐酸和尿素存在的酸性环境下,$SnCl_2$和氧化石墨之间发生氧化还原反应,氧化石墨被 $SnCl_2$ 还原成导电石墨烯,而 $SnCl_2$ 则被氧化成为 SnO_2。石墨烯/SnO_2复合电极材料具有较大的比表面积和良好的导电性能,随着

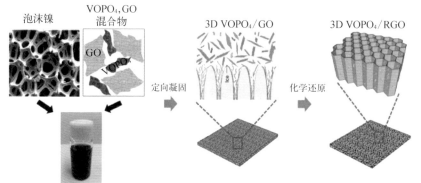

图 4-25 VPO₄-石墨烯纳米复合材料在冰晶上的制备示意图

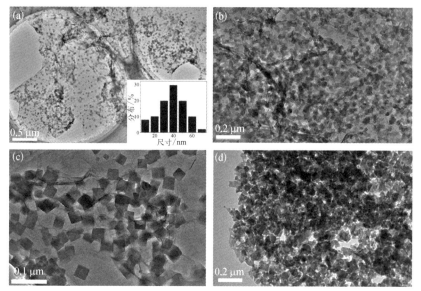

图 4-26

NiHCF/PDDA/RGO 复合材料[(a)~ (c)]和 NiHCF(d)在不同放大倍数下的 TEM 图像（插图为 NiHCF/PDDA/RGO 复合材料中 NiHCF 尺寸分布条形图）

扫描速率的增加其比电容衰减缓慢，在 1 mol/L H_2SO_4 电解液中，1 V/s 下仍有 34.6 F/g。Xie 等采用水热法制备逐层 β-$Ni(OH)_2$/rGO 纳米复合材料，其比电容达到 660.8 F/cm^3，并显示了良好的电化学稳定性。

4.4.2 石墨烯/氧化钴复合材料

Co_3O_4 是过渡金属氧化物电极材料的一个研究热点。将 Co_3O_4 纳米粒子原位生长在石墨烯片上形成石墨烯-Co_3O_4复合物，Co_3O_4纳米粒子作为发生氧化还原反应的活性位点，提供较高的比容量。Xiang 等通过水热处理法在经化学还原的氧化石墨烯（RGO）上原位生长了尺寸为20 nm的Co_3O_4纳米粒子，得到 RGO-Co_3O_4复合材料。RGO-Co_3O_4电极在 2 mol/L KOH 水溶液电解质中，扫描速率为 2 mV/S 时的比容量是472 F/g，当扫描速率增加到 100 mV/s 时容量保持率达到 82.6%。此外，RGO-Co_3O_4在功率密度8.3 W/kg下，其能量密度和功率密度分别为39.0 Wh/kg 和8.3×10^{-3} W/kg。笔者将 RGO-Co_3O_4电优异的电化学性能归因于Co_3O_4粒子的小尺寸及良好的氧化还原活性与石墨烯片高导电性之间的协同效应。

图 4-27

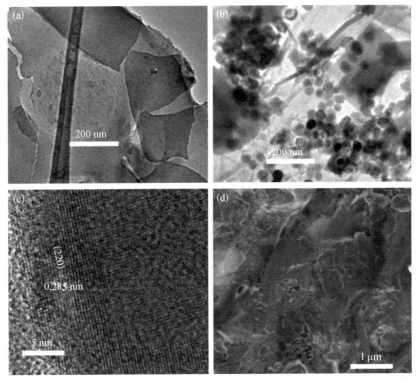

（a）还原氧化石墨烯 TEM；（b）还原氧化石墨烯/Co_3O_4 TEM；（c）还原氧化石墨烯/Co_3O_4高分辨率下 TEM；（d）还原氧化石墨烯/Co_3O_4 SEM

Zou 等通过 CVD 方法将 NGF 生长在 Ni 泡沫上，然后用电沉积法和退火热处理在氮掺杂石墨烯泡沫（NGF）上垂直生长中孔（3～8 nm）

Co_3O_4纳米片,制备得到复合材料 NGF/Co_3O_4,研究其对电荷储存能力的影响。结果证明,由于 Co_3O_4 和 NGF 的协同增强作用以及复合材料的三维分级结构,这种复合材料可以表现出优异的电化学性能。与 Co_3O_4/Ni 电极相比,复合 NFC 的电极容量得到有效提高,在电流密度 1 A/g 下,比电容分别从 320 F/g 提高到 451 F/g。此外,Co_3O_4/NGF 倍率性能佳,在20 A/g下充放电 1 000 次后,容量仍有 95%氮掺杂石墨烯泡沫和 Co_3O_4/氮掺杂石墨烯泡沫的 SEM,如图 4-28 所示。

图 4-28

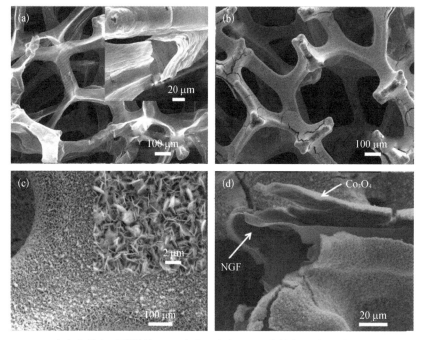

（a）氮掺杂石墨烯泡沫 SEM;（b）~（d）Co_3O_4/氮掺杂石墨烯泡沫 SEM

　　Naveen 等将室温下制备的氧化石墨在低温下进行片状剥离,随即利用化学还原法得到石墨烯纳米片(GNS),用此 GNS 制备 Co_3O_4/GNS 复合材料,研究石墨烯对复合材料电化学性能的影响,图 4-29 显示了各材料的扫描电子显微镜图。采用循环伏安法在 5 mV/s 的扫速下,Co_3O_4 的比电容为 461 F/g,而 Co_3O_4/GNS 复合材料的比容量可以达到650 F/g,这是因为石墨烯纳米片的引入可以减小 Co_3O_4 团聚物的粒径,从而改善

图4-29 扫描电子显微镜图

（a）花状石墨烯纳米层场发射;（b）团聚的Co_3O_4纳米颗粒;（c）~（d）低倍率和高倍率Co_3O_4/GNS复合材料

复合材料的导电性并使其具有更佳的电化学性能。此外组装的对称型Co_3O_4/GNS超级电容器也具有优异的功率性能。

Dong等通过两步合成路径制备了3D石墨烯/氧化钴Co_3O_4复合材料,首先采用化学气相沉积法生长石墨烯,再通过原位水热合成法在石墨烯骨架上生长氧化钴纳米线,其结构及电化学性能如图4-30所示。Co_3O_4纳米线大小均一,结晶度高,在3D石墨烯骨架上形成致密的纳米网。由于石墨烯的超强机械强度,3D石墨烯/氧化钴Co_3O_4复合材料可单独作为电极,是一种电化学性能优异的超级电容器材料。在电流密度10 A/g下,放电比电容达到1 100 F/g左右,且循环稳定性佳。

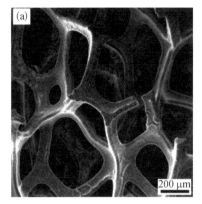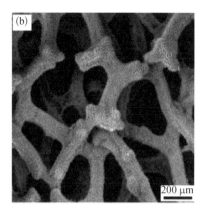
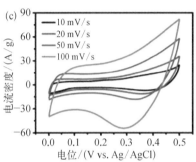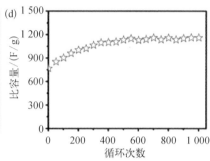

图 4-30 石墨烯/氧化钴的 SEM 及电化学性能

（a）石墨烯 SEM;（b）石墨烯/氧化钴 SEM;（c）石墨烯/氧化钴电极在不同扫描速率下循环伏安曲线;（d）石墨烯/氧化钴在电流密度 10 A/g 下的循环寿命曲线

4.4.3　石墨烯/二氧化锰复合材料

二氧化锰（MnO_2）理论比电容高达 1 370 F/g,但是其导电性和稳定性差,如果单独作为超级电容器的电极材料,将无法充分发挥其理论容量。因此将 MnO_2 与物理和力学性能优良的石墨烯结合,利用三维石墨烯高导电性以及二氧化锰比电容高的优势,克服了单一石墨烯材料比电容低以及二氧化锰导电性差的缺点,获得了具有较高比容量的超级电容器电极材料,是目前研究的热点。

Liu 等通过水热法合成了 MnO_2-石墨烯复合材料和活性炭包覆的多壁碳纳米管（AC-MWCNT）复合材料,并分别将两种材料作为正极和负极组装非对称超级电容器,PAZO、MnO_2、石墨烯悬浮液的电泳沉积扫描电镜图见图4-31。MnO$_2$-石墨烯正极分散良好,采用聚{1-[4-(3-羧基-4-羟基苯偶氮)苯磺酰氨基]-1,2-乙二基钠盐}(PAZO)作为共分散剂制备而成,上述盐的结构中包含螯合芳香族单体,使其容易有效吸附在MnO$_2$和石墨烯表面。活性物质含量为30 mg/cm^{2}时,MnO$_2$-石墨烯电极在扫速为2 mV/s时,电容量为3.3 F/cm^2,当扫描速度从2 mV/s增大到100 mV/s时,容量保持率为64%。由MnO$_2$-石墨烯和AC-MWCNT组成的不对称超级电容器在扫描速率2 mV/s下,比容量达到1.42 F/cm^2,当扫描速率增大到100 mV/s时容量保持率为52%,电压窗口1.8 V。

图4-31 电泳沉积扫描电镜图

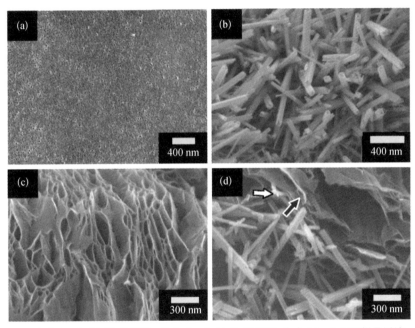

(a)1 g/L PAZO 悬浮液;(b)2 g/L MnO$_2$悬浮液;(c)0.5 g/L 石墨烯悬浮液;(d)2 g/L MnO$_2$、0.5 g/L 石墨烯和0.5 g/L PAZO 悬浮液(图中白色箭头是 MnO$_2$,黑色箭头指示为石墨烯)

Wang 等采用水热法制备了三维 MnO$_2$纳米棒/带孔氧化石墨烯(Holey Graphene Oxide,HGO)复合材料,该方法简单、经济且易于规模化生产。MnO$_2$纳米棒在带氧化石墨烯层间作隔层,有效减少了层间团聚和堆叠。MnO$_2$纳米棒的引入使得材料的比表面积大大减小,但是容量却提高了

57.7%。此外,在氧化石墨烯鳞片表面刻蚀孔为电解液提供更多路径渗透到电极中。因此该复合材料的比电容达到 117.45 F/g,是 MnO_2/氧化石墨烯复合材料比电容的 1.65 倍,氧化石墨烯比电容的 3.9 倍。

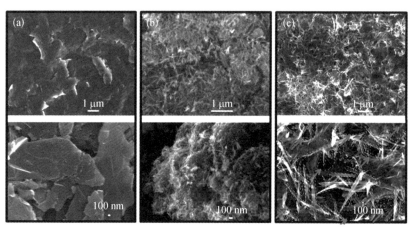

图 4-32 不同放大倍数下场发射电子显微镜图

(a) GO;(b) MnO_2/GO;(c) MnO_2/HGO

Zhang 等采用微波烧结法制备了石墨烯/MnO_2复合材料,其 TEM 如图 4-33 所示。微波反应时间对石墨烯/MnO_2复合材料的微观结构有重要的影响,结果证明超级电容器的电化学性能与石墨烯/MnO_2的微观结构有紧密关系。当反应时间为 15 min 时,石墨烯/MnO_2复合材料可得到致密且均匀的微孔结构,且电化学性能优异,该复合材料的比电容能达到 296 F/g,3 000 次循环后比容量保持率达到 93%。

Li 等通过简单三步法制备了石墨烯/MnO_2复合纸电极(Graphene/Manganese Dioxide Composite Papers,GMCP),如图 4-34 所示,首先制备氧化石墨烯/MnO_2复合材料悬浮液,然后是真空过滤得到复合纸,最后通过热还原反应制备得到无黏结剂、柔韧性好的 GMCP。无黏结剂电极电导率得到有效提高,在 0.1 mol/L 的 Na_2SO_4 水溶液中,MnO_2 含量为 24% 的 GMCP 电极比容量在 500 mA/g 的电流密度下达 256 F/g,循环性能优异。

Zhu 等通过微波照射法在石墨烯表面自限制沉积 MnO_2 纳米粒子,制备得到石墨烯/MnO_2,研究其作为超级电容器电极材料的电化学性能,如

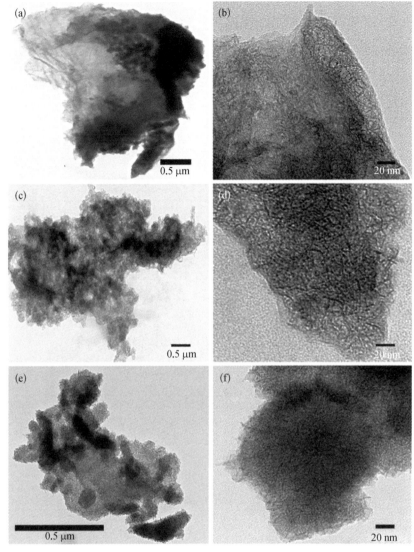

图4-33 石墨烯/
MnO₂复合材料
TEM

（a）（c）（e）微波反应时间 5 min、10 min、15 min 石墨烯/MnO₂ 低倍率 TEM；
（b）（d）（f）高倍率 TEM

图 4-35 所示。石墨烯/78%MnO₂在扫描速率 2 mV/s 下进行测试，放电

比容量达到 310 F/g，是纯石墨烯（104 F/g）和片状二氧化锰（103 F/g）的

三倍，同时在高扫描速率 100 mV/s 和 500 mV/s 下，容量保持率分别为

88%和 74%。良好的可逆性和电化学稳定性能归因于石墨烯与 MnO₂两

者间良好的界面接触，增加了电极的导电性及其与电解液间的接触面积，

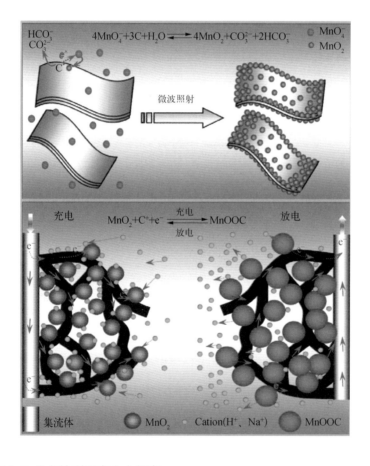

$4MnO_4^- + 3C + H_2O \rightleftharpoons 4MnO_2 + CO_3^{2-} + 2HCO_3^-$

GO → KMnO$_4$ 柠檬酸 → GOMC

过滤

GMCP ← 400℃,2 h Ar ← GOMCP

MnO$_4^-$ MnO$_2$

图 4 - 34 石墨烯／MnO$_2$复合纸电极制备示意图

图 4 - 35 石墨烯-MnO$_2$复合材料制备示意图及电化学反应机理

HCO$_3^-$ CO$_3^{2-}$

e$^-$

C

微波照射

充电 $MnO_2 + C^+ + e^- \underset{放电}{\overset{充电}{\rightleftharpoons}} MnOOC$ 放电

e$^-$

集流体   MnO$_2$ Cation(H$^+$、Na$^+$)   MnOOC

使 MnO$_2$的有效利用率大大提高。

　　石墨烯柔性超级电容器是当前的一个研究热点。He 等通过电沉积法将 MnO$_2$覆盖在石墨烯表面制备了一种面支撑、质量轻、超薄和导电性高的三维石墨烯网络,其SEM如图4-36所示,由图可见,MnO_2均匀包覆在3D石墨烯骨架上。将其用作柔性超级电容器电极,当MnO_2负载量为9.8 mg/cm^2时,在扫描速率2 mV/s下该复合电极面积比电容可达1.42 F/cm^2,通过优化电极中MnO_2的负载量,得到最大比电容为130 F/g,而且由该复合材料制作出的超级电容器具有卓越的电化学性能和优异的机械性能。

图4-36 三维石墨烯网络 SEM

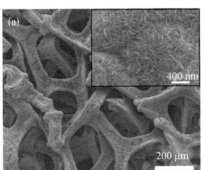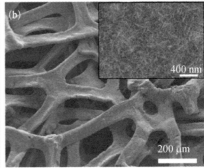

(a)(b) MnO_2负载量为 0.85 mg/cm^2、9.8 mg/cm^2的 SEM

Choi 等构建了包含化学修饰石墨烯(Chemically Modified Graphene, CMG)的三维多孔结构复合材料,即以聚苯乙烯胶体为模板制备凸印-CMG薄膜,接着采用电沉积方法使MnO_2直接生长在石墨烯表面制得二氧化锰/石墨烯复合材料(MnO_2/e-CMG),制备过程如图4-37所示。多孔石墨烯具有很大的比表面积,可以有效促进离子在电极内部传输,同时保证高导电性。MnO_2/e-CMG具有优异的电化学性能,在电流密度1 A/g下,其比电容可达 389 F/g;当测试电流为 35 A/g 时,该材料电容保持率高达 97.7%。由MnO_2/e-CMG 和 e-CMG 电极组装的不对称超级电容器单体能量密度和功率密度分别达到 44 Wh/kg 和25 kW/kg,且循环性能佳。

魏冰等通过燃烧合成法以及氧化石墨烯自组装方法制备具有微观三维多孔结构的石墨烯材料,反相微乳液法制备二氧化锰/三维石墨烯超级电容器复合电极材料,其扫描电镜图见图4-38。利用石墨烯强烈的亲油疏水特性,使其在油相中均匀分散;通过高锰酸钾与硫酸锰水溶液在微乳液滴内发生氧化还原反应制备二氧化锰颗粒,并负载于石墨烯三维多孔

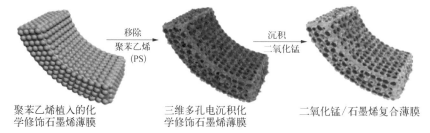

图 4 - 37　以聚苯乙烯胶体为模板采用压纹工艺制备 3D 多孔薄膜（e-CMG），及 MnO₂ 在石墨烯表面沉积得到 MnO₂/e-CMG 示意图

移除
聚苯乙烯
(PS)

沉积
二氧化锰

聚苯乙烯植入的化学修饰石墨烯薄膜

三维多孔电沉积化学修饰石墨烯薄膜

二氧化锰/石墨烯复合薄膜

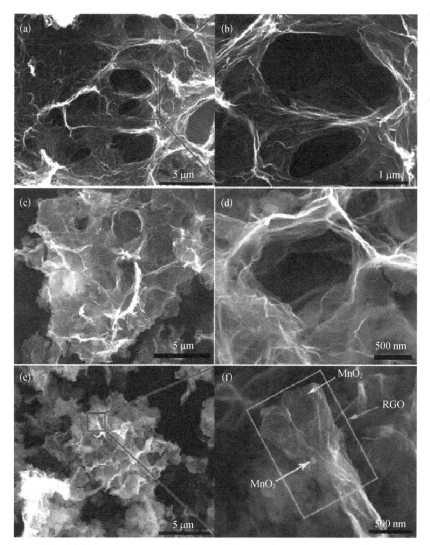

图 4 - 38　反相微乳液法三维石墨烯以及二氧化锰/三维石墨烯扫描电镜图

（a）（c）（e）3D RGO, MnO₂（质量分数为 26.6%）/3D RGO, MnO₂（质量分数为 66.4%）/3D RGO;（b）（d）（f）低倍放大倍数下以及高放大倍数下扫描电镜图

结构表面。在最佳热处理条件下（150℃），复合电极材料比电容为387.9 F/g；经过1 000次多循环测试后，样品电容保持率为90.4%。以反相微乳液方法为基础，原位合成制备二氧化锰/三维石墨烯超级电容器复合电极材料。利用高锰酸钾与石墨烯表面碳发生的氧化还原反应，在石墨烯表面原位生成二氧化锰涂层。相同测试条件下（测试电流密度0.5 A/g），原位合成法制备二氧化锰/三维石墨烯复合电极材料比电容为479.6 F/g；1 000次多循环测试后，样品电容保持率由90.4%提升至92.7%。

Kim等通过化学还原方法分别以水合肼和硼氢化钠作还原剂制备石墨烯/二氧化锰复合材料，记为 H-RGO/MnO_2，S-RGO/MnO_2，其场发射扫描电子显微镜图见图4-39。通过物理表征发现，MnO_2附着在GO表面，且GO成功地还原成石墨烯。H-RGO/MnO_2比S-RGO/MnO_2具有更高的导电性，因为它的官能团中氧含量更低，在1 mol/L Na_2SO_4水溶液中，10 mV/s扫描速度下，H-RGO/MnO_2和S-RGO/MnO_2电极

图4-39 场发射扫描电子显微镜图

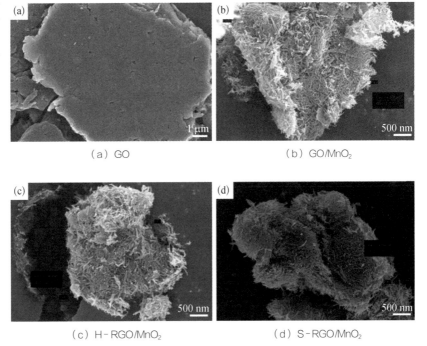

（a）GO

（b）GO/MnO_2

（c）H-RGO/MnO_2

（d）S-RGO/MnO_2

材料的放电比容量分别为 327.5 F/g、278.6 F/g。

Liu 等以介孔碳和 KMnO₄ 为原料通过原位化学氧化还原反应制备了三明治结构的二氧化锰/石墨烯(Manganese Dioxide/Graphene，MG)纳米花。结果表明，介孔碳被腐蚀并进入了双面都沉积了超薄型 MnO₂ 纳米薄膜的相互连接的石墨烯结构内，如图 4‑40 所示。MG 具有优良的电容性能，其电位窗口为 0.2～1.2 V。在 0.5 mol/L Li₂SO₄ 水溶液中，电流密度 1 A/g 下其可逆的比电容达到 240 F/g，且充放电循环 1 000 次后容量保持率高达 96%。

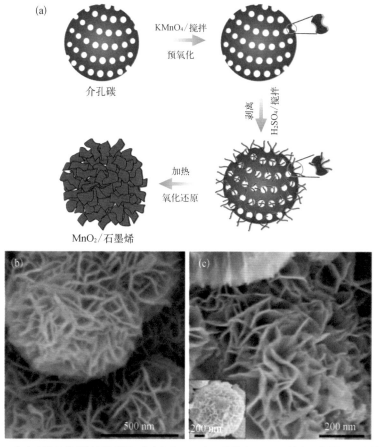

图 4‑40 二氧化锰/石墨烯（MG）纳米花制备示意图及 SEM

（a）MG 纳米花制备示意图；（b）(c) MG 在不同倍率下 SEM[其中(c)插图是一个单独 MG 纳米花]

4.4.4　石墨烯/其他复合材料

Xiang 等分别制备了还原氧化石墨烯/TiO$_2$ 纳米带和还原氧化石墨烯/TiO$_2$ 纳米粒子复合材料,研究其作为超级电容器电极材料的电化学性能。当还原氧化石墨烯与 TiO$_2$ 纳米带的质量比为 7∶3 时,在 1 mol/L 的 Na$_2$SO$_4$ 水溶液中,0.125 A/g 电流密度下,复合材料比容量达到 225 F/g,比相同条件下纯还原氧化石墨烯、TiO$_2$ 和还原氧化石墨烯/TiO$_2$ 纳米粒子复合材料具有更高的电容,且表现出优异的循环性能。

氧化锌是一种性能优良的半导体材料,原料价廉,来源广泛,环境友好。纳米氧化锌易生长在各种基底上,且其颗粒尺寸易控制,具有赝电性,但氧化锌作为电极材料时表现出多次充放电后体积膨胀、循环次数低等缺点,而石墨烯正好可以改善氧化锌的不足。石墨烯和氧化锌两者相当契合,但目前这种复合材料的制备还存在一些问题。

Lu 等采用丝网印刷的方法在石墨基底上制备出石墨烯膜,然后用超声喷雾热分解的方法分别将 ZnO 和 SnO$_2$ 沉积在石墨烯膜层上制备出了 ZnO/石墨烯和 SnO$_2$/石墨烯复合材料,其 SEM 如图 4-41 所示。通过电化学性能测试表明,ZnO 和 SnO$_2$ 的加入都有效改善了石墨烯电极性能。其中 ZnO/石墨烯复合材料电极具有最高电容量(61.7 F/g)和最大功率密度(4.8 kW/kg)。

图 4-41　石墨烯、石墨烯- ZnO、石墨烯- SnO$_2$ 的SEM

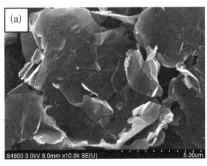 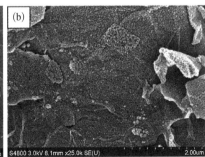

（a）石墨烯 SEM　　　　　（b）石墨烯- ZnO SEM

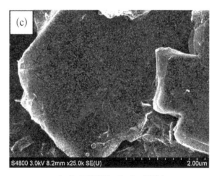

（c）石墨烯- SnO_2 SEM

　　Li 等以碳布为基底,采用原位热分解法将超细的 CuO 纳米颗粒嵌入到具有三维结构的石墨烯网络上,CuO 纳米颗粒为 3~6 nm,分布均匀,构建了具有导电性高、比表面积大和氧化还原性能优异的超级电容器电极材料 CuO/3DGN/CC,其制备过程如图 4-42 所示。通过调节 CuO 的含量、优化活性材料的负载量,得到电化学性能最佳电极,在电流密度6 mA/cm^2下,其面积比容量达到 2 787 mF/cm^2、质量比容量为 1 539.8 F/g。

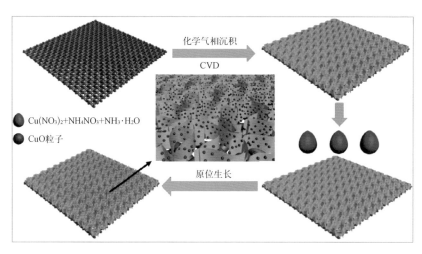

图 4-42　CuO/3DGN/CC 复合材料制备示意图

　　Huang 等通过化学沉积法制备了层级多孔 NiO/石墨烯复合薄膜材料,其中石墨烯采用水面扩散法制备而得,呈多孔网络结构,其制备过程如图 4-43 所示。该结构石墨烯具有多种优点,如大比表面积大、导电性

　　　　　　　　　　　　　　　　　　　　　石墨烯超级电容器

良好、孔结构发达以及骨架稳定,可以为复合材料提供良好的骨架支撑。将 NiO/石墨烯复合材料应用在超级电容器中,以 2 mol/L KOH 水溶液作电解液,在 2 A/g 电流密度下,比电容达到 540 F/g。且具有良好的循环性能,充放电 2 000 次后容量保持率为 80%,而相同测试条件下的纯 NiO 仅为 370 F/g,保持率 66%。通过测试表明,复合材料优异的电化学性能得益于其具有更快的响应时间和更低的内阻。

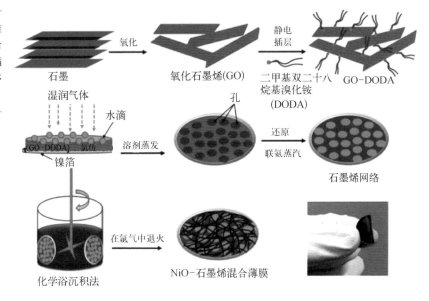

图 4 - 43 三维 NiO - 石墨烯混合膜制备示意图(插图为镍箔基底上多孔石墨烯膜照片)

Ghasemi 等采用电泳沉积法和电化学还原过程制备了还原氧化石墨烯 - Fe_3O_4(RGO - Fe_3O_4)纳米复合物。通过表征可以看出,Fe_3O_4(20～50 nm 颗粒)均匀分布在还原氧化石墨烯表面。以 Na_2SO_4 溶液作电解质进行电容性能测试,当电流密度为 1 A/g 时复合材料电极比容量为 154 F/g,相比于单纯还原氧化石墨烯比电容 81 F/g 有大幅度提高。实验还表明,通过在 Na_2SO_4 溶液中添加表面活性剂 Triton X - 100,RGO - Fe_3O_4 在 1 A/g 时最大比容量为 236 F/g,循环 500 次后容量保持率为 97%。

图 4 - 44

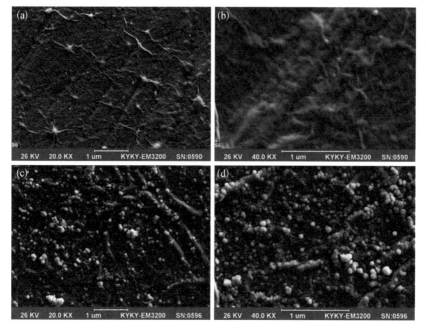

（a）（b）还原氧化石墨烯 SEM；（c）（d） RGO - Fe$_3$O$_4$

参考文献

［1］ Trasatti S，Buzzanca G. Ruthenium dioxide：a new interesting electrode material. Solid state structure and electrochemical behaviour［J］. Journal of Electroanalytical Chemistry and Interfacial Electrochemistry，1971，29 (2)：A1 - A5.

［2］ Zhang S W，Chen G Z. Manganese oxide based materials for supercapacitors［J］. Energy Materials，2008，3(3)：186 - 200.

［3］ Conway B E. Transition from "supercapacitor" to "battery" behavior in electrochemical energy storage［J］. Journal of the Electrochemical Society，1991，138(6)：1539 - 1548.

［4］ Trasatti S. Physical electrochemistry of ceramic oxides［J］. Electrochimica acta，1991，36(2)：225 - 241.

［5］ Hu C C，Lee C H，Wen T C. Oxygen evolution and hypochlorite production on Ru-Pt binary oxides ［ J ］. Journal of applied electrochemistry，1996，26(1)：72 - 82.

[6] Long J W, Swider K E, Merzbacher C I, et al. Voltammetric characterization of ruthenium oxide-based aerogels and other RuO₂ solids: the nature of capacitance in nanostructured materials[J]. Langmuir, 1999, 15(3): 780 – 785.

[7] Wen T C, Hu C C. Hydrogen and Oxygen Evolutions on Ru-Ir Binary Oxides[J]. Journal of the Electrochemical Society, 1992, 139(8): 2158 – 2163.

[8] Soin N, Roy S S, Mitra S K, et al. Nanocrystalline ruthenium oxide dispersed Few Layered Graphene (FLG) nanoflakes as supercapacitor electrodes[J]. Journal of Materials Chemistry, 2012, 22(30): 14944 – 14950.

[9] Patake V D, Pawar S M, Shinde V R, et al. The growth mechanism and supercapacitor study of anodically deposited amorphous ruthenium oxide films[J]. Current Applied Physics, 2010, 10(1): 99 – 103.

[10] Deshmukh P R, Patil S V, Bulakhe R N, et al. Inexpensive synthesis route of porous polyaniline-ruthenium oxide composite for supercapacitor application[J]. Chemical Engineering Journal, 2014, 257: 82 – 89.

[11] Zhao D, Guo X, Gao Y, et al. An electrochemical capacitor electrode based on porous carbon spheres hybrided with polyaniline and nanoscale ruthenium oxide[J]. ACS applied materials & interfaces, 2012, 4(10): 5583 – 5589.

[12] Kim I H, Kim J H, Lee Y H, et al. Synthesis and characterization of electrochemically prepared ruthenium oxide on carbon nanotube film substrate for supercapacitor applications [J]. Journal of the Electrochemical Society, 2005, 152(11): A2170 – A2178.

[13] Lee H Y, Goodenough J B. Supercapacitor behavior with KCl electrolyte [J]. Journal of Solid State Chemistry, 1999, 144(1): 220 – 223.

[14] Ghodbane O, Pascal J L, Favier F. Microstructural effects on charge-storage properties in MnO₂-based electrochemical supercapacitors[J]. ACS applied materials & interfaces, 2009, 1(5): 1130 – 1139.

[15] Wang X, Li Y. Selected-control hydrothermal synthesis of α-and β-MnO₂ single crystal nanowires[J]. Journal of the American Chemical Society, 2002, 124(12): 2880 – 2881.

[16] Wu Z S, Ren W, Wang D W, et al. High-energy MnO₂ nanowire/graphene and graphene asymmetric electrochemical capacitors[J]. ACS nano, 2010, 4(10): 5835 – 5842.

[17] Subramanian V, Zhu H, Vajtai R, et al. Hydrothermal synthesis and pseudocapacitance properties of MnO₂ nanostructures[J]. The Journal of Physical Chemistry B, 2005, 109(43): 20207 – 20214.

[18] Cheng Q, Tang J, Ma J, et al. Graphene and nanostructured MnO₂

composite electrodes for supercapacitors[J]. Carbon, 2011, 49(9): 2917 - 2925.

[19] Li Z, Wang J, Liu S, et al. Synthesis of hydrothermally reduced graphene/MnO_2 composites and their electrochemical properties as supercapacitors[J]. Journal of Power Sources, 2011, 196(19): 8160 - 8165.

[20] Chang H W, Lu Y R, Chen J L, et al. Electrochemical and in situ X-ray spectroscopic studies of MnO_2/reduced graphene oxide nanocomposites as a supercapacitor[J]. Physical Chemistry Chemical Physics, 2016, 18(28): 18705 - 18718.

[21] Liu T, Shao G, Ji M, et al. Synthesis of MnO_2-graphene composites with enhanced supercapacitive performance via pulse electrodeposition under supergravity field[J]. Journal of Solid State Chemistry, 2014, 215: 160 - 166.

[22] Yan J, Fan Z, Wei T, et al. Fast and reversible surface redox reaction of graphene-MnO_2 composites as supercapacitor electrodes [J]. Carbon, 2010, 48(13): 3825 - 3833.

[23] Wang H, Cui L F, Yang Y, et al. Mn_3O_4-graphene hybrid as a high-capacity anode material for lithium ion batteries [J]. Journal of the American Chemical Society, 2010, 132(40): 13978 - 13980.

[24] Cheng J, Cao G P, Yang Y S. Characterization of sol-gel-derived NiOx xerogels as supercapacitors[J]. Journal of Power Sources, 2006, 159(1): 734 - 741.

[25] Wang D W, Li F, Cheng H M. Hierarchical porous nickel oxide and carbon as electrode materials for asymmetric supercapacitor[J]. Journal of Power Sources, 2008, 185(2): 1563 - 1568.

[26] Zhao D D, Bao S J, Zhou W J, et al. Preparation of hexagonal nanoporous nickel hydroxide film and its application for electrochemical capacitor[J]. Electrochemistry communications, 2007, 9(5): 869 - 874.

[27] Zhao B, Song J, Liu P, et al. Monolayer graphene/NiO nanosheets with two-dimension structure for supercapacitors [J]. Journal of Materials Chemistry, 2011, 21(46): 18792 - 18798.

[28] Wu M S, Lin Y P, Lin C H, et al. Formation of nano-scaled crevices and spacers in NiO-attached graphene oxide nanosheets for supercapacitors[J]. Journal of Materials Chemistry, 2012, 22(6): 2442 - 2448.

[29] 王晓峰, 解晶莹. 氧化镍超电容器的研究[J]. 电子元件与材料, 2000, 19(5): 26 - 28.

[30] Machala L, Tucek J, Zboril R. Polymorphous transformations of nanometric iron (III) oxide: a review[J]. Chemistry of Materials, 2011, 23(14): 3255 - 3272.

[31] Tian W, Wang X, Zhi C, et al. Ni(OH)$_2$ nanosheet@ Fe$_2$O$_3$ nanowire hybrid composite arrays for high-performance supercapacitor electrodes [J]. Nano energy, 2013, 2(5): 754 - 763.

[32] Jeong J M, Choi B G, Lee S C, et al. Hierarchical hollow spheres of Fe$_2$O$_3$@ polyaniline for lithium ion battery anodes [J]. Advanced Materials, 2013, 25(43): 6250 - 6255.

[33] Song Z, Liu W, Xiao P, et al. Nano-iron oxide (Fe$_2$O$_3$)/ three-dimensional graphene aerogel composite as supercapacitor electrode materials with extremely wide working potential window [J]. Materials Letters, 2015, 145: 44 - 47.

[34] Yang W, Gao Z, Wang J, et al. Hydrothermal synthesis of reduced graphene sheets/ Fe$_2$O$_3$ nanorods composites and their enhanced electrochemical performance for supercapacitors[J]. Solid State Sciences, 2013, 20: 46 - 53.

[35] Lee K K, Deng S, Fan H M, et al. α - Fe$_2$O$_3$ nanotubes-reduced graphene oxide composites as synergistic electrochemical capacitor materials [J]. Nanoscale, 2012, 4(9): 2958 - 2961.

[36] Wang H, Xu Z, Yi H, et al. One-step preparation of single-crystalline Fe$_2$O$_3$ particles/graphene composite hydrogels as high performance anode materials for supercapacitors[J]. Nano Energy, 2014, 7: 86 - 96.

[37] Wang Z, Liu C J. Preparation and application of iron oxide/graphene based composites for electrochemical energy storage and energy conversion devices: current status and perspective[J]. Nano Energy, 2015, 11: 277 - 293.

[38] Zhou G, Wang D W, Li F, et al. Graphene-wrapped Fe$_3$O$_4$ anode material with improved reversible capacity and cyclic stability for lithium ion batteries[J]. Chemistry of Materials, 2010, 22(18): 5306 - 5313.

[39] Zhu X, Zhu Y, Murali S, et al. Nanostructured reduced graphene oxide/ Fe$_2$O$_3$ composite as a high-performance anode material for lithium ion batteries[J]. ACS nano, 2011, 5(4): 3333 - 3338.

[40] Gao Y, Chen S, Cao D, et al. Electrochemical capacitance of Co$_3$O$_4$ nanowire arrays supported on nickel foam[J]. Journal of Power Sources, 2010, 195(6): 1757 - 1760.

[41] Wu Z S, Ren W, Wen L, et al. Graphene anchored with Co$_3$O$_4$ nanoparticles as anode of lithium ion batteries with enhanced reversible capacity and cyclic performance[J]. ACS nano, 2010, 4(6): 3187 - 3194.

[42] Huang S, Jin Y, Jia M. Preparation of graphene /Co$_3$O$_4$ composites by hydrothermal method and their electrochemical properties [J]. Electrochimica Acta, 2013, 95: 139 - 145.

[43] Xiang C, Li M, Zhi M, et al. A reduced graphene oxide /Co$_3$O$_4$ composite for supercapacitor electrode[J]. Journal of Power Sources, 2013, 226: 65–70.

[44] Zhang K, Zhang L L, Zhao X S, et al. Graphene/polyaniline nanofiber composites as supercapacitor electrodes[J]. Chemistry of Materials, 2010, 22(4): 1392–1401.

[45] Zhang L L, Zhao S, Tian X N, et al. Layered graphene oxide nanostructures with sandwiched conducting polymers as supercapacitor electrodes[J]. Langmuir, 2010, 26(22): 17624–17628.

[46] Gao Z, Yang W, Wang J, et al. Electrochemical synthesis of layer-by-layer reduced graphene oxide sheets/polyaniline nanofibers composite and its electrochemical performance [J]. Electrochimica Acta, 2013, 91: 185–194.

[47] Sudhakar Y N, Smitha V, Poornesh P, et al. Conversion of pencil graphite to graphene/polypyrrole nanofiber composite electrodes and its doping effect on the supercapacitive properties[J]. Polymer Engineering & Science, 2015, 55(9): 2118–2126.

[48] Zhang L L, Zhao S, Tian X N, et al. Layered graphene oxide nanostructures with sandwiched conducting polymers as supercapacitor electrodes[J]. Langmuir, 2010, 26(22): 17624–17628.

[49] Zhang J, Zhao X S. Conducting polymers directly coated on reduced graphene oxide sheets as high-performance supercapacitor electrodes[J]. The Journal of Physical Chemistry C, 2012, 116(9): 5420–5426.

[50] Davies A, Audette P, Farrow B, et al. Graphene-based flexible supercapacitors: pulse-electropolymerization of polypyrrole on free-standing graphene films[J]. The Journal of Physical Chemistry C, 2011, 115(35): 17612–17620.

第 5 章

石墨烯混合型
超级电容器

超级电容器又可分为对称型和非对称型,如果两个电极的组成相同且电极反应相同,反应方向相反,则被称为对称型;反之则被称为非对称型。其中正负极材料的电化学储能机理相同或相近的为对称型超级电容器,如碳/碳双电层电容器和 RuO_2/RuO_2 电容器。为了进一步提高超级电容器的能量密度,近年来开发出了一种新型的电容器——混合型超级电容器。在混合型超级电容器中,一极采用传统的电池电极并通过电化学反应来储存和转化能量,另一极则通过双电层来储存能量。电池电极具有高的能量密度,同时两者结合起来会产生更高的工作电压,因此混合型超级电容器的能量密度远大于双电层电容器。目前,混合型超级电容器是电容器研究的热点。混合型超级电容器作为一种新型储能装置,在超级电容器的充放电过程中正负极的储能机理不同,因此其具有双电层电容器和电池的双重特征。混合型超级电容器的充放电速度、功率密度、内阻、循环寿命等性能主要由电池电极决定,同时充放电过程中其电解液体积和电解质浓度会发生改变。

　　目前,世界各国纷纷制定近期的目标和发展计划,将混合型超级电容器列为重点研究对象。俄罗斯、美国和日本等发达国家都为混合型超级电容器的研制开发投入了大量资金。在中国混合电容器也正在迅速发展,并展现出一定的市场前景。目前,上海奥威、哈尔滨巨容等电容器公司已经开始批量生产由 EMSA 公司研制的 AC/NiOOH 混合型超级电容器,并将其应用到电动公交车或太阳能电池领域。为了同时获得较高的能量密度和功率密度,人们开始设计新型的非对称型电化学超级电容器,即电容器的一极是双电层电极,另一极为法拉第准电容电极。非对称型电化学超级电容器综合了两类电化学电容器的优点,可更好地满足实际应用中负载对电源系统的能量密度和功率密度的整体要求。另外,人们开始尝试用二次电池的电极材料取代传统电化学电容器的一极,制成电池型电容器,适宜在短时间大电流放电的情况下工作,可作为电动车辆的启动、制动电源。

混合型超级电容器可以分为内串型超级电容器和内并型超级电容器:一类是电容器的一个电极采用金属氧化物(一般以水系为主)、高分子聚合物、电池电极等材料,另一个电极采用双电层电容电极多孔炭类材料,制成内串型混合电容器(不对称电容器),其中一个电极发生物理储能,另一个电极发生化学储能,典型的器件是 AC/LTO 混合型电容器和 AC/石墨类混合型电容器(又称 LIC);另一类是在其中一个电极材料中,同时含有该两类材料,称作内并型混合电容器,其中一个电极既发生物理储能又发生化学储能,典型的器件为电池电容。石墨烯基混合电容器指的是在混合电容的制备过程中,采用石墨烯复合材料、石墨烯导电组分或基于石墨烯的活性物质等方式,提高混合电容器的功率性能、寿命性能及高低温性能。

5.1　锂离子混合电容器体系

根据电极材料复合方式的不同,目前研究的含锂混合电容器主要有含锂化合物-AC/AC、AC/预赋锂碳材料、AC/钛氧化物、含锂化合物-AC/钛氧化物等几种体系。其中,AC/预赋锂碳材料混合电容器的正极为活性炭,负极为预先嵌锂处理过的石墨、软碳(Soft Carbon, SC)、硬碳(Hard Carbon, HC)等锂离子电池负极碳材料,日本富士重工将该类混合电容器体系命名为锂离子电容器(Lithium-Ion Capacitor, LIC)。目前,锂离子电容器已在日本初步实现了产业化,并得到了越来越多的关注。

石墨烯理论比表面积为 $2\,630\,\text{m}^2/\text{g}$,高于碳纳米管和活性炭。它结构完美,其外露的表面可以被电解液充分地浸润和利用,具有高的比容量,并适合于大电流快速充放电;它物理化学性质稳定,能在高工作电压下保持结构稳定;同时它具有优异的导电性能,可以促进离子/电子快速传递,降低内阻,提高超级电容器的循环稳定性。因此,石墨烯被认为是高电压、高容量、高功率超级电容器电极材料的选择之一。目前,国内外基于石墨烯或改性石墨烯超级电容器的研究工作非常广泛,大量的研究结果表明石墨烯在超级电容器领域具有很强的商业化应用前景。

5.1.1 锂离子电容器的工作原理

由于不同正负极体系的锂离子电容器的工作原理不同,如正负极材料石墨和 $Li_4Ti_5O_{12}$ 进行充/放电时的锂离子来源于电解液,而 $LiMn_2O_4$ 等锂电池正极材料进行充/放电时的锂离子来源于脱/嵌其晶体本身的锂离子,所以下面分别以 $AC/Li_4Ti_5O_{12}$ 体系、$LiMn_2O_4/AC$ 体系和 $AC/$石墨、软碳(SC)、硬碳(HC)体系为例说明锂离子电容器的工作原理。

1. $AC/Li_4Ti_5O_{12}$ 体系

(锂离子电容器及其脱/嵌锂材料性能的研究)在 $AC/Li_4Ti_5O_{12}$ 锂离子电容器中,活性炭正极的工作原理同在双电层电容器中一样,充/放电时通过双电层原理静电吸脱附电解液中的 Li^+;在 $Li_4Ti_5O_{12}$ 负极中,充电时电解液中的 Li^+ 嵌入电极材料,放电时 Li^+ 从 $Li_4Ti_5O_{12}$ 中脱出。$AC/$ $Li_4Ti_5O_{12}$ 锂离子电容器的工作原理如图 5-1 所示。

图 5-1 $Li_4Ti_5O_{12}$ 锂离子电容器的充/放电原理示意图

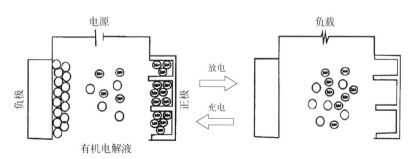

2. LiMn$_2$O$_4$/AC 体系

以锰酸锂为正极材料的锂离子电容器中,正极是可发生 Li$^+$ 嵌入/脱出的 LiMn$_2$O$_4$,负极是能发生表面吸附、脱附产生静电荷的活性炭,其工作原理如图 5-2 所示。在对电容器进行充/放电时,Li$^+$ 往返于正负极之间。与石墨和 Li$_4$Ti$_5$O$_{12}$ 电极不同的是,充电时 LiMn$_2$O$_4$ 晶格中的 Li$^+$ 会脱出进入到电解液中,AC 电极则吸附电解液中的 Li$^+$;放电时,电容器中进行相反的过程,电解液中的 Li$^+$ 嵌入 LiMn$_2$O$_4$,AC 则把 Li$^+$ 脱附到电解液中,就像一种特殊的锂离子电池。反应式如下

LiMn$_2$O$_4$ 正极反应:LiMn$_2$O$_4 \leftrightarrow$ Li$_{1-x}$Mn$_2$O$_4$ + xLi$^+$ + xe$^-$ (5-1)

AC 负极: AC + xLi$^+$ + xe$^-$ = AC^{x-} // xLi$^+$ (// 代表双电层)

$$(5-2)$$

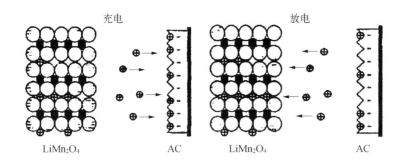

充电   放电

LiMn$_2$O$_4$ AC   LiMn$_2$O$_4$ AC

图 5-2 LiMn$_2$O$_4$ 体系锂离子电容器充放电原理示意图

对于双电层电容器,因为有两个相同的电极,可以看成是两个串联的电容器,根据电容器的电荷存储原理,活性炭电极的单电极比容量计算公式为

$$C = \frac{2Q}{m\Delta V} = \frac{2 \times 3\,600 \times 10^{-3} C_t}{m \Delta V} = \frac{7.2 C_t}{m \Delta V} \qquad (5-3)$$

式中,C 为电容单电极活性物质的质量比容量;Q 为电容器存储的电量;C_t 为电池测试系统所测得的容量;m 为电极活性物质的质量;ΔV 为电容器的工作电压范围区间。

           石墨烯超级电容器

而对于锂离子电容器,因为两个电极工作原理不同,在充/放电过程中,非极化电极上有电荷转移,且电极电位变化很小,体系的电压变化可近似为活性炭电极的电位变化,所以锂离子电容器中活性炭电极的单电极质量比容量计算公式为

$$C = \frac{Q}{m\Delta V} = \frac{3\,600 \times 10^{-3}C_{t}}{m\Delta V} = \frac{3.6C_{t}}{m\Delta V} \tag{5-4}$$

3. AC/石墨、软碳(SC)、硬碳(HC)体系

日本富士重工 SUBARU 技术研究中心的 Hatozaki 正极采用 AC,负极采用预嵌入锂的石墨、软碳(SC)、硬碳(HC)等锂离子电池碳材料制备锂离子混合电容器。此种锂离子电容器的工作原理如图 5-3 所示,充电时,电解液中的 Li$^+$ 嵌入到石墨、硬碳(HC)等层间形成嵌锂化合物,同时电解液中的阴离子则吸附在 AC 的正极表面形成双电层;放电过程与充电过程相反,Li$^+$ 从嵌锂材料中脱出,阴离子也从 AC 表面脱附回到本体电解液。

图 5-3 AC/石墨、软碳(SC)、硬碳(HC)体系锂离子电容器充放电原理示意图

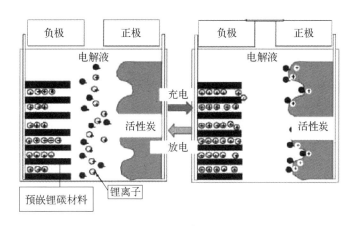

5.1.2 锂离子电容器的国内外研究现状及相关产业进展

在锂离子电容器(LIC)产业化方面,自富士重工公开 LIC 相关研制

技术后,日本国内和其他国家科研组织、企业也开始关注这一新型储能技术,纷纷加入研制相关产品。由于起步较早,日本在 LIC 的产业化比较领先,例如 JM Energy、日本 FDK 公司、太阳诱电(TAIYOYUDEN)、新神户电机、东芝等企业,并先后开发出快速充电型、耐高温型、小型化等多类型,以适应不同应用场合。其中以 JM Energy 为代表,其工作电压为 2.2～3.8 V,比能量在 10 Wh/kg 左右(表 5-1)。

公　　　司	电压窗口/V	容量/F	内阻/mΩ	质量比能量Wh/kg	体积比能量Wh/L	循环寿命
JM Energy	2.2～3.8	2 200	0.7(D.C)	10	19	100 000
TAIYOYUDEN	2.2～3.8	200	约 50(A.C)	10	20	100 000
AoweiTechnology	2.5～3.8	9 000	1.2(D.C)	≥20	≥35	1 000 000

表 5-1　相关企业锂离子电容器产品参数

在实际的生产中,锂离子电容器的制造技术要比锂离子电池和双电层电容器复杂许多,当前的研究重点主要集中于碳负极的预赋锂技术、电极材料与体系优化两方面。

预赋锂技术是锂离子电容器制造技术中至关重要的一环,制造成本高且工艺复杂,是公认的技术难点。现有资料已经揭示了锂离子电容器的多种制作技术,锂源的选择、赋锂过程实现方式、锂掺杂量等因素决定着器件性能、制造成本、可靠性。

(1)单体内部结构与锂源研究

富士重工使用多孔金属箔作为集流体,在最外层负极相对的位置放置一片锂箔,这样即使是含有多层电极的单体,Li^+ 也可自由通过附着于集流体上的涂层而在电极层叠单元内移动,从而将 Li^+ 掺杂到负极中,如图 5-4 所示。当前日本企业的锂离子电容器产品多采用该种结构。

上述技术是以锂箔作为 Li^+ 供给源,但锂箔质软且对环境要求苛刻,使得单体的组装极为不便,同时也伴随着较大的安全隐患。三星电机在隔膜的一个表面上通过真空气相沉积形成锂薄膜,使锂薄膜与负极相对,用锂薄膜中的 Li^+ 预嵌入负极。

　　　　　　　　　　　石墨烯超级电容器

图 5-4

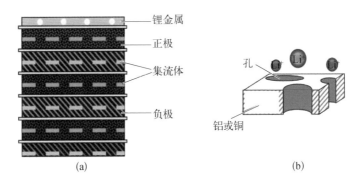

（a）富士重工发明专利中 LIC 的结构示意图;（b）多孔集流体示意图

不同预嵌锂方式如图 5-5 所示。相比于富士重工,三星电机的方法有如下优点。① 由于锂薄膜与负极直接接触以在随后的过程中进行预嵌锂,因此无须使用通孔集流体,这样可降低产品内阻;② 此方法可以较方便地控制锂的用量,安全性有所提高;③ 每层负极均与锂薄膜直接接触赋锂,可大大缩短预赋锂时间。但该种方法的实际可行性尚有待考证。

图 5-5　不同预嵌锂方式

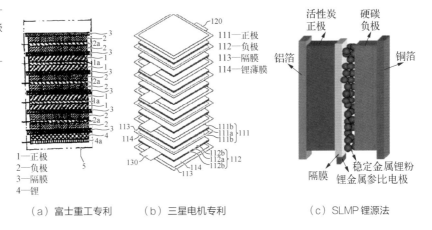

（a）富士重工专利　　　（b）三星电机专利　　　（c）SLMP 锂源法

（2）锂掺杂量研究

锂的掺杂量是预赋锂环节中的关键参数。掺杂量过多,预赋锂后产品内部会有残留的锂源,影响产品容量且易造成安全隐患;掺杂量太少,预赋锂程度不够,对电压、能量密度的改善达不到预期目标。因此需要设计合理的锂掺杂量,制造安全可靠的产品。

（3）预赋锂方式研究

预赋锂材料在循环中的不稳定性是引起产品容量衰减的根源,而预赋锂的方式至关重要,合理的预赋锂方法可以保证嵌锂负极材料的稳定性,从而保证单体的循环稳定性。

澳大利亚能源科工组织(CSIRO)对这一问题进行了深入的研究。他们制作了 Li/石墨/AC 三电极锂离子电容器,分别通过以下 3 种方法研究石墨的预赋锂效果。① 将 Li/石墨电极进行外部短路,直接放电赋锂;② 对锂极和石墨电极进行 0.05 C 恒流充电赋锂;③ 将锂极和石墨电极间外接电阻进行充放电循环赋锂。通过监测锂/预掺杂石墨电位和开路电压考察电池的放电状态,结果表明:以第①种方法进行预赋锂约需 10 h,此时 Li$^+$ 掺入量约为石墨理论容量的 71%,随着循环测试的进行,石墨电极中掺杂的锂有所流失,且单体的自放电现象较严重,因此推断这种方法未能产生均一的 SEI 膜;以第②种方法的预赋锂结果显示,自放电现象相较方法①只是稍微得到了改善;而第③种方法完成预赋锂花费了约 11 天,该种情况下得到的石墨电极表现出了非常低的自放电率,故推断这种方法能形成均一优质的 SEI 膜。

1. 锂离子嵌入化合物负极/电容活性正极体系

尖晶石 Li$_4$Ti$_5$O$_{12}$(LTO)理论比容量为 177 mAh/g,在锂离子脱嵌过程中几乎为零应变材料,在锂离子电池中表现出极好的循环性能和倍率性能,但因平均锂脱嵌电位较高(1.55 V vs. Li/Li$^+$),相对于其他负极材料并没有表现出太多的能量密度优势,限制其作为商用锂离子电池负极材料的应用。Amatucci 等首次报道了在 1 mol/L LiClO$_4$ 的碳酸乙烯酯(Ethylene Carbonate,EC)和碳酸二甲酯(Dimethyl Carbonate,DMC)电解液中,以 Li$_4$Ti$_5$O$_{12}$ 为负极,活性炭为正极材料组成 Li$_4$Ti$_5$O$_{12}$/AC 混合超级电容器。体系的工作电压窗口为 1.0~3.0 V,处于超级电容器在有机电解液中的稳定工作区间内,不易造成有机电解液的还原分解和形成阻抗较高的固体电解质膜,能量密度可达到 20 Wh/kg(基于混合电容器整体质量计算,后文中如无特殊说明则按照电极材料质量计算)。在该体系中,$Li_4Ti_5O_{12}$ 电极的离子和电子传导速率决定了整个电容器的快速充放电性能,而活性炭能储存的电荷数决定了整个电容器的能量密度。由于 $Li_4Ti_5O_{12}$ 材料本身电子电导率和锂离子迁移率较低,在短时间的充放电反应中,很难实现锂离子的完全脱嵌,因此其能量密度还有待提高。

为了提高 LTO 的电子传导性和锂离子扩散系数,研发人员做了很多努力来制备高性能钛酸锂复合材料,例如使用溶胶-凝胶法,水热法和溶剂热法等。Leng 等使用溶剂热和热处理方法制备了 LTO/石墨烯纳米复合材料(G‐LTO),图 5‐6 是制作 G‐LTO 材料的过程示意,在 0.3C 下具有高达 207 mAh/g 的可逆容量(远高于理论值 175 mAh/g),在 20C 时为123 mAh/g,从图 5‐7 中的扫描电子显微镜(SEM)和透射电子显微镜(TEM)中可以清楚地看出 LTO 颗粒在低聚度时均匀分散在褶皱的氧化石墨烯网络中,尺寸为 $100\sim500$ nm。由于纳米 LTO 插入石墨烯中,热处理保证 LTO 颗粒固定在石墨烯层且具有小尺寸和高分散性,这样的结构有助于电子的快速输运。图 5‐7(d)显示了高分辨率TEM(HR‐TEM)的 G‐LTO 复合图像。它清楚地表明,LTO 颗粒牢固地附着在石墨烯纳米片,均匀的 LTO 颗粒防止石墨烯片的严重堆积。N_2 吸附测量显示,G‐LTO 纳米复合材料具有较高的比表面积(BET),约18 m^2/g。

图 5‐6 G‐LTO 纳米复合材料的合成示意图

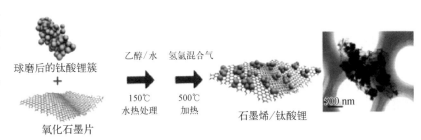

基于此,优化后的 LTO/石墨烯//石墨烯-蔗糖复合材料表现出超高能量密度 95 Wh/kg,在 100 C 的倍率性能下,能量密度可达 32 Wh/kg,Yuan

图 5 - 7 G - LTO
材料的 SEM 与
TEM 图像

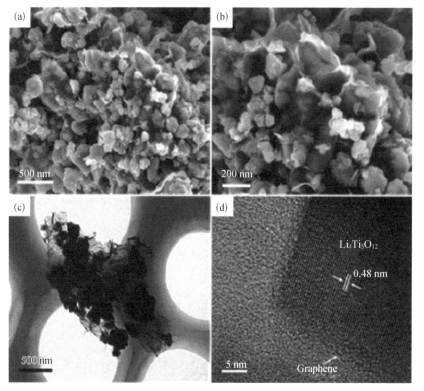

(a)(b) G-LTO 材料不同放大倍数的 SEM 图像；(c)(d) G-LTO 材料高分辨 TEM 图像

等报道了一个简单的策略，用 TiO_2 作为起始原料，采用喷雾干燥辅助固相反应方法构建 3D 褶皱的石墨烯薄片包裹的纳米 LTO 复合材料。即使在 40 C 的高充电 / 放电速率下，最高比容量可达 174.4 mAh/g，相比于 1 C 时容量保持率为 51.9%。当使用活性炭 AC 作为阴极材料时，LTO @ GNS//AC 锂离子混合电容器能量密度达 29.2 Wh/kg，是传统 AC//AC 对称 EDLC 体系的 3 倍，并且在 20 000 次循环后容量保持 90%，充放电曲线和倍率性能曲线如图 5 - 8 所示。另一种 LTO @ 石墨烯复合材料由 Xue 等用一步溶胶-凝胶法制备。LTO/石墨烯复合材料在 0.2 C 时的容量为 191 mAh/g，在 20 C 时容量为 126 mAh/g，LTO/石墨烯//AC 锂离子混合电容器的能量密度和功率密度分别为 120.8 Wh/kg 和 1.5 kW/kg。表 5 - 2 列出了 LTO@石墨烯纳米复合材料及其锂离子混合超级电容器器件的关键性能。上述结果表明，由于优异的导电性、较高的比表面积和较高的机械强度,石墨烯可以用作固定 LTO 的有用平台。具有高电导率和结构稳定性的复合材料可以改善动力学性能。

图 5 - 8　LTO @ GS // AC 混合电容器、AC // AC 双层电容器、LTO @ GS 复合材料的充放电曲线及倍率性能曲线

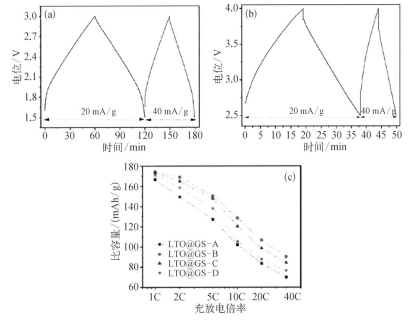

（a）LTO@GS // AC 混合电容器在 20 mA/g 和 40 mA/g 电流密度下的充放电曲线；（b）AC // AC 双电层电容器在 20 mA/g 和 40 mA/g 电流密度下的充放电曲线；（c）LTO@GS 复合材料组装成半电池时的倍率性能（1.0 ~ 3.0 V vs. Li/Li$^+$）

表 5 - 2　石墨烯纳米复合负极材料级及其电容器器件的关键性能

材料	电解液	单电极电容/（mAh/g）	电压/V	最大能量密度/（Wh/kg）	最大功率密度/（kW/kg）	稳定性
G - LTO	1 mol /L LiPF$_6$ in EC / DMC /DEC	207	0 ~ 3	95	3	87% （500 次循环）
3D LTO@GS	1 mol /L LiPF$_6$ in EC / DMC /EMC	74.4	1.5 ~ 3	29.2	1.78	90% （20 000 次循环）
LTO /Graphene	1 mol /L LiPF$_6$ in EC / DMC /EMC	191	1 ~ 3	120.8	1.5	—
TiO$_2$ - G	Li ion conducting	162	0 ~ 3	72	2	68% （1 000 次循环）
TiO$_2$ /RGO	1 mol /L LiPF$_6$ in EC / DMC	145	1 ~ 3	42	8	80% （10 000 次循环）
TiO$_2$ - RGO	1 mol /L LiPF$_6$ in EC / DMC	227	0 ~ 3	50	3.5	77% （5 000 次循环）

由于中空纳米结构有利于锂化应变,保证电解质的快速渗透,延长循环寿命和提高倍率性能,Wang 等用石墨烯包裹的 TiO_2 中空微球纳米片作为负极材料。图 5-9 揭示了 TiO_2 由具有均匀直径的空心微球组成,直径为 450 nm,并被片材紧紧包裹并由石墨烯网络相互连接。TiO_2/石墨烯材料表现出良好的倍率性能,在 0.35 A/g 的电流密度下容量为 388 F/g (162 mAh/g),在 1.5 A/g 的电流密度下容量为 205 F/g (85 mAh/g),因此锂离子混合电容器表现出优异的电化学性能,能量密度高达 72 Wh/kg,快速充放电能力强(在 1 min 内)和长循环寿命(1 000 次循环)。以上结果表明,石墨烯不仅提供了额外容量,同时也起到了预防过渡型纳米粒子的聚集,改善电子和离子运输通道,顺利进入氧化还原活性位点,从而实现快速电化学反应。

图 5 - 9　TiO_2 SEM 和 TEM 图像

　　(a)(b) 用于锂离子导电凝胶聚合物电解质的聚合物基体的 SEM 图像;(c) 均匀多孔 TiO_2 空心微球的 TEM 图像;(d) 由电化学剥离制备的石墨烯纳米片的 SEM 图像;(e)(f) 用石墨烯纳米片包裹的多孔 TiO_2 中空微球的 TEM 图像以及元素映射图像;(g)~(i) 钛、氧、碳的元素映射图像

　　石墨烯表面上的缺陷可以为金属氧化物的形成提供异质成核的场所,石墨烯载体的使用还可促进形成较小的金属氧化物纳米粒子。而且,石墨烯纳米片形成连续高效的纳米级导电网络架构进一步提高负极材料的速率性能。Kim 等在石墨烯 RGO 中嵌入 5 nm TiO_2 纳米颗粒,所获得的 TiO_2/RGO 纳米复合材料具有优异的性能低电位性能,良好的循环稳定性,它可以在 50 次循环后保持较高的比容量为 145 mAh/g(理论容量的

88%），大幅提高 TiO$_2$/RGO //AC 锂离子混合电容器的性能，其在 800 W/kg时能量密度达 42 Wh/kg，即使在 4 s 的充电/放电速率下，能量密度达 8.9 Wh/kg。当粒径减小到约 3 nm 时，发现约 0.68 mol 的 Li 是可逆的，TiO$_2$/RGO 纳米复合材料获得高比容量227 mAh/g。用活性炭 AC 做正极，TiO$_2$/RGO 纳米复合材料做负极构建锂离子混合超级电容器，在4 000 次循环后能量密度为 50 Wh/kg，保持率为 82%。

由于石墨烯具有高导电率和丰富离子电子传输通道，Yang 团队分别使用 Li$_4$Ti$_5$O$_{12}$/碳（LTO/C）和多孔石墨烯宏观形态（Porous Graphene Macroform，PGM）作为负极和正极来制备锂离子混合电容器［图 5 - 10（a）～（c）］，能量密度达72 Wh/kg，远高于 LTO//商业活性炭 YP - 17D 的值［图 5 - 10（d）（e）］。此外，LTO/C//PGM 锂离子混合电容器在 1 000 次循环后容量保持率达 65%具有良好循环稳定性。由于碳基材料之间的显著差异，有时可以使用两种不同的碳材料来组装锂离子混合超级电容器（Li - HSCs）。Kang 的小组使用官能化的石墨烯作为正极和 RGO 作为负极而不需要锂金属制备全石墨烯锂离子混合电容器［图 5 - 10（f）］。

图 5 - 10 锂离子混合电容器性能

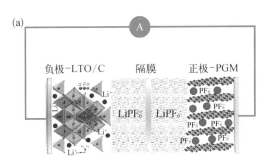

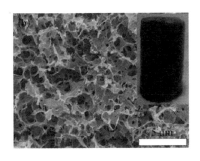

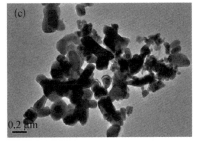

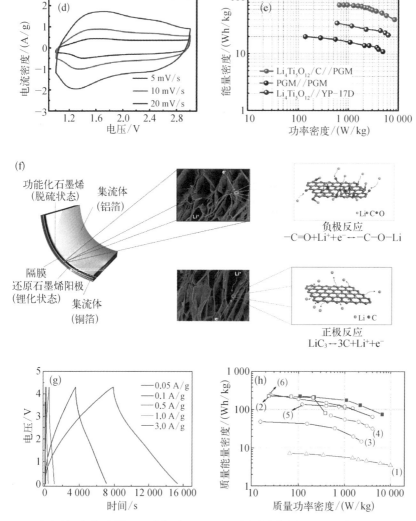

（a）使用多孔石墨烯 PGM 作为正极、LTO/C 混合物作为负极的锂离子混合电容器 Li‐HSC 的示意图；（b）多孔石墨烯 PGM 的 SEM 图像(插图是 PGM 的照片)；（c）LTO/C 混合物的 TEM 图像；（d）在不同扫描速率下的 LTO/C//PGM 锂离子混合电容器的 CV 曲线；（e）LTO/C//PGM 锂离子混合电容器，PGM//PGM 超级电容器和 LTO//YP‐17D 锂离子混合电容器的 Ragone 图；（f）全石墨烯锂离子混合电容器的示意图及其电化学反应；（g）不同电流密度下的全石墨烯锂离子混合电容器的 GCD 谱；（h）全石墨烯 Li‐HSC 和其他 EESD 的 Ragone 图

受益于两个电极中的快速表面反应，全石墨烯 Li‐HSCs 可以输出 4.5 V 的高电压，并在保持225 Wh/kg 的高能量密度的同时提供高功率密度 6 450 W/kg，这与传统锂离子电池相当[图 5‐10(g)(h)]。制造具有增强

导电性的石墨烯基混合电极材料是改善超级电容器性能的另一种有效策略。Chen 的小组通过简单的溶剂热反应开发了石墨烯包裹 LTO 的复合材料(G-LTO)负极,然后进行退火处理。分别在 0.3 C、0.5 C 和 1 C 的倍率下提供 207 mAh/g、190 mAh/g 和 176 mAh/g 的优异可逆电容,高于纯 LTO 的理论值 175 mAh/g。此外,由 G-LTO 作为负极和 3D 多孔石墨烯-蔗糖作为正极组成的锂离子混合电容器 Li-HSCs 在 0.4 C 的倍率下提供 95 Wh/kg 的超高能量密度。更重要的是,在 100 C 的倍率性能下其仍然能够保持 32 Wh/kg 的能量密度,这表明石墨烯可以提高 Li-HSCs 电极材料的倍率性能。

Chen 课题组同时对正负极进行优化,以 $Li_4Ti_5O_{12}$/石墨烯复合材料作为负极,多孔石墨烯作为正极,在有机锂离子电解液中将该电极材料体系的能量密度提高到 95 Wh/kg。

2. 电容活性负极/锂离子嵌入化合物正极体系

锂离子电池嵌入型正极材料一般具有较多的 Li^+ 传输通道,充放电电压平台一般为 2.8~4.7 V,与活性炭负极配对组成的混合超级电容器工作窗口一般为 0.0~3.0 V。该体系在充放电过程中无须消耗电解质,依靠 Li^+ 在正极材料体相的嵌入脱出以及活性炭负极对 Li^+ 的可逆吸脱附来实现。层状及尖晶石结构的锂过渡金属氧化物如 $LiCoO_2$,$LiNi_{1/3}Mn_{1/3}Co_{1/3}O_2$ 以及 $LiMn_2O_4$ 等,因均具有较快的锂离子扩散速率而成为锂离子混合超级电容器理想的正极材料。由于 $LiMn_2O_4$ 在充放电过程中表现出显著的 Jahn-Teller 效应,随着循环的进行容量衰减严重。Kim 等通过制备富锂相 $Li_4Mn_5O_{12}$ 有效改善了其循环性能,并将其比能量密度提高到约 40 Wh/kg。另外,通过 Ni^{2+} 掺杂可获得高电压的 $LiNi_{0.5}Mn_{1.5}O_4$ 材料,以活性炭为负极,在有机锂离子电解液中能量密度可达到 56 Wh/kg。在正极材料中添加一定比例的电容材料可有效提高整体的循环和大倍率充放电性能。张宝宏课题组研究发现:当 $LiMn_2O_4$ 或 $LiCoO_2$ 含量为 50%(质量分数)时,两者与活性炭之间存在良好的协同作用,同时具有双电层电容和氧化还原准电容,电容性能优于单纯的活性炭或离子嵌入型化合物。同样,Lee课题组研究了$Li(Mn_{1/3}Ni_{1/3}Fe_{1/3})O_2$与聚苯胺的复合材料,聚苯胺的加入显著提高了复合材料在大电流密度下的容量,功率密度为3 kW/kg时能量密度可达49 Wh/kg。

锂离子电池聚阴离子型正极材料及其衍生物由具有较高的理论比容量和稳定的晶体结构,在锂离子电池中表现出优异的电化学性能。但$LiFePO_4$和Li_2FeSiO_4等嵌锂电位相对较低,而其他材料中的锂离子较难脱出,聚阴离子型正极材料在能量密度上并无太大优势,因此直接作为混合超级电容器体系正极的研究较少。其中Lee课题组报道的AC/Li_2CoPO_4F体系,能量密度最高为47 Wh/kg,在电流密度为1 100 mA/g下,循环3万次,容量依然能有首次容量的92%。可见,嵌入化合物材料结构的稳定性在一定程度上提高了混合超级电容器体系的循环性能。

由于活性炭负极/锂离子脱嵌正极材料体系工作窗口较窄(一般小于3 V),在有机电解液中并没有表现出能量优势,因此该类正极材料在水系锂盐电解液中研究较多,均表现出较传统电容器更高的能量密度。从性能成本和环境影响的综合方面来分析,新型水系锂离子混合型电容器的综合性能具有独特的优势,也将是未来储能体系重要的发展方向。

为了提高锂离子电容器的安全性并降低器件成本,Liu等设计一种水系锂离子电容器,利用水热法合成的氮N-掺杂石墨烯(N-G)作为负极,用$LiMn_2O_4$作为正极,由于引入石墨烯网络,在$LiNO_3$水系电解液中能量密度达22.15 Wh/kg,同时,Liu课题组通过对比商用活性炭/$LiMn_2O_4$锂离子电容器,发现N-掺杂石墨烯(N-G)的比能量达180 F/g(50 mAh/g),比商用活性炭高1.5倍。

Aswathy等用静电纺丝制备的八面体尖晶石$LiNi_{0.5}Mn_{1.5}O_4$作为正极材料,氮N-掺杂的石墨烯(N-G)作为负极制备锂离子电容器,3 mol/L $LiNO_3$电解液中电位为0～1.3 V时,锂离子电容器的最大能量密度为15 Wh/kg。

Pazhamalai等使用超声化学法处理石墨烯作为锂离子电容器的负极

材料,$LiMn_2O_4$ 作为正极材料,利用 1 mol/L Li_2SO_4 的溶液作为电解质,制备石墨烯//$LiMn_2O_4$ 锂离子电容器,能量密度达 39.93 Wh/kg,在 1 000 个循环后具有良好的容量保持率 90.24%。

3. 碳（石墨、硬碳、软碳）负极/电容活性正极体

Ren 等通过石墨的剥落和化学还原法制备石墨烯纳米片,将预先锂化的石墨烯纳米片用作锂离子电容器负极材料,容量为 760 mAh/g,而常规的石墨类材料的容量仅为 370 mAh/g,石墨烯//活性炭锂离子电容器能量密度为 93 Wh/kg,在 300 次循环后电容保持率为 74%。

Zhang 等使用闪光灯处理氧化石墨烯 GO,可以在石墨烯薄膜中形成具有表面裂缝和片间空隙的开孔结构。利用光致还原氧化石墨烯（Flash Reduced Graphene Oxide, FRGO）具有独特结构,有效地促进锂离子的插层,并使该材料成为锂离子电容器的高功率负极材料,如图 5-11 所示,1 C

图 5-11 FRGO 的电化学性能

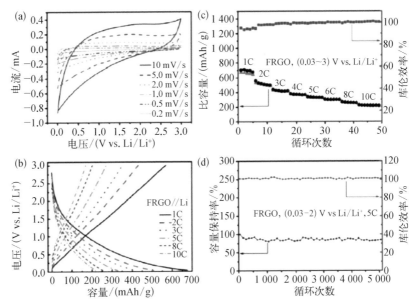

（a）FRGO 材料在电位 0~3 V 内不同扫描速率下的 CV 曲线;（b）FRGO 材料在不同电流密度下 1~10 C（1 C= 372 mA/g）的充放电曲线;（c）FRGO 材料在 0.03~3 V 的电势内,在不同电流密度下的电化学性能和相应的库仑效率;（d）FRGO 材料在 1.86 A/g（5 C）的电流密度下,在 0.03~2 V 电压内的循环次数超过 5 000 次,具有接近 100% 的高库仑效率

的可逆比容量大于660 mAh/g,库仑效率大于95%,10 C时比容量仍然保持在220 mAh/g左右,库仑效率100%。在优异的负极材料的支持下,FRGO//3D石墨烯基碳锂离子电容器器件在高工作电压(4.2 V)表现出超高能量密度148.3 Wh/kg,最大功率密度达7.8 kW/kg,循环寿命长。

相比随机性对齐的石墨烯海绵,高度取向的石墨烯海绵(Highly Oriented Reduced Graphene Oxide Sponge, HOG)负极材料表现出逐边连接的高度取向的形态和优异的半电池性能(初始可逆容量约1 100 mAh/g)。由高度取向的石墨烯海绵(HOG)//活性炭(AC)组成的锂离子电容器能量密度高达231.7 Wh/kg和功率密度2.8 kW/kg。表5-3列出了石墨烯负极及其锂离子电容器器件的关键性能。从以上结果可以看出,高度取向的形态对提高石墨烯负极材料的电化学性能非常有利。我们相信通过加入基于石墨烯的负极材料的定向和纳米多孔结构会产生更好的电化学性能。

材料	电解液	单电极容量/(mAh/g)	电压范围/V	最大能量密度/(Wh/kg)	最大功率密度/(kW/kg)	循环性能
石墨烯	1 mol/L $LiPF_6$ in EC/EMC/DMC	760	2~4	93	0.22	300 次循环74%
FRGO	1 mol/L $LiPF_6$ in EC/DEC/DMC	660	0~4	148.3	7.8	3 000 次循环80%
HOG	1 mol/L $LiPF_6$ in EC/DEC	1 100	1.5~4.2	231.7	2.8	100 次循环90%

表5-3 石墨烯负极及其锂离子电容器的关键性能

由于石墨负极材料发生锂离子脱嵌的电位相对于Li/Li^+略高于0 V,且比电容明显高于正极材料,在放电过程负极电位仍旧能够保持在较低的电位,因此在有机电解液体系中,采用锂离子电池负极碳材料可使混合超级电容器的工作电位达到3.8~4.5 V。但也正是由于高的工作电位,该体系对电解液要求较为苛刻,一般以碳酸酯类电解液体系为主。例如以石墨作为负极,活性炭作为正极,当功率密度小于100 W/kg时,该电极材料体系的能量密度可达100 Wh/kg左右,功率密度最高可达10 kW/kg。

负极材料的预嵌锂过程对碳/活性炭体系的混合超级电容器至关重要,预掺杂锂离子的方式会影响混合超级电容器的工作电位窗口和容量。如图 5-12(a)所示,最常用的预掺杂锂方法是以金属锂为锂源,在一定的电压条件下使碳材料发生电化学嵌锂,但该过程金属锂往往过量,剩下的锂金属在混合超级电容器体系中容易存在安全隐患。而 Kim 课题组创新性地以 Li_2MoO_3 材料作为锂源[如图 5-12(b)所示]。根据 Li_2MoO_3 首次放电容量高且不可逆性,同时脱锂后的 $Li_{2-x}MoO_3$ 存在正极中,对接下来的充放电过程几乎没有影响,而且可以根据 Li_2MoO_3 的加入量来对负极的嵌锂程度进行控制,使碳/活性炭体系混合超级电容器的预嵌锂过程非常简单,也提高了体系的安全性。

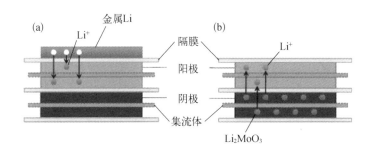

电容材料能够存储的能量决定了整个混合体系的能量密度,但由于活性炭储存能量是有限的,除了对混合超级电容器负极进行设计和改性以外,开发高容量的活性正极尤为必要。石墨烯为二维片层结构,具有高的比表面积和电导率,通过表面掺杂或孔结构设计,比电容可达 200 F/g。Stoller 等以活性石墨烯材料替代商业活性炭,负极仍然为石墨,在 2.0~4.0 V 电位窗口内最高获得 147.8 Wh/kg 的比能量密度,基于电池包质量计算能量密度高达 53.2 Wh/kg。通过对石墨烯表面功能化可有效提高表面的活性吸附或反应位点,在 4.2 kW/kg 的功率密度下,将混合电容器整体的能量密度提高至 82 Wh/kg,充放电 1 000 次后容量基本保持稳定。在一定程度上,活性石墨烯或功能化石墨烯除了提供吸附容量外,表面的官能团可以与 Li^+ 发生可逆的类氧化还原反应,提供额外的容量。与一

般氧化物混合超级电容器不同的是,Li$^+$与石墨烯表面官能团的反应速率远远大于与氧化物发生的氧化还原反应速率,因此,因容量提升带来的功率密度损失较小。根据目前的研究,如果能够降低石墨烯的成本,以活性石墨烯代替活性炭,将有助于推动超级电容器的发展。

Lee 等在正极活性炭中添加了石墨烯材料,通过对石墨烯表面的功能化有效提高了表面的活性吸附或增加了反应位点,在 4.2 kW/kg 的功率密度下,活性炭–石墨烯/预赋锂石墨混合电容器的能量密度高达82 Wh/kg,1 000 次循环后容量基本保持稳定。Stoller 等以活化石墨烯材料代替活性炭为正极,制得的锂离子电容器在 2.0～4.0 V 电位窗口内的单体比能量达到 53.2 Wh/kg。与一般锂离子电容器不同的是,Li$^+$与石墨烯表面官能团的反应速率远远大于与氧化物发生的氧化还原反应速率,因此,因容量提升带来的功率密度损失较小。

2011 年,Ruoff 教授利用 KOH 化学活化对石墨烯结构进行修饰重构,形成具有连续三维孔结构的活性石墨烯。它富含大量的微孔和中孔,其比表面积 3 100 m^2/g,远高于石墨烯理论比表面积。在有机电解液中其比容量达 200 F/g(工作电压 3.5 V,电流密度 0.7 A/g),基于整体器件的能量超过 20 Wh/kg,是目前活性炭基超级电容器能量密度的 4 倍。

通常石墨烯粉体材料的密度较低,抑制了它在超级电容器产品中的实际应用。发展高体积密度的石墨烯材料,在器件水平上实现致密储能,对于推动石墨烯储能材料和电容器器件的实用化至关重要。天津大学杨全红研究组采用毛细蒸发法调控石墨烯三维多孔结构,通过溶剂驱动柔性片层致密化的机制,在保留原有开放表面和多孔性的基础上大幅提高了材料的密度(约 1.58 g/cm^3),有效平衡了高密度和多孔性两者矛盾,获得了高密度多孔碳,作为超级电容器电极材料,其体积比容量达到376 F/cm^3,器件的体积能量密度高达 65 Wh/L。

在产业化应用方面,阮殿波采用干法电极制备工艺制备活性石墨烯/活性炭复合电极片,通过两步碾压方式提高电极密度,保证电极片的连续性和厚度均一性,提高超级电容器的能量密度。如图 5–13 所示,当复合

　　　　　　　　　　　　　　　　　　　　石墨烯超级电容器

电极中活性石墨烯的含量为质量分数 10% 时,相较于纯活性炭电极,其比容量提高了 10.8%。验证了活性石墨烯材料在商用超级电容器中的适用性,并且证明了高性能的多孔石墨烯是一种非常具有实际应用价值的电极材料。在此基础上,进一步将活性炭/多孔石墨烯复合材料应用于超级电容器产业。可将超级电容器单体内阻降低至 0.1 mΩ 以下,单体功率密度达到 19.01 kW/kg,能量密度达 11.65 Wh/kg,达到世界领先水平。

图 5-13 复合电极的电化学特性

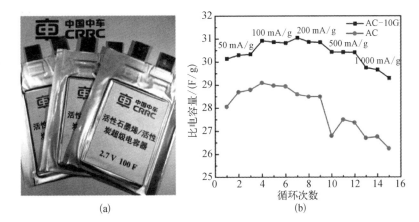

(a)10%(质量分数)多孔石墨烯/活性炭软包超级电容器电子照片;(b)超级电容器倍率性能

从产业化角度分析,多孔石墨烯是一种理想的新型储能材料。目前,多孔石墨烯并没有真正产业化,小规模制备的成本远高于商用活性炭。在未来,如何解决多孔石墨烯工程制备技术难题和进一步降低成本仍是材料产业界亟待解决的难题。

石墨烯复合负极/锂饱和的石墨烯复合正极体系能量的存储和释放依靠 Li$^+$ 在正负极材料表面交替的吸脱附或与表面官能团的氧化还原反应来实现,相比较于传统的嵌入化合物或氧化物,该反应更迅速更完全。为使体系中有多余的锂离子,需要在充放电之前对正极进行预反应,使正极表面被锂离子饱和。其内部工作原理是:充电时,Li$^+$ 从正极材料表面脱出进入到电解液中,并经电解液在负极材料表面发生反应;放电时过程则相反。由于反应主要发生在电极表面,要求电极材料要具有高的比表面积和多的反应活性位点,并且电极的厚度对锂离子传输的快慢有很大影响。

石墨烯基活性材料通过锂离子与表面官能团的氧化还原反应可获得接近锂离子电池的能量密度,同时高的比表面积可以更好地与电解液相接触,缩短了电解液中锂离子的传输距离,是一种理想的双活性电极材料,即兼具双电层的电容特性和氧化还原的电池特性。Jang 等构建了在 1 mol/L LiPF$_6$的 EC 和 DMC 电解液中的 Graphene/Li‐Graphene 电极体系,并提出了"锂离子交换机理"。首次放电时,置于隔膜负极一侧的金属锂氧化产生过量的锂离子透过隔膜进入到正极材料表面,在接下来的充放电过程中,由于正负极材料丰富的孔结构和高的比表面积,该部分锂离子能够迅速地在正负极材料表面释放和存储。通过比较不同碳材料在 1.5～4.5 V 电位窗口内充放电,化学法还原的氧化石墨烯表现出最好的性能,在 100 W/kg 功率密度下,最高能量密度可达 160 Wh/kg(基于整体质量计算),与锂离子电池相当。最高功率密度可达 100 kW/kg,相当于超级电容器的 10 倍。该研究表明,石墨烯表面较多的—COOH 和>C=O可与锂离子发生可逆氧化还原反应,从而提高体系的能量密度。而且在该体系中,锂离子只需要经过电解液的传输就可到达电极材料表面与含氧官能团的反应,相比于传统锂离子电池电极材料的体相反应,可大大提高其功率密度。

按照类似的方法,Han 等通过在石墨烯电极中添加 35.4%(质量分数)的 TiN 来提高复合电极导电性和防止石墨烯片层的团聚,在 0.005～3.0 V 电位区间内,当功率密度为 150 W/kg 时能量密度可达 162 Wh/kg。同样,笔者制备了含 10%(质量分数)石墨烯的 Graphene/MoO$_2$复合电极,在 150 W/kg 功率密度下也获得了 142.6 Wh/kg 比能量密度。根据以上研究可以知道,石墨烯作为该体系的电极材料,一方面石墨烯片层之间不能团聚,要保证较高的比表面积和孔结构,使电解液能够充分地浸润,另一方面石墨烯表面或边界需要有一定数量的羰基或羧基作为与锂离子反应的活性位点。当然,电极材料还必须要有一定的导电性,在反应过程中可快速地将电子导入或导出。

5.1.3 锂离子混合电容器的应用领域

1. 电动汽车

由于近年来原油价格的不断攀升,汽车制造商开始转移目标,抢占节能车市场。福特公司宣布其设于美国堪萨斯州的汽车工厂将批量生产世界上以汽油和超级电容器为动力的动力汽车。这表明福特公司已经开始把混合动力汽车作为新的市场增长渠道。2008年底通用汽车公司推出了混合型吉姆希(GMC)和雪佛莱56(Chevrolet)两款新型动力汽车。本田汽车也同样于2008年末正式推出了雅阁混合动力电动汽车(Accord Hybrid)一款全新的混合动力车型。

相对常规的电池体系来说,锂离子电容器最大的优势是具有更大的比功率、更快的充电速度和更大的输出功率,并能够高效地回收刹车产生的能量。如果使用锂离子电容器替代电池作为电动汽车的动力电源,电动汽车的总成本将极大地降低。目前开发的混合电动汽车,一般以电池为电动汽车正常运行的供能设备,当加速和爬坡的时候,因为需要更高的功率,可以用锂离子电容器作为补充能源。这种电动汽车的电源系统在汽车启动和加速的时候,由锂离子电容器辅助放电,提供脉冲大电流;而当减速和刹车的时候,制动充电系统还可以给电容器充电。总的来说,混合电源系统的研发不仅能延长电池的使用寿命,而且能提高能量的利用率。

电动汽车属于新型的绿色交通工具,拥有明显的环保和节能效益,是大中城市众多交通工具中一种必不可少的有效补充,必将成为交通行业的一个消费热点。随着电动汽车的快速发展,锂离子电容器也在不断更新换代。随着电容器性能的不断提高和成本的进一步降低,锂离子电容器产业化势在必行,将成为电动汽车高效能源不可替代的一部分。

2. 手机

截至 2018 年,我国移动电话用户总数已经达到 15.7 亿,新增电话用户数达到 1.49 亿,实现了历史新高。如此巨大的用户数量意味着中国庞大的手机消费市场。手机电池是手机不可替代的组成部分。传统的手机电池有充电时间长,使用寿命较短(一般为 500~800 次)且回收利用率低等缺点。目前正在进行一种最新的手机电池研发,这种电池和与传统的锂电池不同,电池并不是以纯粹的电化学反应储能,而是以电容器的形式进行电量的储存。此外,这种新型的手机电池的尺寸比传统的化学电池更小,让未来数码产品的小型、轻型化成为可能。最重要的是,和传统电池相比,这种电池的充电时间非常短,在理论上来说,几秒钟就可以充满电。目前这种电池还处于试验研发阶段,相信在不久的将来,手机用电容电池将成为手机不可或缺的一部分。

3. 发电和工业设备

电容器模块被设置于发电风车和逆变器之间,风力增大时用锂离子电容器作为缓冲存储器来吸收风车产生的电量,当风力减小或停止时,则可以把电容器中储存的电力输送回给逆变器,这样可以保证风力的充分利用,不会有风力的浪费。在工业方面,锂离子电容器厂商计划在不间断电源系统(Uninterruptible Power System,UPS)、建设工程电梯等设备中将锂离子电容器用作峰值电流辅助设备和再生电源的蓄电器,这样可以使电源小型、轻型化,以此来实现设备整体的小型化。

5.2 钠离子混合电容器

钠离子混合电容器(Natriumion Hybrid Supercapacitor,Na‐HSC)是一种介于超级电容器与钠离子电池之间的储能器件,基本原理与锂离子混合电容器(LIC)相似。LIC 器件是由于其兼顾功率密度与能量密度的特点,在轨道交通和智能电网等应用中得以推广,然而在大规模应用后,寿命衰减迅速、锂枝晶和锂金属价格上涨的问题阻碍了 LIC 器件的发展。针对上述问题,Na－HSC 器件成了研发热点,而高功率、高容量和高稳定性的正负极材料是 Na－HSC 器件的研发核心。

由于钠离子半径(约 1.06 Å)远大于锂离子半径(约 0.76 Å),因此 Na－HSC 器件相对于 LIC 器件而言功率密度较低,并且寻找兼容钠离子脱嵌的负极材料也是一大难点,但基于钠元素在地壳中的丰度,Na－HSC 器件在储能领域得以大力发展。一般而言 Na－HSC 器件正极采用物理反应为主的多孔活性炭材料,负极采用相较而言对钠离子脱嵌更适宜的短程有序碳材料。由于正负极材料在充放电过程中反应机理不同,往往负极化学反应的反应速率成了 Na－HSC 器件的性能限制因素。对钠离子电容器的研发最早从 2012 年开始,表 5－4 为近年该领域研究论文发表情况及正负极体系。

表 5－4 钠离子电容器相关研究进展汇总

序号	负　极	正　极	发表时间
1	V_2O_5	AC	2012
2	Fe_3O_4/rGO	MnHCF	2015
3	HC	V_2C	2015
4	Peanut C	AC	2015
5	Ti_2C	NVP	2015
6	Nb_2O_5	AC	2016
7	NVP	CDC	2016
8	$Na_2Ti_3O_7$	rGO	2016
9	TiO_2	AC	2017
10	GO－ZnO	OCG	2017
11	$V_2O_5@GO$	AC	2017
12	$MoSe_2$-石墨烯	AC	2017

上述的正负极体系研究方向是比较一致的,正极主要是多孔碳材料及含有金属离子空位的金属化合物,负极主要是具有可快速迁移的离子通达的片层结构或者晶体结构。正负极材料的共同特点是具有离子快速

移动的通路,不同之处在于正极主要发生离子的吸附,负极主要发生离子的脱嵌。因此部分研究中往往采用同种碳材料作为前驱体,将其活化造孔后得到的多孔碳材料作为正极,将层状剥离从而得到多层石墨烯组合而成的碳材料作为负极基底构建钠离子电容正负极。

对负极而言,在 Na/Na⁺ 电对中,多孔碳材料对 Na 的氧化还原电位较低(0.1 V),可以在一定程度上提高全电池的能量密度。但是由于 Na⁺ 的尺寸原因,对于石墨片层结构的兼容性较差,目前研究中有采用一种脱嵌可逆的阳离子电解液共脱嵌的方式,如采用钠离子-二甘醇二甲醚作为石墨脱嵌化合物。这类钠夹层的石墨中间相碳微球和活性炭正极组成的全电池在 1～4 V 循环 3 000 次后仍有 98% 容量保持率。另一类解决负极钠离子脱嵌的方法是采用层状金属氧化物组成的离子脱嵌通道方式,如 V_2O_5 被用于钠离子电容的负极用以储存碱金属离子(Li^+、Na^+、K^+),并且由于其较大的晶格结构,(001)面具有 9.5 Å 的空隙尺寸,而 V_2O_5 的低电导率可通过包覆 CNT 或者石墨烯片层结构形成复合材料来弥补。与 V_2O_5 相似的是,其他金属氧化物也能够通过此方式得到适合钠离子电容负极的复合材料,如 Nb_2O_5-RGO、$NiCo_2O_4$、NVP、$Na_2Ti_3O_7$ 等。

与 LIC 相似的是,钠离子电容发展的瓶颈主要是负极材料的研发进展,基于 Na-HSC 器件负极材料的主要要求:3D 结构、石墨片层间的大空间以及高电导率,石墨烯基材料在负极材料的合成与制备过程中的包覆及复合,有助于提升 Na-HSC 器件在功率性能和寿命性能的表现。从石墨烯基材料在负极材料的作用,可以将其分为纯石墨烯材料负极和石墨烯-金属氧化物复合材料负极,与此同时,由于石墨烯材料造孔后的高比表面积,往往也可将其用作正极材料。

5.2.1 纯石墨烯材料正负极

石墨烯材料具有 sp^2 杂化的碳原子六元环结构和丰富的可自由移动的电子,使得石墨烯材料成为钠离子电容器正负极材料的优良前驱体/中间体。综合该领域的研究成果可以看到,正极材料在制备过程中往往通过对石墨烯类材料氧化再还原的过程,得到部分氧掺杂的多孔石墨烯无定形结构;负极材料则为低比表面积的有序碳结构。

Ding 等采用一种简单的前驱体(花生壳)制备 Na-HSC 正负极活性物质。其中正极材料选用类石墨烯的花生壳纳米片层碳结构,无定形片层结构最小厚度为 15 nm,比表面积高达 2 396 m^2/g(远高于商业化的活性炭比表面积),高达 13.51% 的氧掺杂。将该材料在对 Na/Na$^+$ 电位为 1.5～4.2 V 下进行扫描,当电流为 0.1 A/g 时达到 161 mAh/g,电流为 25.6 A/g 时达到 73 mAh/g(45.3%)。而负极材料则采用低比表面积的类石墨结构——花生壳有序碳,该材料在 0.1 A/g 下总容量为 315 mAh/g,其中 0.1 V 下平台容量为 181 mAh/g,在 3.2 A/g 下循环一万次容量稳定。将该两种材料组装成的 Na-HSC 具备宽温度范围(0～65℃),在不同功率密度下得到的能量密度分别为 201 Wh/kg(285 W/kg)、76 Wh/kg(8 500 W/kg)、50 Wh/kg(16 500 W/kg),在 1.5～3.5 V 电压内在 51.2 A/g 电流密度下 100 000 循环容量保持率 88%。该正极材料采用不同的氢氧化钾和水热处理后生物碳的比例及活化温度制备出三种不同的正极材料:PSNC-3-800、PSNC-2-800、PSNC-3-850,该三种材料的孔径分布如图 5-14 所示,可以看到 PSNC-2-800 中孔径小于 1 nm 的比例最多,也就是氢氧化钾含量低的情况下,孔径小于 1 nm 的比例上升,

图 5-14 三种材料（PSNC-3-800、PSNC-2-800、PSNC-3-850）的孔径分布图

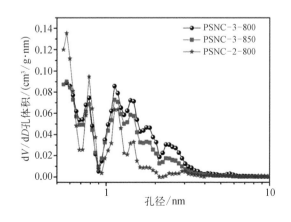

而对比 PSNC‑3‑800 与 PSNC‑3‑850 发现活化温度为 800℃时 1～3 nm 的孔径比例最高，比表面积及容量最高。

Yang 等采用直接煅烧柠檬酸钠（600～800℃）并通过水洗、干燥得到前驱体（3DFC），并将前驱体经过 KOH 碱活化、酸洗及干燥得到 3DFAC。其中前驱体 3DFC 可作为钠离子电容负极材料，而多孔的 3DFAC 具有良好的电容特性可作为正极材料。经过对不同温度煅烧得到的 3DFC 材料进行电化学测试发现，当煅烧温度为 700℃时，样品可以在 50 mA/g 电流下得到 333 mAh/g 的可逆容量、20 A/g 下得到 100 mAh/g 的倍率性能、10 A/g 下循环 10 000 次保持 99 mAh/g 的循环稳定性，同样地，通过煅烧温度为 700℃制成的 3DFAC 在 1 A/g 下具有 151 F/g 的容量。将该两者分别作为钠离子电容的负极和正极，组装成的钠离子电容在 200 W/kg 和 20 000 W/kg 功率密度下得到 110 Wh/kg 和 67 Wh/kg 的能量密度，在电压窗口为 0～4.0 V、电流密度为 2.0 A/g 下 10 000 次循环后容量保持率为 80%。3DFC‑700 的 SEM、TEM 如图 5‑15 所示。

图 5‑15　3DFC‑700 的 SEM、TEM 图

（a）柠檬酸钠原料及碳化后 3DFC‑700 照片；（b）3DFC‑700 水洗前 SEM 图；（c）（d）3DFC‑700 SEM图；（e）（f）3DFC‑700 TEM 图

Dong 等采用水洗、煅烧、干燥再水洗前驱体氧化石墨烯‑氧化锌（GO‑ZnO）的方式得到氧官能团修饰的褶皱石墨烯（Oxygen‑Functionalized

Crumpled Graphene,OCG),并经过进一步的煅烧得到氧官能团含量极低的 OCG 材料。基于该 OCG 材料的致密、多孔结构保证了丰富的离子空位和较短的离子传输距离,在钠离子电容中同时作为正负极材料使用,电解液采用钠离子导电聚合物凝胶。在充放电过程中,OCG 表面的含氧官能团使得该材料能够满足电池型负极材料和电容型正极材料。组成的钠离子电容最高能达到 121.3 Wh/kg 的能量密度和 8 000 W/kg 的功率密度,并且在 2 500 次循环后保持 86.7% 的容量。其中所用的钠离子导电聚合物凝胶是采用半透膜在浓度为 1 mol/L NaClO$_4$ 的 EC/DEC(1∶1)电解液中浸泡得到。图 5-16 为 OCG 的 SEM 图与 TEM 图。

图 5-16 OCG 的 SEM 图和 TEM 图

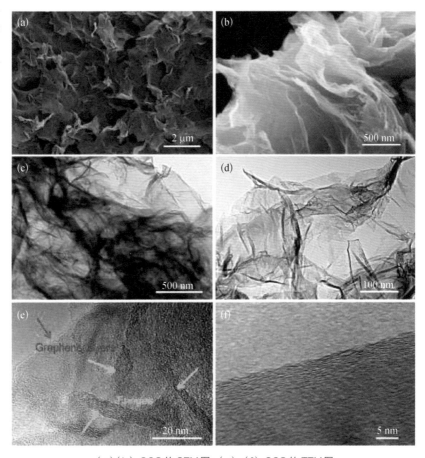

(a)(b) OCG 的 SEM 图;(c)~(f) OCG 的 TEM 图

Wang 等采用硬模板法在水系电解液中通过微波辅助电化学剥离法制成 3D 多孔石墨烯,在高电压下电解液中的离子(SO_4^{2-}、ClO_4^-、NO_3^-)和水分子在电场作用下进入石墨结构的中间层使得片层结构膨胀,并且该片层结构由于离子分解出的 SO_2 和 O_2 作用下解离成小块,而在微波加热环境下气体水分子进一步将石墨片层结构分离开。同时,采用该方法制成的多孔石墨烯(MG)作为正极,硬碳作为负极制成钠离子电容器,其中正负极容量比为 2.05∶1。该单体表现出出色的耐高压特性,最高电压可达 4.2 V,而大部分 LIC 和钠离子电容最高电压均低于 4 V。该钠离子电容器在电流密度为 0.1 A/g 时容量最大,达到 65 F/g,能量密度达到 168 Wh/kg(功率密度为 501 W/kg),而功率密度最高为 2 432 W/kg(能量密度为 98 Wh/kg)。在电流密度为 1 A/g 下循环 1 200 次,容量衰减到 85%。石墨烯、多孔石墨烯、硬碳、高分子凝胶电解液的 SEM 与 TEM 图见图 5 - 17。

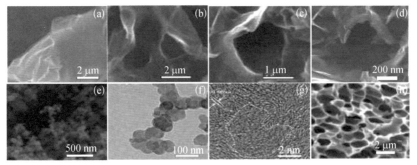

图 5 - 17

(a)没有大孔的石墨烯的 SEM 图像;(b)~(d)大孔石墨烯在不同放大倍数下的 SEM 图像;(e)无序化碳的 SEM 图像;(f)无序化碳的 TEM 图像;(g)无序化碳的 HRTEM 图像;(h)钠离子导电凝胶聚合物电解液在凝胶化之前的 SEM 图像

5.2.2　石墨烯-金属氧化物复合材料负极

Lim 等合成包含 Nb_2O_5@碳核壳结构纳米颗粒和还原氧化石墨烯的纳米复合材料(Nb_2O_5@C/RGO),并通过调整两种物质的比例(Nb_2O_5 含量分别为 67%、45%、24%)来研究电化学性能。在钠半电池中,Nb_2O_5@C/

RGO-50(Nb$_2$O$_5$含量分别为45%)的可逆容量最高,在0.01～3.0 V电压窗口下,0.025 A/g电流密度下达到285 mAh/g容量,但该材料在3 A/g的电流密度下仅能达到110 mAh/g容量,保持率仅为28.6%。同时,采用该复合材料为负极、活性炭为正极制备的Na-HSC器件,在1.0～4.3 V电压窗口下,实现76 Wh/kg的能量密度和20 800 W/kg的功率密度,但在20 800 W/kg时能量密度仅为6 Wh/kg(7.89%)。该器件在1 A/g电流密度下经过3 000次循环,容量几乎无衰减。从图5-18可以看到,预处理的NbO$_x$ NPs带正电,GO带负电,经惰性气体在600℃热处理后得到Nb$_2$O$_5$@C/RGO复合材料,其中Nb$_2$O$_5$@C核壳结构如图5-18(e)所示,碳层作为晶体包覆层。

图5-18 Nb$_2$O$_5$@C/RGO 纳米复合材料的合成,Nb$_2$O$_5$ @ C /RGO与MSP-20体系钠离子电容充电过程

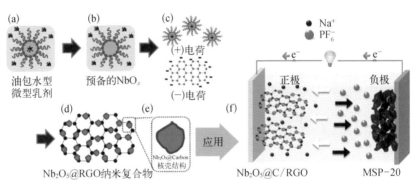

（a）～（e）Nb$_2$O$_5$@C/RGO 合成；（f）Nb$_2$O$_5$@C/RGO 与 MSP-20 体系充电过程

Kiruthiga 等将天然蜂蜜中添加浓硫酸获取高比表面积(1 554 m^2/g)的多孔活性炭作为正极,采用V$_2$O$_5$固定的还原氧化石墨烯纳米复合物作为负极,制备有机系钠离子电容。其中正极碳材料的比容量高达224 F/g,负极V$_2$O$_5$@RGO在对Na/Na$^+$半电池为0.01 A/g电流下最高达到289 F/g容量,同时在0.06 A/g电流下循环1 000次仍能保证85%的初始容量(112.2 F/g)。将这两种正负极材料组装成钠离子电容,在0.03 A/g电流密度下达到65 Wh/kg的能量密度和72 W/kg的功率密度,在0.06 A/g下循环1 000次后保持74%的容量。该器件所用电解液为EC与DEC比例为1∶1的0.75 mol/L NaPF$_6$,正极半电池电压区间为1.5～4.3 V,负极半电池

和全电池电压区间为 0.01～3 V。负极 V_2O_5@RGO、正极多孔碳电极、钠离子电容 CV 曲线如图 5-19、图 5-20、图5-21 所示。从 CV 曲线可以看到正极更偏向于电容特性,负极更偏向于电池特性,而从负极的 CV 曲线对称性较差可以推测影响器件循环性能的主要因素是负极。

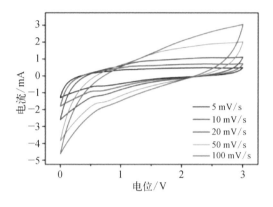

图 5-19　负极 V_2O_5@RGO 电极 CV 曲线

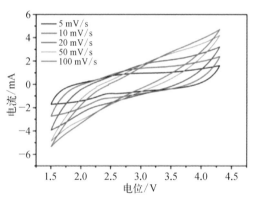

图 5-20　正极多孔碳电极 CV 曲线

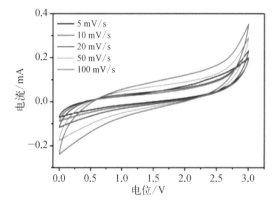

图 5-21　钠离子电容 CV 曲线

石墨烯超级电容器

Lu 等采用 MnHCF 作为正极、Fe_3O_4/RGO 纳米复合材料作为负极制备钠离子电容,采用硫酸钠水系溶液作为电解液,在电压窗口 1.8 V 下实现 2 183.5 W/kg 的功率密度和 27.9 Wh/kg 的能量密度,在 1 000 次循环后能够保持 82.2%容量。其中负极 Fe_3O_4/RGO 纳米复合材料是通过一步溶剂热法实现,将乙二醇、氧化石墨烯(GO)、铁源和碱进行超声分散,经过搅拌及 200℃ 10 h 反应,最终通过三次水洗及 60℃ 干燥,得到 Fe_3O_4/RGO。其 SEM 图见图 5 - 22。

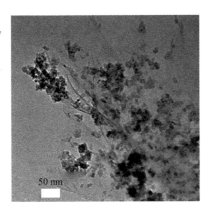

图 5 - 22 Fe_3O_4/RGO 的 SEM 图

Zhao 等根据 $MoSe_2$ 钠离子传输速率高的特点,通过将 MoO_2 纳米团簇固定到 2D 的 $MoSe_2$-石墨烯界面以提升 $MoSe_2$ 可逆转化效率。该材料在钠半电池中,通过 1 mV/s 扫速下的容量以赝电容特性为主(85%),同时经过 5 A/g 在 800 次循环后容量无衰减。采用活性炭作为正极、MoO_2/$MoSe_2$-石墨烯作为负极组装成钠离子电容,采用 1 mol/L $NaClO_4$ 的 EC/DEC 作为电解液,实现最大为 70.3 Wh/kg 的能量密度(功率密度为 63.7 W/kg)和 14 316 W/kg 的功率密度(能量密度为 47.8 Wh/kg),同时在 6 A/g 下循环 7 000 次后保持 92%的容量。$MoSe_2$-石墨烯和 MoO_2/$MoSe_2$-石墨烯的结构示意图见图 5 - 23。

MoSe₂-石墨烯   MoO₂/MoSe₂-石墨烯

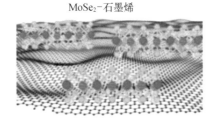

图 5 - 23 $MoSe_2$-石墨烯和 MoO_2/$MoSe_2$-石墨烯的结构示意图

Zhao 等在上述工作的基础上继续研究 $MoSe_2$-石墨烯结构,通过十六烷基三甲基溴化铵(CTAB)水热法制成规则排列的 $MoSe_2$-石墨烯结构,寡层且高度缺陷的 $MoSe_2$ 纳米片层在石墨烯片层中规则分布,通过 $MoSe_2$ 和石墨烯界面的 Mo–C 键紧密连接并大幅提升钠离子和电子在 $MoSe_2$ 和石墨烯界面的传输速度。采用该材料和活性炭分别作为负极和正极材料装配成钠离子电容,可达到 82 Wh/kg 和 10 752 W/kg 的能量密度和功率密度,在 5 000 次循环后保持 81% 的容量,可以看到能量密度较前面工作有所提高。

5.2.3 小结

综合以上相关学术文献及研究进展,将石墨烯基钠离子电容的研究中的电压范围、能量密度、功率密度以及寿命汇总见表 5–5。可以看到能量密度最高为 201 Wh/kg(正负极材料均由花生壳碳制作)、功率密度最高为 20 800 W/kg(正负极材料分别为 Nb_2O_5@C/RGO 和 AC),寿命测试数据基本上在 10 000 次以内衰减 80% 以上,可以推测最长寿命基本上小于几万次。

负极//正极	电压范围 /V	能量密度 (对应的功率密度)	寿　命
花生壳碳//花生壳碳	1.5~3.5	201 Wh/kg(285 W/kg) 50 Wh/kg(16 500 W/kg)	88% @ 51.2 A/g 10 000 次
3DFC//3DFAC	0~4.0	110 Wh/kg(200 W/kg) 67 Wh/kg(20 000 W/kg)	80% @ 2.0 A/g 10 000 次
OCG//OCG	0.5~3.5	121.3 Wh/kg(300 W/kg) 51.2 Wh/kg(8 000 W/kg)	86.7% @ 0.5 A/g 2 500 次
硬碳//石墨烯	2.0~4.2	168 Wh/kg(501 W/kg) 98 Wh/kg(2 432 W/kg)	85% @1.0 A/g 1 200 次
Nb_2O_5@C/RGO//AC	0.01~3.0	76 Wh/kg(80 W/kg) 6 Wh/kg(20 800 W/kg)	约 100% @ 1 A/g 3 000 次
V_2O_5@RGO//蜂蜜碳	0.01~3.0	65 Wh/kg(72 W/kg)	约 74% @0.06 A/g 1 000 次
Fe_3O_4/RGO//MnHCF	0~1.8	27.9 Wh/kg(2 183.5 W/kg)	82.2% 1 000 次
MoO_2/$MoSe_2$-石墨烯// 活性炭	0~3.0	70.3 Wh/kg(63.7 W/kg) 47.8 Wh/kg(14 316.1 W/kg)	92% @6 A/g 7 000 次
$MoSe_2$-石墨烯//活性炭	0.5~3.0	82 Wh/kg(63 W/kg)	81% @5 A/g 5 000 次

表 5–5　石墨烯基钠离子电容相关研究汇总

石墨烯超级电容器

参考文献

[1] Wang Y, Xia Y. A new concept hybrid electrochemical surpercapacitor: Carbon/LiMn$_2$O$_4$ aqueous system[J]. Electrochemistry Communications, 2005, 7(11): 1138-1142.

[2] Wang Y, Luo J, Wang C, et al. Hybrid Aqueous Energy Storage Cells Using Activated Carbon and Lithium-Ion Intercalated Compounds II. Comparison of LiMn$_2$O$_4$, LiCo$_{1/3}$Ni$_{1/3}$Mn$_{1/3}$O$_2$, and LiCoO$_2$ Positive Electrodes[J]. Journal of the Electrochemical Society, 2006, 153(8): A1425-A1431.

[3] Xu D P, Yoon S H, Mochida I, et al. Synthesis of mesoporous carbon and its adsorption property to biomolecules[J]. Microporous and Mesoporous Materials, 2008, 115(3): 461-468.

[4] 王贵欣, 周固民, 袁荣忠, 等. LiNi$_{0.8}$Co$_{0.2}$O$_2$/MWNTs 复合物超级电容器电极材料的研究[D], 2005.

[5] Luo J Y, Zhou D D, Liu J L, et al. Hybrid aqueous energy storage cells using activated carbon and lithium-ion intercalated compounds IV. Possibility of using polymer gel electrolyte [J]. Journal of The Electrochemical Society, 2008, 155(11): A789-A793.

[6] Khomenko V, Raymundo-Piñero E, Béguin F. High-energy density graphite/AC capacitor in organic electrolyte [J]. Journal of Power Sources, 2008, 177(2): 643-651.

[7] Ping L N, Zheng J M, Shi Z Q, et al. Electrochemical performance of lithium ion capacitors using Li + -intercalated mesocarbon microbeads as the negative electrode[J]. Acta Physico-Chimica Sinica, 2012, 28(7): 1733-1738.

[8] Brandt A, Balducci A. A study about the use of carbon coated iron oxide-based electrodes in lithium-ion capacitors[J]. Electrochimica Acta, 2013, 108: 219-225.

[9] Xu F, ho Lee C, Koo C M, et al. Effect of electronic spatial extents (ESE) of ions on overpotential of lithium ion capacitors [J]. Electrochimica Acta, 2014, 115: 234-238.

[10] Amatucci G G, Badway F, Du Pasquier A, et al. An asymmetric hybrid nonaqueous energy storage cell[J]. Journal of the Electrochemical Society, 2001, 148(8): A930-A939.

[11] Chen F, Li R, Hou M, et al. Preparation and characterization of

ramsdellite $Li_2Ti_3O_7$ as an anode material for asymmetric supercapacitors [J]. Electrochimica Acta, 2005, 51(1): 61 - 65.

[12] Choi H S, Im J H, Kim T H, et al. Advanced energy storage device: A hybrid BatCap system consisting of battery-supercapacitor hybrid electrodes based on $Li_4Ti_5O_{12}$- activated-carbon hybrid nanotubes [J]. Journal of Materials Chemistry, 2012, 22(33): 16986 - 16993.

[13] Naoi K. 'Nanohybrid capacitor': the next generation electrochemical capacitors[J]. Fuel cells, 2010, 10(5): 825 - 833.

[14] Naoi K, Naoi W, Aoyagi S, et al. New generation "nanohybrid supercapacitor"[J]. Accounts of chemical research, 2012, 46(5): 1075 - 1083.

[15] Hu X B, Huai Y J, Lin Z J, et al. A ($LiFePO_4$-AC)/ $Li_4Ti_5O_{12}$ hybrid battery capacitor[J]. Journal of The Electrochemical Society, 2007, 154 (11): A1026 - A1030.

[16] Hu X, Deng Z, Suo J, et al. A high rate, high capacity and long life ($LiMn_2O_4$ + AC)/ $Li_4Ti_5O_{12}$ hybrid battery battery-supercapacitor [J]. Journal of Power Sources, 2009, 187(2): 635 - 639.

[17] Du Pasquier A, Plitz I, Gural J, et al. Power-ion battery: bridging the gap between Li-ion and supercapacitor chemistries [J]. Journal of Power Sources, 2004, 136(1): 160 - 170.

[18] 易楚宇.锂离子电容器及其脱/嵌锂材料性能的研究[D].湖南大学,2012.

[19] 郭雪飞.$Li_4T_5O_{12}$/AC 体系电化学混合电容器的研究[D].天津大学,2006.

[20] Sarangapani S, Tilak B V, Chen C P. Materials for electrochemical capacitors theoretical and experimental constraints[J]. Journal of the Electrochemical Society, 1996, 143(11): 3791 - 3799.

[21] Kim Y J, Lee B J, Suezaki H, et al. Preparation and characterization of bamboo-based activated carbons as electrode materials for electric double layer capacitors[J]. Carbon, 2006, 44(8): 1592 - 1594.

[22] Wang Y, Xia Y. A new concept hybrid electrochemical surpercapacitor: Carbon/$LiMn_2O_4$ aqueous system[J]. Electrochemistry Communications, 2005, 7(11): 1138 - 1142.

[23] Wang Y, Xia Y. Hybrid Aqueous Energy Storage Cells Using Activated Carbon and Lithium-Intercalated Compounds I. The C/ $LiMn_2O_4$ System[J]. Journal of The Electrochemical Society, 2006, 153(2): A450 - A454.

[24] 庄新国.电化学电容器电极材料的制备及其性能[M].天津: 天津大学出版社,2001.

[25] Conway B E. Electrochemical capacitors [M]. New York: Plenum Press, 1999.

[26] 安仲勋,颜亮亮,夏恒恒,等.锂离子电容器研究进展及示范应用[J].中国材

料进展,2016(7):528-536.

[27] 罗承铉,郑永学.混合型超级电容器及其制造方法[P].韩国:CN102403127A,2012-04-04.

[28] Cao W J, Zheng J P. Li-ion capacitors with carbon cathode and hard carbon/stabilized lithium metal powder anode electrodes[J]. Journal of Power Sources, 2012, 213: 180-185.

[29] 李相均,赵智星,金倍均,等.制造锂离子电容器的方法以及利用其制造的锂离子电容器[P].韩国:CN102385991A, 2012-03-21.

[30] 裴俊熙,金学宽,金倍均,等.锂离子电容器及其制造方法[P].韩国:CN102468058A,2012-05-23.

[31] 赵智星,李相均,金倍均.锂离子电容器以及锂离子电容器的制造方法[P].韩国:CN102543441A,2012-07-04.

[32] Sivakkumar S R, Pandolfo A G. Evaluation of lithium-ion capacitors assembled with pre-lithiated graphite anode and activated carbon cathode [J]. Electrochimica Acta, 2012, 65: 280-287.

[33] Amatucci G G, Badway F, Du Pasquier A, et al. An asymmetric hybrid nonaqueous energy storage cell[J]. Journal of the Electrochemical Society, 2001, 148(8): A930-A939.

[34] Kim H, Park K Y, Hong J, et al. All-graphene-battery: bridging the gap between supercapacitors and lithium ion batteries[J]. Scientific reports, 2014, 4: 5278.

[35] Leng K, Zhang F, Zhang L, et al. Graphene-based Li-ion hybrid supercapacitors with ultrahigh performance[J]. Nano Research, 2013, 6 (8): 581-592.

[36] Kim H U, Sun Y K, Shin K H, et al. Synthesis of $Li_4Mn_5O_{12}$ and its application to the non-aqueous hybrid capacitor[J]. Physica Scripta, 2010, 2010(T139): 014053.

[37] Wu H, Rao C V, Rambabu B. Electrochemical performance of $LiNi_{0.5}Mn_{1.5}O_4$ prepared by improved solid state method as cathode in hybrid supercapacitor[J]. Materials chemistry and physics, 2009, 116(2-3): 532-535.

[38] 殷金玲,张宝宏,孟祥利,等.插入型化合物为超级电容器电极材料[J].材料导报,2006, 20(F11): 303-305.

[39] Karthikeyan K, Amaresh S, Aravindan V, et al. Unveiling organic-inorganic hybrids as a cathode material for high performance lithium-ion capacitors[J]. Journal of Materials Chemistry A, 2013, 1(3): 707-714.

[40] Karthikeyan K, Amaresh S, Kim K J, et al. A high performance hybrid capacitor with Li_2CoPO_4F cathode and activated carbon anode [J]. Nanoscale, 2013, 5(13): 5958-5964.

[41] Wang Y, Luo J, Wang C, et al. Hybrid Aqueous Energy Storage Cells

Using Activated Carbon and Lithium-Ion Intercalated Compounds II. Comparison of $LiMn_2O_4$, $LiCo_{1/3}Ni_{1/3}Mn_{1/3}O_2$, and $LiCoO_2$ Positive Electrodes[J]. Journal of the Electrochemical Society, 2006, 153(8): A1425 - A1431.

[42] Hao Y J, Wang L, Lai Q Y. Preparation and electrochemical performance of nano-structured $Li_2Mn_4O_9$ for supercapacitor[J]. Journal of Solid State Electrochemistry, 2011, 15(9): 1901 - 1907.

[43] Hao Y J, Lai Q Y, Wang L, et al. Electrochemical performance of a high cation-deficiency $Li_2Mn_4O_9$/ active carbon supercapacitor in $LiNO_3$ electrolyte[J]. Synthetic Metals, 2010, 160(7 - 8): 669 - 674.

[44] Tang W, Hou Y, Wang F, et al. $LiMn_2O_4$ nanotube as cathode material of second-level charge capability for aqueous rechargeable batteries[J]. Nano letters, 2013, 13(5): 2036 - 2040.

[45] Liu Y, Zhang D, Shang Y, et al. Synthesis of nitrogen-doped graphene as highly effective cathode materials for Li-ion hybrid supercapacitors[J]. Journal of The Electrochemical Society, 2015, 162(10): A2123 - A2130.

[46] Aswathy R, Kesavan T, Kumaran K T, et al. Octahedral high voltage $LiNi_{0.5}Mn_{1.5}O_4$ spinel cathode: enhanced capacity retention of hybrid aqueous capacitors with nitrogen doped graphene[J]. Journal of Materials Chemistry A, 2015, 3(23): 12386 - 12395.

[47] Pazhamalai P, Krishnamoorthy K, Sudhakaran M S P, et al. Fabrication of High-Performance Aqueous Li-Ion Hybrid Capacitor with $LiMn_2O_4$ and Graphene[J]. Chem Electro Chem, 2017, 4(2): 396 - 403.

[48] Ren J J, Su L W, Qin X, et al. Pre-lithiated graphene nanosheets as negative electrode materials for Li-ion capacitors with high power and energy density[J]. Journal of Power Sources, 2014, 264: 108 - 113.

[49] Zhang T, Zhang F, Zhang L, et al. High energy density Li-ion capacitor assembled with all graphene-based electrodes[J]. Carbon, 2015, 92: 106 - 118.

[50] Ahn W, Lee D U, Li G, et al. Highly oriented graphene sponge electrode for ultra high energy density lithium ion hybrid capacitors[J]. ACS applied materials & interfaces, 2016, 8(38): 25297 - 25305.

第 6 章

石墨烯超级电容器
工程化技术

石墨烯因其高比表面积、高导电率而成了超级电容器用关键储能材料。但由于材料与体系的研发进程不同，石墨烯超级电容器的定义也存在较大的差异，石墨烯在超级电容器中的应用方式存在较大的区别。为方便后续分析与讨论，笔者将单体内部使用了"石墨烯"材料的超级电容器定义为"石墨烯超级电容器"。目前而言，石墨烯材料在超级电容器中，主要以"储能活性物"与"导电添加剂"的方式存在于储能电极中，石墨烯超级电容器的构成如图6-1所示。由于石墨烯粉体材料存在堆积密度低（一般低于$0.3\ \text{g/cm}^3$）、价格昂贵等问题，目前石墨烯超级电容器主要应用在纽扣式和卷绕式超级电容器的市场领域，用于动力型超级电容器领域的则相对较少。纽扣式、卷绕式超级电容器的结构如图6-2所示。

图6-1 石墨烯超级电容器的构成示意图（实线代表各组成部分与工作区域之间的界面）

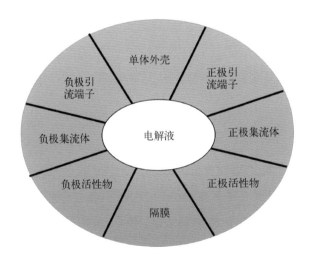

本章在概述纽扣式、卷绕式超级电容器工程化制造工艺的基础上，详细阐述了电极制备、电芯组装、注液以及老化检测等工艺。同时，对不同型号系列超级电容器的规格尺寸、生产厂家以及主要应用市场情况也进行了详细陈述。

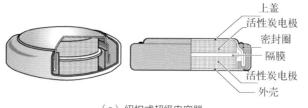

图6-2 纽扣式和
卷绕式超级电容器
的结构示意图

（a）纽扣式超级电容器

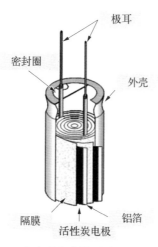

（b）卷绕式超级电容器

6.1 石墨烯超级电容器的工艺制备流程

石墨烯无论是作为储能活性物，还是导电添加剂，在石墨烯超级电容
器的内部均体现在核心储能电极上，因此不同结构产品在电极制备工艺
过程方面基本相同，主要的区别在于电芯组装、注液方式等方面。纽扣式
和卷绕式超级电容器的工艺制备流程如图6-3所示。

6.2 石墨烯超级电容器的电极制备

电极制备是指将石墨烯、活性炭等储能材料附着于金属集流体上，将

　　　　　　　　　　　　　　　　　　　　　石墨烯超级电容器

图 6-3 纽扣式和
卷绕式超级电容器
的生产工艺流程

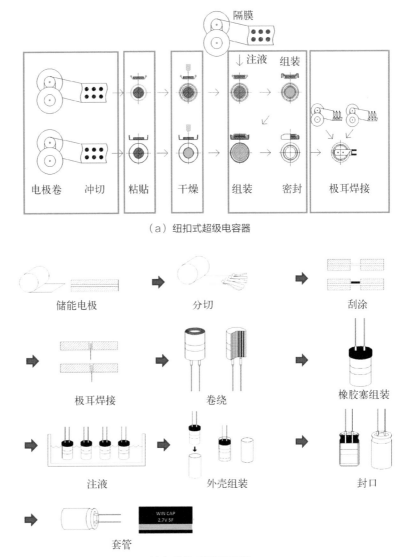

（a）纽扣式超级电容器

（b）卷绕式超级电容器

其进行碾压后获得一定密度的电极极片。由于石墨烯材料较低的堆积密度、昂贵的市场售价,使得其很难单独作为储能电极进行使用。目前,对于工程上主要采用"混合使用"的方式进行处理,即将"石墨烯"与"活性炭"进行混合。类似于传统的超级电容器,石墨烯超级电容器主要采用"物理吸脱附"方式进行能量存储,属于双电层电容器的一种。因此,正负电极的组分相同,主要由高性能活性炭、石墨烯、导电剂(乙炔黑、碳纳米管等)、黏结剂以及分散剂组成。其制备工艺主要分为"湿法电极制备工艺"和"干法电极制备工艺"两种。

6.2.1 湿法电极制备工艺

湿法电极制备工艺是指采用去离子水或 NMP 作为溶剂,将活性炭、石墨烯、黏结剂、导电剂、分散剂均匀混合,形成具有一定黏度且流动性良好的电极浆料,将其按照一定厚度要求涂覆于集流体上。根据实施过程的先后顺序,湿法电极制备工艺又分为拌浆工艺、涂覆工艺、碾压工艺三步。由于湿法工艺具有连续生产效率高、生产成本低的特点,使得目前该方法成为日本松下(Panasonic)、韩国 Korchip 以及锦州凯美等国际、国内厂商的主流电极制备工艺。尽管制备工艺不同,但是好的电极浆料必须满足如下几个条件。(1) 活性材料(活性炭、石墨烯)不能沉降,浆料有合适的黏度且能够均匀涂覆而不产生明显颗粒;(2) 导电炭黑和黏结剂分散均匀,避免活性物质间的二次团聚;(3) 导电炭黑和黏结剂均匀分散在整个活性物质表面;(4) 电极浆料的固含量尽可能提高,减少溶剂物质的使用量。

6.2.2 拌浆工艺

石墨烯超级电容器浆料主要由活性炭、石墨烯、黏结剂、导电剂以及分散剂组成。考虑到水系浆料体系在生产成本方面的优势,目前该类型超级电容器主要采用去离子水作为溶剂进行湿法浆料调制,典型的黏结剂为丁苯橡胶(SBR)、分散剂为羟甲基纤维素钠(CMC)。浆料分散均一性、流动性以及一致性等的好坏直接决定后期加工稳定性以及产品的一致性。现阶段,为了获得性能优异的电极材料,通常采用如图 6-4 所示的工艺进行浆料调整,具体为:在高速混炼机中将活性炭、石墨烯和导电炭黑进行干法混合,然后按照一定质量比将分散剂 CMC 分多次加入粉体混合物中,待其形成"颗粒状"混合物后继续搅拌,获得"面团"。紧接着将"面团"、去离子水一同加入双行星式搅拌器中真空搅拌,获得黏度为 3 000～5 000 cps 的浆料后,再加入 SBR 进行浆料调制,同时使用一定量去离子水进行黏度调控,控制最终浆料黏度为 1 000～2 000 cps。由于不同厂家工艺制备过程的差异,使得最终浆料组分之间的比率存在差异。一般来说,储能材料的比例为 85%～90%[质量分数。石墨烯材料的添加量在活性物的 2%(质量分数)以下],导电炭黑的质量分数为 5%～10%,黏结剂的比例为 3%～5%(质量分数),分散剂的含量为 3%～5%(质量分数),浆料固含量一般控制在 20%～40%(质量分数)。石墨烯材料主要以粉态及水性体系方式进行添加。

图 6-4 拌浆工艺流程(湿法电极制备工艺)

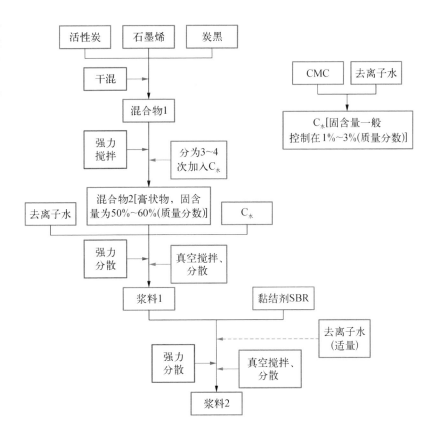

笔者通过湿法电极制备工艺方式,在动力型超级电容器领域,对比分析了石墨烯添加量、石墨烯结构、石墨烯复合效果以及活性炭结构等因素

对超级电容器性能参数的影响,结果表明:应该严格控制石墨烯的加入量(质量分数为2%)、还原方式(三苯基磷)、石墨原料结构尺寸(过5 000目),并且选择与石墨烯具有良好复合性能的焦类活性炭(CEP21)(图6-5为CEP21活性炭与石墨烯复合前后的SEM照片),才能使得单体电容器提升20%左右能量密度,如表6-1所示。

图6-5 CEP21型活性炭(a)和CEP21-5K-2G-P型复合炭(b)的SEM照片

样品编号	表面官能团含量/(meq/g)	比容量/(F/cc)	初始容量/F	老化后容量/F	容量衰减率
CEP21	0.291	18.6	10 293	9 620	7%
CEP21-5K-2G-P	0.552	24.1	12 710	12 461	2%

表6-1 CEP21型活性炭和CEP21-5K-2G-P型复合炭容量变化情况

6.2.3 涂覆工艺

将电极浆料均匀分散于集流体表面的技术称为涂覆技术。涂覆电极的好坏直接决定单体的一致性与可靠性。通常来讲,涂覆过程需要严格控制浆料固含量、浆料黏度、涂覆环境的温度与湿度、涂覆电极厚度及其控制精度。不同型号单体对于电极厚度与精度的要求不同,通常对于纽扣式电容器而言,涂覆厚度控制为 $240 \sim 300 \ \mu m$(含集流体,双面涂覆);卷绕式电容器的涂覆厚度一般控制在 $140 \sim 200 \ \mu m$(含集流体,单面涂覆)。目前,工程技术领域主要采用挤压式与刮刀式两种涂覆方式。湿法电极制备工艺—电极涂覆如图6-6所示。

图6-6 湿法电极制备工艺——电极涂覆

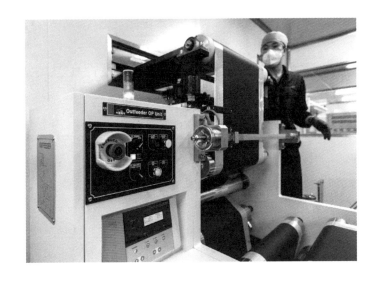

6.2.4 碾压工艺

涂覆后的电极因为水分蒸发留下的空隙造成密度偏低,直接组成电芯后会导致单体容量偏低、内阻偏大、循环寿命不足,为了提高单位容积下的电容量就必须提高电极的密度。目前,一般采用对辊压实的方法来提高电极的密度,主要分为热辊碾压和冷辊碾压两种方式,前者投资成本高,电极碾压后一致性高、缺陷少,后者设备投资成本低。考虑到材料及设备的承压极限,工程技术领域碾压后的电极密度一般控制在 $0.5\sim0.7\,g/cm^3$,电极的碾压前后压缩比为 $8\%\sim15\%$。如图6-7所示为大型超级电容器电极碾压设备。

6.2.5 干法电极制备工艺

随着装备及工艺技术的提升,近年来,干法电极制备技术成为新一代

图6-7 大型超级
电容器电极碾压
设备

电极制备技术。相比于湿法电极制备工艺,干法电极制备技术能够很好
地提升不同密度材料间的分散均一性与电极密度。同时,由于电极制备
过程无任何溶剂添加,从而使得样品耐电压性能与稳定性显著提升。同
一种活性炭材料,使用干法电极制备技术能够有可能实现单体电压由
2.7 V 至 3.0 V 的提升,单体电极密度也能够达到 $0.65\sim0.8\ \text{g/cm}^3$。

　　在众多电极黏结剂材料中,聚四氟乙烯(PTFE)具有良好的线型形变
状态,现已成为干法电极制备工艺的首选材料。具体来说,其制备过程
是:将低密度石墨烯、炭黑、活性炭按照一定比例进行干态混合,在真空、
高速剪切分散条件下,实现粉体材料的均匀混合与黏结(PTFE 材料由球
形变为线形,具体形貌如图 6-8 的局部放大图所示)。紧接着,对上述干
态混合物依次进行垂直碾压和水平碾压,将获得的碳膜与涂有导电胶的
集流体热压、粘贴在一起,最终获得相应干法电极。郑超等采用干法电极
制备工艺制备了活性石墨烯/活性炭复合电极片(图 6-9),实验结果表
明:复合电极中活性石墨烯的含量为 10%(质量分数)较为合适,相较于
纯活性炭电极,比容量提高了 10.8%,石墨烯与活性炭的复合添加量可以
提升至 10%左右,相对于湿法电极制备工艺低于 2%(质量分数)添加量
的限制显示出良好的性能提升。

图6-8 干法电极
制备过程、干法电
极及其局部放大图

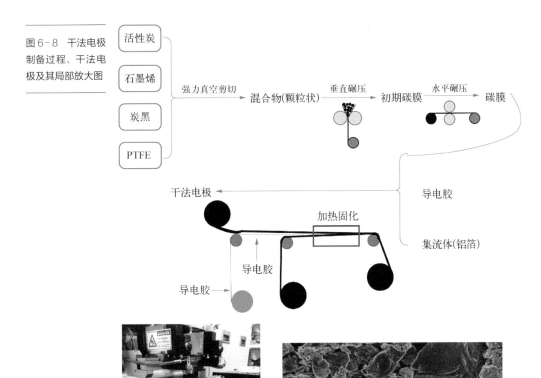

6.3 石墨烯超级电容器单体组装工艺

截至目前,研究、生产较多的石墨烯超级电容器主要分为纽扣式和卷绕式两种结构,两者的电极制备工艺基本相同,但"组装工艺"相差较大。本节中将重点介绍这两种结构超级电容器的工程化制备过程。

图 6-9

（a）活性石墨烯/活性炭复合电极；（b）（c）复合电极在不同放大倍率下的 SEM 图像；（d）用复合电极制作的软包装超级电容器；（e）活性炭电极和复合电极制作的超级电容器单体的循环寿命对比图

6.3.1　纽扣式

作为一种面向 3 C 消费类电子备用电源、存储器电源交换电源以及电力、燃气管道停电时数据保护等方面的储能器件，自 1980 年日本松下（Panasonic）、NEC 等公司上市 18.5 以来，产品的型号与性能产生极大的变化，产品的更新换代主要以面向小型化[$\phi 18.5(5.5\ \text{V}) \Longrightarrow \phi 11.0(5.5\ \text{V}) \Longrightarrow \phi 9.5(5.5\ \text{V}) \Longrightarrow \phi 6.8(3.3\ \text{V}) \Longrightarrow \phi 4.8(3.3\ \text{V}) \Longrightarrow \phi 3.8(3.3\ \text{V})$]、高电压化（单体电压由 2.8 V 提高至 3.3 V）、高可靠性方向（需要承受 85 ℃ /2 000 h 加速寿命测试）几方面发展。现阶段商品化的纽扣式超级电容器主要有 M-型、H-型以及 V-型，具体如图 6-10 所示。

图 6-10 纽扣式
超级电容器的不同
结构特征

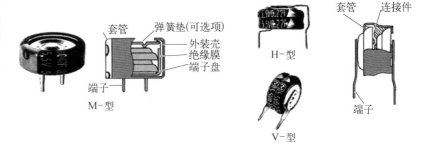

现阶段,主要的产品外形尺寸为 $\phi3.8$、$\phi4.8$、$\phi6.8$、$\phi11$、$\phi18$,单体的电压为 2.5 V、3.3 V、5.5 V、6.3 V,容量则为 0.03～2 F。从 2017 年底各项产品的市场规模预测(如表 6-2 所示),上述类型产品的主要生产企业集中在日本、韩国、中国,其中日本、韩国的纽扣式超级电容器生产企业最为密集,整体而言,纽扣式超级电容器的市场销售规模约为 8 亿元人民币。

表 6-2 纽扣式超级电容器的产业现状

产 品 尺 寸	产量/月	生 产 企 业	市场规模/年
ϕ18.5	500～600 万个	Panasonic(日) ELNA(日) NEC(日) Korchip(韩) Kaimei(中) Heter(中)	年 6 000 万个 2016 年单价 2.2 元 (最低单价 基准)
ϕ11.5	1 500～1 800 万个	Panasonic(日) ELNA(日) NEC(日) Korchip(韩) Kaimei(中) Heter(中)	年 18 000 万个 2016 年单价 1.2 元 (最低单价 基准)
ϕ6.8	1 000 万个以上	ELNA(日) Seiko(SII)(日) Samsin(韩) Korchip(韩)	年 12 000 万个 2016 年单价 0.7 元 (最低单价 基准)
ϕ4.8	1 000 万个以上	Panasonic(日) ELNA(日) Seiko(SII)(日) Samsin(韩) Korchip(韩)	年 12 000 万个 2016 年单价 0.55 元 (最低单价 基准)
ϕ3.8	3 000 万个以上	Panasonic(日) Seiko(SII)(日) Samsin(韩) Korchip(韩)	年 42 000 万个 2016 年单价 0.58 元 (最低单价 基准)

注:本表按 2017 年 12 月底进行市场规模预测。

从不同型号纽扣式超级电容器的市场应用分布情况及作用来看（表6-3），纽扣式超级电容器主要利用其响应速率快、循环寿命长、工作温度范围宽的优势应用在消费类电子、电力、玩具等数据备份、存储。依据纽扣式超级电容器的小型化、高温及长寿命等方面的使用要求，现有纽扣式超级电容器又在不同尺寸条件下细分为 EC、EB、MF、ME 四个系列化产品，具体如图 6-11 所示。

细分应用领域	使 用 用 途	产 品 直 径
手提电话	电池交换时实时时钟芯片(RTC)数据备份	φ4.8, φ3.8
掌上电脑(PDA)	电池交换时实时时钟芯片(RTC)数据备份	φ6.8, φ4.8
数字信号控制器(DSC)	电池交换时实时时钟芯片(RTC)数据备份	φ6.8, φ4.8
DVD 记录器	停电时,灯电力关闭时的 RTC 及存储器数据备份	φ18.5, φ11.5
数字电视(Digital TV)	停电时,灯电力供应关闭时的 RTC 及存储器数据备份	φ18.5, φ11.5 (85℃)
PC,服务器	停电时,灯电力供应关闭时的 RTC 及存储器数据备份	φ18.5, φ11.5 (85℃)
手提电话基站	停电时,灯电力供应关闭时的 RTC 及存储器数据备份	φ18.5, φ11.5 (85℃)
喷墨打印机	电源关闭时的 RTC 数据备份	φ18.5, φ11.5
电力，气，水道,表	停电时的数据保护	φ18.5, φ11.5 (85℃)
玩具(携带用)	电池交换时 RTC 数据备份	φ6.8, φ4.8
车 AV (储存器)	车电池交换时的 RTC 数据备份	φ18.5, φ11.5 (85℃)

表6-3 不同型号纽扣式超级电容器的市场应用分布

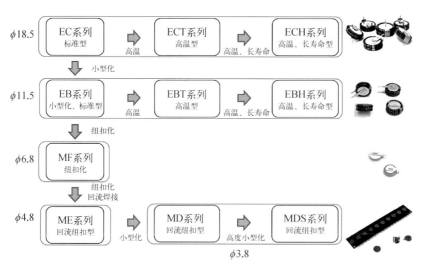

图6-11 不同尺寸纽扣式超级电容器的不同系列型号

石墨烯超级电容器

尽管不同型号纽扣式超级电容器在尺寸、应用特性方面存在区别,但是从生产制造角度,不同产品之间的制造工艺差别不大。为此,本节中以商品化的 $\phi18.5\times2.0$ mm(即 1820 型)电容器的制造过程为例进行陈述。

图6-12 $\phi18.5\times$ 2.0 mm(即 1820 型)超级电容器的工程化组装制造过程

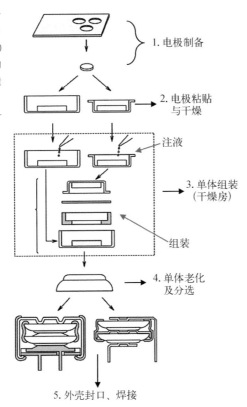

　　不同动力型超级电容器,纽扣式超级电容器因其尺寸较小,属于精细制造业的一种,生产制造过程也相对简单,具体如图 6-12 所示。将获得的电极冲切成一定尺寸的圆片后,将其分别粘贴在预先涂有导电胶的正、负极外壳内部,制造过程需保持电极片下方存在足够的导电胶,从而保障电极片与外壳间的紧密连接,同时过量则容易造成生产成本过高。紧接着将获得的半成品置于干燥体系进行真空、高温干燥,干燥温度一般为 $120\sim170\text{℃}$,干燥时间和真空度分别控制在 $12\sim24$ h 和 0.1 MPa。

　　将干燥后的半成品转移至干燥房内进行注液(常常采用真空浸渍的方式),真空放置一段时间后将正极部分、隔膜、负极部分按照"自下而上"的方式在干燥房内进行组装,组装过程要求严格控制干燥房内的水分含量,常常要求房内露点值低于 -50℃(即水分含量低于 100 ppm)。组装完毕后的产品封口后即完成了纽扣式超级电容器的制造过程。

　　为了保障产品在后续使用过程的一致性与可靠性,组装后的电容器常常需要进行"老化""分容"处理。老化的目的在于在高温、高压条件下实现产品内部表面官能团、杂质等分解,最终保障产品使用过程的可靠性。一般情况下,老化温度控制在 65～85℃,老化电压控制在 2.65～3.0 V 之间,老化的处理时间在 10～24 h,具体工艺参数条件需要根据产品型号进行调整。

值得注意的是,纽扣式超级电容器的单体工作电压并没有超过双电层电容器在单体电压方面的限制(即 3.0～3.3 V),商品化产品中出现的诸如 5.5 V、6.3 V 等高电压纽扣式超级电容器,是由多个单体按照图 6-12 中"5. 外壳封口、焊接"的"内部串联"方式实现电压提升的。

6.3.2 卷绕式

不同于纽扣式超级电容器的 3 C 消费类电子应用市场,卷绕式超级电容器的应用市场主要集中在煤气表、水表、热表以及电表等各类表件的监控仪器内部,主要起到瞬间备用电源的作用,保障各应用领域可靠性,主要的生产企业有日本的 Panasonic、NEC、Elna 公司,韩国的 Korchip、Vitzocell 公司以及中国的锦州凯美、江海、万裕电子等公司;产品的电压与容量范围分别在 2.5～3.0 V、1～350 F,市场规模在 13～15 亿/年左右,具有良好的市场前景。

不同于纽扣式超级电容器的工艺制造流程,卷绕式超级电容器的制造工艺与 3 C 消费类超级电容器、卷绕式动力型超级电容器的制造类似,具体如图 6-13 所示:将碾压后的电极根据不同型号电容器的尺寸要求进行分切处理。考虑到分切过程不可避免的会产生一定量的毛刺、少量碳粉剥落等现象,常常会要求对电极分切的刀具进行特殊处理,保障电极边缘的毛刺长度低于 15 μm,最终降低产品的漏电流值。

分切后的电极在焊接正负极耳后,按照正极、隔膜、负极、隔膜的顺序在全自动卷绕机上卷绕成电芯。对于卷绕式超级电容器而言,目前极耳的焊接方式主要有超声波焊接、激光焊接以及电阻焊三种。卷绕制造过程需要严格控制如下几点。1. 来料检验,包括正负电极、隔膜,不能出现毛刺、隔膜损坏等现象;2. 卷绕过程需要在保证隔膜完全分离正负电极的

　　　　　　　　　　　　　　石墨烯超级电容器

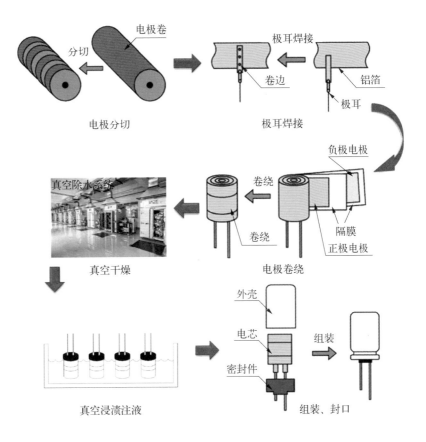

图 6-13 卷绕式超级电容器工程化组装制造过程

前提下,保证正负电极间存在 1 mm 左右的错边;3. 卷绕过程需严格控制电极的张力,防止电芯内部电极因为张力不足而发生电芯错位、电极内部松动等现象。

与纽扣式电容器一样,卷绕式电容器单体的水分也是一项非常关键的工艺,工厂内部常常将其称为"关键工序"。将电芯置于温度为 120～170℃,真空度在 -0.1 MPa 左右,干燥时间在 10～24 h 之间干燥系统内进行水分去除,最终保障电芯内部水分含量低于 100 ppm。

区别于其他电容器的注液过程,卷绕型超级电容器常常是先将电芯真空浸渍在电解液中,保持一段时间后确保电芯内部实现饱和吸附且无流动电解液残留。常用的卷绕式电容器电解液溶剂为乙腈(AN)或碳酸丙烯脂(PC),溶质为四氟硼酸四乙基季铵盐(TEABF$_4$)、双吡咯烷螺环季铵盐(SBP-BF$_4$)。

注液完成后,在干燥房内(漏点值低于−50℃)进行单体组装,组装过程须严格控制封口工艺,防止单体电芯与外壳之间短路、单体密封口漏液等不良现象产生。

与纽扣式产品类似,卷绕式电容器同样需要进行老化、检测、分选记忆后端的编码标识等处理。

6.4　检测方法与标准

作为一种面向消费类电子、工业用表等方面的储能器件,产品的可靠性与性能指标参数至关重要。由于纽扣式超级电容器与小型卷绕式超级电容器的应用领域相近,故两者的检测方法与标准基本相同。主要的区别在于检测电流值的差异:通常情况下,纽扣式电容器的检测电流为微安级(μA)放电,卷绕式电容器的放电电流为毫安级(mA)甚至达数安培(A),对于一种新型产品,其额定检测电流值常常按照 10 mA/F 的标准进行设定。

对于一种商品化的纽扣式电容器或小型卷绕式超级电容器,除了常规容量、内阻(含直流、交流内阻)、漏电流外,还须检测产品高低温性能、过充点特性、高湿特性、循环充放电过程变化、高温浮充特性以及外观性能。为了方便讨论,本节以 CapSolution Co., Ltd.公司的卷绕式 2.7 V/25 F(型号为 CS WRT 2R7 256 R)为例进行论述。

1. 容量

将产品检测程序按照表 6-4 进行设定,按照图 6-14 所示的电路图连接待接测试样品。当产品充电时间达到设定值后,将电源开关移动至 SW2,记录单体从 V_1 降至 V_2 过程所用时间 T_1 和 T_2,并按照下式计算单体的容量

$$C(F) = I \times (T_2 - T_1)/(V_1 - V_2)$$

型　号	充电电压 （ E ）	保护电阻 （ R ）	充电时间 （ T ）	放电电流 （ I ）	开始电压 （ V₁ ）	结束电压 （ V₂ ）
WRT2R7256R	2.7 V	10 Ω	30 min	10 mA/F	2.16	1.08

注: V_1 为80%额定尖峰电压; V_2 为40%额定尖峰电压; T_1 为 V_1 所对应的充电时间; T_2 为 V_2 所对应的充电时间; 电流: 10 mA/F。

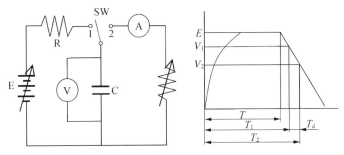

（a）样品测试电路图　　　　　（b）充放电曲线过程示意图

注: C 为测试样品; E 为 DC 电源系统; R 为保护电阻; V 为电压计; I 为恒流电流负载装置; A 为直流电流计。

2. 内阻

内阻分为直流内阻(Direct Current Internal Resistance, DC - IR)和交流内阻(Alternating Current Internal Resistance, AC - IR), 测试过程常常将直流内阻称为内阻值。其中, 直流内阻值是取放电过程一定时间的电压差(ΔU)除以放电电流(I)计算所得, 放电内阻计算时间常常取 10 ms 或 30 ms 两个值, 具体计算方式如下

$$ESR_{DC} = \frac{\Delta U}{I}$$

交流内阻常常取单体一定电压下, 在 1 kHz 条件下测量单体两端的内阻值。

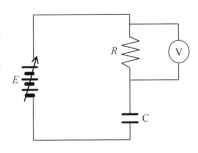

3. 充电电流

将单体按照图 6-15 充电至设定电压, 其中 E 为设定电源电压, R 为设定保护电阻, T 为设定时间, 各设定数值如表 6-5 所示。然后测量保护

电阻 R 两端的电压 V，按照下式计算单体的充电电流

$$I = V/R$$

充电电源电压（E）	保护电阻（R）	充电时间（T）
2.7 V	10 Ω	30 min

表 6-5　充电电流测试过程电路数值设定值

4. 漏电流

常温[温度为(25±2)℃]条件下，将单体在 1 h 内（具体时间可以调整）充电至额定电压（如 2.7 V），然后将其稳压 72 h 处理，记录单体不同时间段的时间与稳压电流值，取 72 h 截止时单体的稳压电流值。测量漏电压时常常要求设备具有较高的精度，能够实时采集样品的电流值。

5. 高低温特性

将待测样品置于设定温度环境中静置 1 h 后，将样品按照"容量内阻"检测方式进行测量，每个条件下循环测量 3～5 次，取平均值。设定温度依次为(-40±2)℃，(24±2)℃，(85±2)℃。其中，-40℃条件下，容量的变化值低于±30%，内阻值低于 4 倍初始测量值时为合格；+85℃时，容量变化值低于±30%，内阻低于 2 倍初始值为合格。

6. 过充性能测试

在(25±2)℃条件下，将待测样品充电至 V_c(3.0 V) 后观察产品的表面形貌，然后放至 0 V，循环测试 1 000 次，其中充电、放电的时间均为 30 s，保护电阻值为 10 Ω。其中容量变化率低于初始值的±10%、直流内阻值低于 2 倍初始值为合格。

7. 高温、高湿存储性能测试

将单体放电至 0 V 后，将其放置在温度为(85±2)℃，湿度为(90±2)%的

　　　　　　　　　　　　　　　　　　石墨烯超级电容器

环境下持续 1 000 h,然后观察样品的形貌,并测量产品的容量、直流内阻值。其中:容量变化率低于初始值的 ±30%、直流内阻值低于 2 倍初始值为合格。

8. 充放电循环稳定性测试

将单体连接于保护电阻为 10 Ω 的电路中,然后在 9 min 内充电至 2.7 V,并在 1 min 内放电至 0 V,循环测试 100 000 次后,测量单体容量、直流内阻值的变化情况,其中:容量变化率低于初始值的 ±30%、直流内阻值低于 2 倍初始值为合格。

9. 高温浮充性能测试

初始容量、直流内阻值完毕后,将单体置于(85±2)℃环境中,并将其充电至 2.7 V,恒压处理 1 000 h。紧接着,将单体常温放置 12 h 以上,测量单体的容量、直流内阻值,其中:容量变化率低于初始值的 ±30%、直流内阻值低于 3 倍初始值为合格。

10. 外观形貌

待测样品在测试过程,不能出现漏液、外壳形变、挤压、划痕、腐蚀、毛边等不良现象。

6.5　测试标准对比分析

目前,国际、国内相关领域并没有统一的纽扣式、小型卷绕式超级电容器的检测标准,一般情况下,将不同型号的超级电容器标准进行类比使用。

6.5.1　国际有关超级电容器的标准

国际电工委员会(International Electrotechnical Commission,IEC)

是世界上最早的非政府性国际电工标准化机构,各个国家的委员会组成了这个国际范围的标准化组织,为了促进国际上的统一,各国家委员会要保证在其国内或区域标准中最大限度地采用国际标准。目前 IEC 发布的适用于超级电容器的标准有三个,分别介绍如下。(1) IEC 62391—2006 电气设备用固定式双层电容器。该标准作为全球最早的一个公开的国际标准,其检测项目主要包括:① 性能测试(容量、内阻、漏电流、自放电、高低温特性);② 寿命测试(焊接的耐热性、温度快速变化、耐久性);(2) IEC 62576—2009 混合驱动电动力汽车用电气双层电容器。电气特征试验方法。该标准代表了欧洲的电动汽车领域对超级电容器的性能测试(容量、内阻、功率密度、电压保持能力、充放电效率)以及寿命测试(耐久测试)。另在本标准的图 B1～4 中列出了电容器内部温度变化曲线,该系列曲线用于指导某一温度下电容器在检测其所需的恒温时间时具有指导意义。(3) IEC 61881 - 3—2012 铁路应用—机车车辆设备—电力电子设备用电容器—第 3 部分:双电层电容器。IEC 61881 - 3 是针对电容器中的超级电容器的性能、可靠性等方面的试验规范标准体系。在此标准系中,标准的主体框架中包含的测试项目包括:① 性能测试(容量、内阻、漏电流、自放电、浪涌放电试验、温度试验、湿热试验);② 寿命测试(高温耐久测试、循环耐久测试、无源可燃性测试、EMC 测试);③ 安全测试(绝缘测试、密封试验、机械强度测试、冲击和振动、泄压测试)。

由于超级电容器在原理上也是属于双电层电容器,故在早期并未大量应用时,并没有独立编写超级电容器的标准。随着混合驱动的电动力汽车的大量投产,作为其核心部件的超级电容器的标准 IEC 62576 也随之在 2009 年颁布。在 2012 年,IEC 61881 - 3 的颁布,则说明了超级电容器至少在欧洲的铁路行业已经获得了广泛的应用,并且获得了业内人士的足够重视。

6.5.2　国内有关超级电容器的标准

国内目前公开发表的超级电容器有关的标准只有一个汽车行业标准:

QC/T 741。该标准发布时间分别为 2006 年和 2014 年,前者与 IEC 62391—2006 属于同一时期的标准,后者更新时间先于国际有关标准。QC/T741—2006 时期的超级电容器属于第一代超级电容器,区别于目前大量应用的超级电容器,其电解液多为水系;QC/T741—2014 则在样品测试电流、寿命评判标准、安全性能测试范围等方面进行了详细的阐述,细化了超级电容器应用领域对产品的性能使用要求。在该标准中检测项目主要包括:① 性能测试(容量、内阻、大电流放电、电压保持能力、高温特性、低温特性);② 寿命测试(循环耐久能力、耐振动性);③ 安全测试(穿刺试验)。

总之,我国的超级电容器高端装备制造业在不断追赶国际水平的同时,国内标准的更新换代领先于国际上的同行业,在今后的发展中,我国的业内人士将不断提高其重视程度,以规范和引领我国超级电容器制造和使用。

6.5.3　标准的对比

与国际标准对比来看,超级电容器标准具有以下不同。

第一,在测试内容及覆盖范围方面,IEC 62576、IEC 61881 及 QC/T741—2014 均有各自的覆盖范围和特殊要求,例如 IEC 61881 中对检测电流的要求与 741 明显不同,同时也存在适用性问题。例如对产品循环充放电的基准电流值的规定就存在巨大差异以及不合理性:以一个 3 000 F 和一个 9 500 F 的电容为例,在 QC/T741—2014 中,标准规定的采用 10 倍率充放电电流,其数值等于 $10 \times [C_N \times (U_R - U_{min})/3\,600]$,由此可知额定电压 2.7 V 的 3 000 F 产品的进行循环寿命检测的电流是 22.5 A,9 500 F 的电流是 71.25 A。而按照 IEC 61881‐3 的标准(50 mA/F per cell),则 3 000 F 的进行循环寿命检测的电流是 150 A,9 500 F 的电流是 475 A。国内标准中的小电流无法体现超级电容器能够大电流充放电的优势,而 IEC 标准中的算法显然没有预见到在短短的一两年时间内会出现单体容量远远超过 3 000 F 的产品。

第二,在测试项目的表述方面,各个标准口径基本保持一致,比较统一。在测试结果的判定准则方面,各个标准有着各自的规定。随着超级电容器的迅速发展以及科技进步,IEC 61881 中,提供了丰富的检测手段,但并不提供一个合格的评判标准。这种不轻易判定的态度,为超级电容器的使用者、生产者等提供了手段,至于能否满足使用要求,交给客户来判断。

展望标准是一个产品,一个行业能够得到长远发展的基础和规范,体现的应该是全行业的较高水平,从而形成标准与产品性能交替上升的良性发展过程。不论是 IEC 还是 QC/T 标准,都不能很全面地表征一个超级电容器的真正性能。在今后修编的标准中,如果能够体现不同行业对超级电容器这种器件的不同要求,使得超级电容器产品种类丰富化、行业区分化,在标准中使各个行业之间对超级电容器的要求存同求异,那无疑将是一个极具生命力的标准。

6.6　纽扣式超级电容器的市场

6.6.1　纽扣式超级电容器的市场情况

超级电容器自面市以来,在电动汽车、混合燃料汽车、特殊载重汽车、电力、通信、国防、消费电子产品等众多领域有着巨大的应用价值和市场潜力,全球需求量快速扩大,已成为电源电池领域内新的产业亮点而被世界各国广泛关注。当前,国内相关企业也都在扩大生产规模,增加产品的多样性。纽扣式超级电容器市场有以下特点。(1)市场前景非常广阔。超级电容器市场需求量非常大,并且以很高的速度增长,而超级电容器市场规模也在高速扩展。(2)超级电容器有着巨大的市场潜力。超级电容器相对于其他储能电源优势很明显,但它占整个能量储存装置的市场份额其实还很小。(3)通过供需情况的比较发现,国内能规模生产的厂家较少,生产规模还远远无法满足国内市场的需求,所以国内大多数用户还

　　　　　　石墨烯超级电容器

是通过进口来满足需要。在市场需求迅速增长的强力推动下,国内现有的超级电容器生产企业会积极融资扩产,国际从事超级电容器生产的大型企业也会把战略投资的目光锁定中国,另外很多相关生产企业(如铝电解电容器生产企业)也有进军超级电容器领域的意向,准备介入这一新兴行业。其实目前超级电容器在市面上远没有其他电池那么常见,超级电容器更多的是被用于成品的配件使用,所以其购买方式主要还是批量定制为主。这也就从一定程度上限制了其推广。正因如此真正用于稳定储能的超级电容器电池的开发才显得尤为重要。我们有理由相信在市场需求的刺激和愈发激烈的竞争下,几年以后超级电容器的产品会更加丰富,产品性能会更加完善,价格也会更加低廉,销售方式也会更加多样化。

据 IDTechEx 最新市场研究报告《超级电容器/电容策略和新兴应用2013—2025》称,2016 年超级电容器的销量将超过 27 亿美元,到 2020 年超级电容器的市场规模将超过 43 亿美元,全球超级电容市场在 2014 年至 2020 年将以 18% 的复合增长率速度实现发展。

据不完全统计,2013 年国内超级电容器的市场规模在 31 亿元左右,同比 2012 年增加 37.32%。到 2020 年国内超级电容器市场有望达到 120亿元,2013—2020 年的复合增长率为 25%(图 6 - 16)。目前,超级电容器占世界能量储存装置的市场份额不足 1%,而超级电容器在我国所占市场份额约为 0.5%,因此有着巨大的市场潜力。

图 6 - 16 全球超级电容器市场规模预测(单位: 亿元)

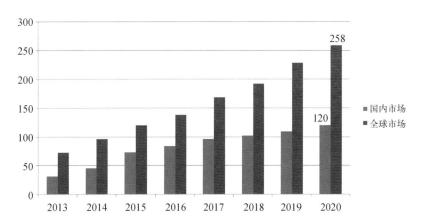

6.6.2　纽扣式超级电容器的主要生产厂家及应用领域

对于纽扣超级电容器在国外方面。韩国 NESSCAP、日本的 NEC 公司、松下公司、Tokin 公司均有系列超级电容产品,规格较为齐全,适用范围广,占有较大市场份额。美国 Maxwell 公司的 PowerCache 系列产品具有体积小、内阻低,产品一致性好,易于串并联等优点,但价格较高。俄罗斯 ECOND 公司研究超级电容器已有 25 年历史,代表俄罗斯的先进水平,产品以大功率 EDLC 产品为主。

1. 在汽车领域的应用

超级电容器的优良特性使得其在汽车领域有非常好的应用。在汽车发动机启动时,蓄电池需要往电动机供电,由于电动机在汽车启动前是静止的,因此需要很大的启动电流,这样会造成蓄电池端电压快速下降。将超级电容器与蓄电池进行并联,通过这种方法可以减少在汽车在启动时的电压降。尽管超级电容器不能完全取代汽车中传统的电池,但是其与蓄电池的组合使用却增加其应用范围,这种组合可以确保汽车一些零部件的频繁启动,此外还可以提高汽车在冷冻天气的启动性能。充放电时间在 5~60 s 的超级电容器,其充放电电流将明显大于蓄电池的充放电电流。在超级电容器协助作用下的 1.9 L 的柴油机车,用蓄电池的时候启动速度为 300 r/min,用超级电容器的时候启动速度变为 450 r/min,此外低于零度条件下启动柴油机时,超级电容器的优点也非常明显。

2. 在太阳能存储系统的应用

随着地球上的不可再生资源的减少,世界各国纷纷把眼光转向了像太阳能之类的清洁能源。但在太阳能存储过程中始终存在着问题,由于太阳能的辐射是间断不稳定的,因此这就增大了大规模存储的难度。

目前,中小功率的光伏系统都是以铅酸蓄电池作为储能装置。但铅酸电池有着一些难以克服的缺点,这些缺点限制了独立光伏系统的规模发展。此外铅酸电池的造价较高,占了整个系统造价的 20%～26%。超级电容器的一些优点可以很好地弥补铅酸电池的不足。但唯一不足的是超级电容器具有较低的能量密度,目前还很难用超级电容器模块来实现大容量的电能存储,但是可将超级电容器和铅酸蓄电池混合为储能模块,综合两者的优点,将会大大提高单独太阳能存储的效率。由于太阳辐射的不稳定性,储能装置会面临着负载功率脉动或高功率脉动等情况,但是超级电容器的引入会使得混合储能系统良好的应对这一复杂情况。因此超级电容器在该领域有着很大的应用价值和发展潜力。

3. 其他领域的应用

（1）无人值守设备

一些航道需要许多浮筒作为一种警示标志。在晚上就需要电源使它发光。现在的设计是把白天的太阳能储能在电池中,这样使得电池每年都需要更换,而且维修和更换的区域相当大并且分散,这也就造成了相当大的成本浪费。如果用超级电容器取代这种电池来用于海上照明,可以节省更换电池的费用。此外在我们周围的一些建筑物附近也需要灯光来警示或者照明,这也完全可以利用太阳能电板与超级电容器的结合去供电。

（2）自发电手电筒

超级电容器手电筒的原理很简单,利用超级电容器的电能驱动白光 LED 发光,可以利用磁铁控制干簧管实现电路的开关。超级电容器的充电如果不需要封闭的话可以在手电筒中安置一盒微型发电机,利用手摇的反复式充电对超级电容器充电。但是如果需要严格封闭的应用,可以利用法拉第电磁感应来实现发电,其基本方法是利用手的来回晃动使手电筒内的磁铁运动切割磁力来发电对超级电容器充电,这样的手电筒可以实现很好的密封。由于采用 LED 发光,不仅发光效率高,而且寿命很长。

（3）电子电路

在很多电子线路中的待机状态或者不传输信号时，系统为微功耗状态，其供电常采用低容量电池供电或者低输出功率的信号网络来实现；当这些电子线路进入短时的工作状态或者信号传输时。将超级电容器应用于短时高功率消耗的电源是最合适的，这样既能够保证很小的体积，也可以省略掉电话机中的电池。

参考文献

［1］ 阮殿波.石墨烯/活性炭复合电极超级电容器的制备研究［D］.天津：天津大学,2014.
［2］ 郑超,周旭峰,刘兆平,等.活性石墨烯/活性炭干法复合电极片制备及其在超级电容器中的应用［J］.储能科学与技术,2016,5(4)：486-491.

第 7 章

石墨烯超级电容的
应用

近些年,随着超级电容技术的突破获得快速的发展,尤其是兼具高比能、高功率超级电容的研制成功,使得超级电容从仪器仪表、掌上电脑、电子门锁、无线电话、静态随机存储器、数据传输系统等小型电子产品的后备电源,转变为城市轨道交通车辆、新能源汽车、重型节能装备、智能电网军工等领域的储能电源(图7-1)。

图7-1 超级电容应用领域

7.1 城市轨道交通车辆

超级电容具有超快充电(秒充)、超高功率(>5 kW/kg)、宽使用温度

（−40～70℃）、超长寿命（循环充放电 100 万次）、高安全（满电穿刺、挤压等不爆炸）等优势，可以满足不同工况下城市轨道交通车辆的使用，包括：(1) 部分无接触网型有轨电车；(2) 全程无网储能式有轨电车；(3) 地铁；(4) 混合动车组。

7.1.1 部分无接触网型有轨电车

有轨电车是一种采用电力驱动系统牵引并在轨道上行驶的轻型城市轨道交通车辆，其最大的优势是运输能力大、经济、节能、环保，因而是一种无污染的环保交通工具。由于传统有轨电车采用挂网式电力系统进行驱动，车顶上方总是伸着两根长长的"大辫子"，不仅影响了城市景观，而且在路口岔道处或线路交叉处易形成"蜘蛛网式"电网，导致线路不安全系数增加。

西班牙 CAF 公司研制出了用于部分线路无接触网的超级电容有轨电车（图 7 - 2），2013 年 3 月全线运营于西班牙的萨拉戈萨。萨拉戈萨位于西班牙内陆，有轨电车贯穿中心城区，全长

图 7 - 2　西班牙萨拉戈萨有轨电车（图片来源：东方IC）

12.8 km，设站 25 座，平均站间距 533 m。有轨电车建成后，起到了调控道路交通资源，抑制小汽车滥用的作用，萨拉戈萨中心城区交通拥堵度下降40%，城区空气质量提高 12%。2014 年，匈牙利布达佩斯交通运输中心与 CAF 公司签订了价值9 000 万欧元的合同，订购 37 列加装车载超级电容储能装置 Urbos 低地板双向有轨电车，以便在市中心的无接触网路段运行。

中车长春轨道客车股份有限公司研制了中国第一个成网运行的架空接触网和超级电容复合电源牵引供电型现代有轨电车（图 7 - 3），并于2013 年 8 月在沈阳浑南线运营，其首次在国内实现了超级电容在有轨电

石墨烯超级电容器

车上的应用。该有轨电车选择采用 48 V/165 F 超级电容器模组,利用 12 串 4 并的方式,组装成 1.6 kWh 的超级电容器组,其不仅可以实现有轨电车在无网区运行,还可以吸收制动能量。

图 7-3 沈阳浑南架空接触网+超级电容牵引供电型有轨电车

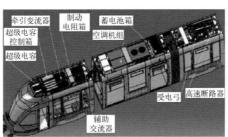

中车大连机车车辆有限公司开发了中国第一个以地面供电网和超级电容复合电源牵引型有轨电车,车辆正线采用地面供电方式,车辆段采用接触网供电方式,过路口采用超级电容供电方式,避免过路口道岔时供电衔接不上。2017 年 10 月,该有轨电车在珠海 1 号线正式上线运营(图 7-4),过路口的牵引电源采用美国 Maxwell 公司的 3 000 F 超级电容组成。

图 7-4 珠海地面供电网+超级电容牵引型有轨电车

随着电网和超级电容牵引供电技术的成熟,众多城市上线该技术的有轨电车,例如上海松江、成都 R 线、云南红河州线(上海奥威科技公司,28 000 F 超级电容)、成都 T2 线(宁波中车新能源科技有限公司,9 500 F 超级电容)等。

7.1.2　全程无网储能式有轨电车

尽管全世界数十个城市在建设接触网型有轨电车，然而由于电接触网的建设不能避免对城市景观和形象、沿街树木和建筑的影响，以及沿海城市台风的破坏、迷蚀电流对建筑物的损害，同时部分城市中心广场或街道不允许设立接触网，不利于城市规划和布局。

西班牙 CAF 公司获得高雄 54 单捷运轻轨的预定，为其提供全线路无接触网超级电容车，然而截至 2018 年 3 月还没有上线。2014 年，德国柏林 InnoTrans 展会上，中车株洲电力机车有限公司（株机公司）发布了世界首台超级电容全程无网储能式 100% 现代有轨电车，并于 2014 年12 月在广州海珠线正式运营[图 7 - 5(a)]。海珠线有轨电车采用宁波中车新能源公司（中车新能源公司）研制的方形 2.7 V/7 500 F 超级电容作为主动力源，单串超级电容充电电流为 300 A，站停时间 30 s 内充电，截至2017 年 12 月，超级电容的容量仅衰减了 5%，且衰减率逐年减小[图 7 - 5

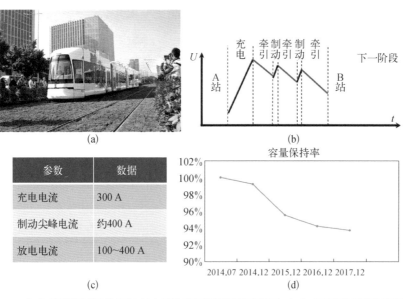

图 7 - 5　株机公司全程无网储能式有轨电车

（a）广州海珠线有轨电车；（b）有轨电车储能电源运行情况；（c）广州海珠线有轨电车电流参数；（d）有轨电车储能电源容量保持曲线

　　　　　　　　　　　　　　　　　　　　　石墨烯超级电容器

(d)]。随后,株机公司利用中车新能源公司的 2.7 V/9 500 F、3 V/
12 000 F、3.6 V/60 000 F 超级电容,研制了续航能力更远的储能式现代
有轨电车,并在江苏淮安、深圳龙华、武汉大汉阳、东莞华为上线运营,并
中标云南弥勒、文山等有轨电车线。超级电容全程无网储能式 100% 现
代有轨电车不仅取消了接触网,消除了对城市景观的不良影响,而且车
辆实施再生制动时的能量回馈利用率高达 85% 以上,避免了再生制动
能量以热量的形式消耗在制动电阻上,更好地实现了轨道交通与环境保
护的和谐发展。

金雪丰等以武汉东湖超级电容无接触网有轨电车的储能方案为基础,
对有轨电车充电装置快速储能进行优化,设计并实现了一套基于车载超级
电容的充电装置,并进一步优化了装置的一次拓扑结构及保护策略。仿真
结果表明,通过将充电装置样机的实测电流、电压波形与仿真的电流、电压
波形进行对比,可以发现两者波形基本上保持一致,两者结果相吻合。
2018 年 1 月,武汉中车长客轨道车辆有限公司生产的东湖“光谷量子号”

图 7-6 长客公司
全程无网储能式有
轨电车

超级电容有轨电车上线运行(图
7-6)。该车以上海奥威科技开发
有限公司的 28 000 F 高能超级电
容作为储能元件,整车储存能量
47.6 kWh 电,车辆利用站停时间
充电,一次充电可运行 10 km 以
上,最高运行时速可达 70 km。全
线均不设接触网,制动的能量全部反馈到超级电容储能系统里。

2011 年,西班牙窄轨铁路(FEVE)公司展出了一款由两节氢燃料电
池供电的有轨电车样车,载客人数为 20~30 人,最高速度达到 20 km/h。
该车辆由 2 节 12 kW 的燃料电池供电,制动再生能量储存在 3 个
Maxwell 125 V 重型交通运输系列超级电容器模块或额定功率为 95 kW
锂离子电池内。

2013 年,西南交通大学、中车唐山机车车辆有限公司共同参与申报,

获得国家科技支撑计划项目"燃料电池/超级电容混合动力 100% 低地板有轨电车研制"批准。燃料电池混合动力有轨电车中燃料电池(FC)动态响应慢、输出特性软特点,陈维荣等设计了以燃料电池为主动力源,超级电容和蓄电池为后备电源的混合动力有轨电车,给出了混合动力系统的总体方案与拓扑结构,进行了混合动力系统配置和有轨电车牵引性能计算。结果表明,所配置的混合动力系统的输出功率分配可以很好地满足列车在 0~35 km/h 速度时加速度为 1.2 m/s²、最高车速 70 km/h 的动力性能要求,其中超级电容提供车辆加速阶段的功率,保障列车的加速性能达到最优。同时陈维荣等以两套 150 kW 的燃料电池系统、800 节 10 Ah 和 108 个 48 V 超级电容模组为有轨电车的三混动力系统,可以实现有轨电车以 1 m/s² 的加速度加速到 30 km/h 并持续加速到 70 km/h 的动力性能要求。超级电容功率密度大的特点可以在机车加速期间发挥更大的作用,并在制动期间快速回收制动能量。2017 年,西南交通大学和中车唐山机车车辆有限公司合作研制成功的燃料电池/超级电容混合动力 100% 低地板有轨电车下线[图 7-7(b)],该车持续运行速度 70 km/h,列车连续行驶里程可达 40 km 以上,在国内首次采用燃料电池/超级电容/动力电池混合动力系统为车辆提供牵引和辅助供电,完全不依赖于受电弓供电,实现了零排放和全程无接触网运行模式,是节能环保的新能源有轨电车。当列车启动时,由具备大功率充放电特性的超级电容供电。当列车停站或回库时,如超级电容和蓄电池电量不足,可由燃料电池为超级电容和蓄电池充电,以提供车辆启动所需能量。

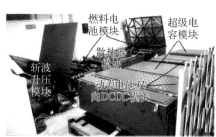

（a）混合动力实验系统

（b）混合动力 100% 低地板有轨电车

图 7-7　燃料电池/超级电容混合动力 100% 低地板有轨电车

全程无网有轨电车不仅能够满足现代城市对景观的需要、节省线路占地面积和架空接触网投资、避免钢轨回流对城市地下管线的腐蚀,更重要的是可以实现能量的高效利用和循环利用,制动时可以将85%以上的车辆动能即时回收到储能装置中。同时每公里造价仅为地铁的1/4～1/8,建设周期为地铁的1/2～1/3;载客量大,为常规公交的3～7倍、BRT的1.4～3倍。因此,全程无网现代有轨电车已成为全球现代有轨电车发展的必然趋势。

7.1.3 地铁

1. 地铁制动能量回馈

随着我国城市人口的急剧增长和城市建设的发展,城市轨道交通列车进入高速发展时期,预计"十三五"末,我国地铁运营里程将达到6 750 km,有约5 300座地铁站。但是由于城市轨道交通列车启动和制动频繁、速度变化较大、站间距较短,列车启动或者加速时,会造成直流牵引网电压的降低;列车再生制动时会产生大量再生制动能量,产生的能量会回到直流牵引网,从而造成直流牵引网电压的抬升,当直流牵引网电压严重过高时,会导致再生制动失效,从而整个轨道交通网络的供电都会受到影响,列车再生制动的能量占总耗能的20%～60%。为解决以上问题,国内主要采取电阻能耗型处理再生制动能量,大量的再生制动能量没有被有效利用而是被电阻以发热的形式消耗掉,电阻能耗型消耗能量产生的热能会使隧道和站台的温度大幅上升,从而导致对站内的空调和通风系统要求的提高,这样不仅浪费了电能,还会增加城市轨道交通的运营成本,所以轨道交通急需新型的储能装置来解决这一系列的问题,使再生制动能量得到很好的回收利用,达到节能的目的。

储能技术是制动能量回收的关键技术之一。制动能量可以通过双向变换器储存在储能装置中,因为超级电容器具有高功率、高效能、长寿命的储能器件,所以在轨道交通列车线路中得到应用。超级电容能量回收在国外研究开展较早,如韩国宇进株式会社的地铁制动能量回收系统、西门子的 SitrasSES 静态储能系统、庞巴迪的 MITRAC EnergySaver 储能系统等,其中韩国的制动能量回馈系统发展最迅速,在韩国 11 条地铁线上实现了应用。国内,2007 年北京地铁 5 号线引进了西门子公司的 SitrasSES 系统,是我国第一条超级电容器储能系统线路。曹成琦等采用了一种双向 DC‑DC 控制的超级电容储能系统和逆变回馈系统进行协调控制,对比了在有无车载超级电容系统时的电压波动。无超级电容时,牵引网电压波动很大;有超级电容时,牵引网电压在 1 500 V 上下波动,表明稳定了直流牵引网电压和有效利用再生制动能量(图 7‑8)。马丽洁等设计了一种车载超级电容储能系统交流侧串接超级电容间接矢量能量管理控制策略,可以有效抑制城轨列车受电弓处电压波动,防止再生失效。

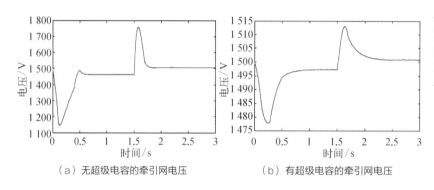

（a）无超级电容的牵引网电压　　　　（b）有超级电容的牵引网电压

图 7‑8　无超级电容和有超级电容的牵引网电压

胡敏等采用锂离子电容器研制了一种系统电压范围为 DC500～820 V、充/放电电流为 400 A 的车载锂离子电容器能量回收装置(图 7‑9)。该系统已安装至上海地铁某线路列车中,替

图 7‑9　锂离子电容器能量回收装置

换了原有电阻制动系统,其充电总最大能量为 5.7 kWh。地铁每次制动的总能量可达到10 kWh,可将锂离子超级电容器充满;地铁启动时的耗能将大于制动,锂离子超级电容器完全放电。由于大电流下放电时的放电效率

　　　　　　　　　　　　　　　　石墨烯超级电容器

下降,回收的能量大约在 70%,预计每年至少回收 68.4 万 kWh。

2016 年 12 月 17 日,专家组对中车青岛四方车辆研究所有限公司(以下简称"中车青岛四方所")和北京地铁运营有限公司联合进行的电容型再生制动能量回收装置正线试运行了评审,其装置设计合理、接口简单、安装方便,运行稳定、安全,节能和稳压效果明显,性能指标满足地铁挂网要求。在北京(750 V 超级电容储能)、青岛(1 500 V 超级电容储能)等地已装机运行。同时,中车青岛四方和美国 Maxwell 公司合作研发长沙地铁的地面制动能量回收系统(图 7 - 10),其核心储能器件采用锂离子电容器。

图 7 - 10 中车青岛四方所研制的制动能量回收装置

2016 年 11 月 20 日,宁波中车新能源科技有限公司联合广州地铁设计研究院有限公司、广州中车有轨交通研究院有限公司研制的 1 500 V 地铁列车用超级电容器储能装置,在广州地铁 6 号线浔峰岗站正式挂网运行,其安装前后电网电压波动如图 7 - 11 所示,参数见

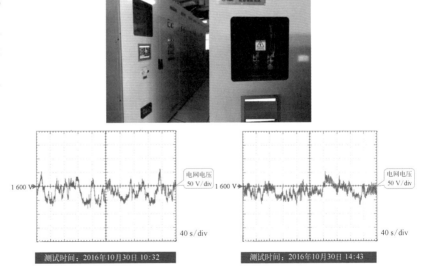

图 7 - 11 广州 6 号线浔峰岗地铁制动能量回收装置安装前后电网电压波动图

表7-1。该装置每天回收电能约 1 500 kWh,能量吸收利用率高于90%,能量释放利用率高于90%,降低母线电压波动,消除电压尖峰,有效提高了电网电能质量,降低系统能耗及发热量,具有良好的经济效益和环境效益。同时该装置可在 -30～50℃温度内使用,且使用寿命长于 10 年。

技 术 参 数 名 称	参数值
正常工作输入电压范围 /V	1 300～1 900
储能系统工作电压范围 /V	583～1 166
储电总量 /kWh	8.5
最大充电电流 /A	1 200
最大放电电流 /A	1 200
额定功率 /kW(常温下,装置网侧端口的输入输出额定功率)	860
最大吸收功率 /kW(常温下,装置网侧端口的最大输入功率)	1 400
最大回送功率 /kW(常温下,装置网侧端口的最大输出功率)	1 330

表7-1 广州6号线浔峰岗地铁制动能量回收装置参数

随着列车再生的制动能量技术回收的工业化和市场化,制动能量回收装置成为城市轨道交通行业发展的重点方向。

2. 地铁应急牵引

超级电容可以作为地铁应急牵引后备电源使用,其牵引装置的特点在于:(1)输出电流大;(2)循环使用寿命长;(3)充放电速度快,节省时间;(4)节能环保。超级电容紧急牵引主要用途,一是区间输电设备故障造成高压中断时,地铁利用超级电容牵引至最近车站;二是列车回库时,可以利用蓄电池牵引进入车库,这样车库就不用再铺设供电轨道;三是解决列车重载负荷时不掉电问题。付亚娥等采用 7 500 F 超级电容作为应急牵引系统的电源,对应急牵引工况进行了可靠性研究分析,结果表明在提供强制风冷的情况下,应急牵引 100 m 距离时,超级电容平均发热功率达到826 W,在 100 s 内温升估算将达到 7 K,可以实现超级电容对地铁车辆进行应急牵引,其优良的性能完全适应当今城市轨道交

　　　　　　　　　　　　　　　　　石墨烯超级电容器

通发展的需要。

7.1.4　混合动力动车组

随着国内高铁、动车组的快速发展,电气化铁路日益增加。根据我国《中长期铁路网规划》,预计至 2020 年,电气化铁路将占全国铁路运营里程的 60%。然而非电气化铁路仍占有非常大的比例,例如我国东北地区一直存在电气化线路与非电气化线路共存的现状,因此实现电气化与非电气化铁路间跨线运行逐渐被关注。

混合动力动车组可实现电气化与非电气化铁路间跨线运行,具有大密度、小运量、灵活编组等特点,有广阔市场前景。依据动力源的组合方式,可以分为电-电混合动力动车组和油-电混合动力动车组。目前研究较多的混合动力动车组为电网或内燃机与蓄电池的混合,例如中车长春客车股份有限公司研制的 EEMU 型动车组和 DEMU 型动车组。由于蓄电池的低温特性和寿命受到极大的限制,因此大功率、长寿命的超级电容得到迅速发展。

2015 年 11 月,中车株洲电力机车有限公司采用 3 000 F 超级电容作为启动电源的动车组在欧洲马其顿运营,首次实现超级电容在动车组领域的应用。2017 年 4 月 11 日,中国中车株洲电力机车有限公司与马来西亚交通部在湖南长沙签订 13 列混合动力电动车组的购销合同。混合动力电动车组是中车株机公司为马来西亚量身打造的"米轨电力 + 超级电容"创新型动车组。列车牵引时,中车株机公司拥有自主知识产权的 60 000 F 超级电容器可以短时间提供大功率电流,供列车启动加速;列车制动时,超过 85% 的制动能量可以被超级电容器吸收存储,供列车下次启动使用,实现能量循环利用,减少能源消耗。

总体而言,超级电容混合动力动车组在国内的研究和应用尚处于起步阶段,但随着国家"一带一路"倡议推进实施,必将占领国际市场。

7.2 新能源汽车

7.2.1 纯超级电容公交车

我国城市公交客车的总量大约是 50 万辆,绝大多数为燃油车,所排尾气污染城市空气。近些年政府高度重视环境污染治理问题,发展纯电动城市公交车成为节能减排的重要措施。目前纯电动城市公交车主要分为:(1) 长续驶里程慢充式纯电动公交车,续驶里程超过 200 km,以高能量锂电池或燃料电池作为电源系统;(2) 换电式纯电动公交车,续驶里程在 100 km 左右,在站内给备用电池充电,运营过程中车辆驶入换电站实现电池的快速更换;(3) 快充式纯电动公交车,充电方式主要是在站内 10~30 min 完成充电;(4) 在线充电式纯电动公交车,采用在线充电的充电方式;(5) 在线超快充纯电动公交车,用地面中间快充电站在 30 s 内完成充电。

超级电容器因具有超大功率的特点,30 s 内完成充电,因此可以应用于纯电动公交车,实现纯电动公交车的停站快速充电。超级电容在实现牵引的同时,还具有加速、提升爬坡力、回收制动能量等功能。

2002 年上海奥威科技开发有限公司与申沃客车及巴士集团等合作开发,共同研制城市公交车用超级电容器系统(图 7-12)。经历了上海路无轨电车脱线改造、张江园区示范运行等一系列示范应用后,2006 年 6

(a)上海 26 路超级电容客车

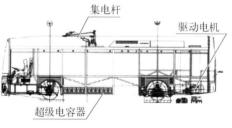

(b)超级电容客车主要部件布置图

图 7-12 超级电容客车系统

　　　　　　　　　　　　　　　　　　　石墨烯超级电容器

月,17 辆上海 11 路超级电容公交示范运营车下线,超级电容公交车系统进入了示范应用阶段。该超级电容公交作为奥威科技的第一代产品,其是以能量密度稍低(10 Wh/kg)无机混合型超级电容器作为电源,电源系统总体体积和重量较大,且整车的续驶只有 3～6 km。2010 年世博会期间,上海投入 61 辆第二代超级电容城市客车,以改进的超级电容器作为电源,由原来第一代超级电容公交车站站充到第二代隔 2～4 站再充电。2018 年,使用了 7 年的上海第二代超级电容城市客车-26 路超级电容公交车将正式退役,随后将采用第三代高能量密度超级电容(40 Wh/kg)替代二代产品,解决公交车电源系统储能低、系统总体体积和重量较大、续驶里程短的问题。2014 年 5 月,保加利亚首都索菲亚 11 路公交线开始采用超级电容客车载客运营;2015 年 9 月,以色列特拉维夫 M5 路公交线利用超级电容客车载客运营;同年,约 20 辆新能源公交车驶上白俄罗斯明斯克市的公交线路;2016 年 6 月,俄罗斯萨哈林州南萨哈林的街道上在运营超级电容公交车;2016 年 4 月 1 日,5 辆超级电容公交车从上海运往以色列第二大城市特拉维夫,为当地公共交通服务;2017 年,海格客车总经理黄书平和以色列 Pandan 董事 Eran 签订了 100 辆超级电容公交的采购协议。

2015 年 4 月,浙江中车电车有限公司研制的第一代超级电容公交车面向全球发布,并在宁波 196 路示范运营。该型公交车是以宁波中车新能源公司的方形 9 500 F 超级电容(7～10 Wh/kg)为动力源,续航能力 3～5 km,目前已有 109 台第一代超级电容公交车运营。2017 年 6 月,针对第一代超级电容公交车的储能均衡系统进行了全面升级。2016 年 12 月,奥地利格拉兹采用"宁波造"的第三代超级电容公交车正式运行(图 7-13)。"宁波造"的第三代超级电容公交车是以方形 60 000 F 超级电容(38 Wh/kg)为动力源,采用快充方式充电,整车通过了严苛的欧盟认证,通过了其电磁兼容测试,其续航能力

图 7-13　格拉兹超级电容公交车

20~25 km,实现公交车的首尾充电,车载客量达135人。车辆到站,受电弓自动升起,在乘客上下车的30 s内完成充电,实现24 h不间断运营。目前在格拉兹34E路和宁波177路等有47台"三代车"在运营。2017年12月,盐城亭湖区投放10辆"宁波造"的第三代超级电容公交车,开通了75路公交线路。根据盐城市人民政府与中车株洲电力机车有限公司日前签订的《关于超级电容现代电车和磁浮产业发展及推广合作协议》,盐城市人民政府表示,全市各区、县在同等条件下,按规定程序优先采购应用中国中车牌超级电容现代电车。

7.2.2　混合动力汽车

通过利用2种以上的动力源组合,采用严密的控制策略控制,实现汽车的牵引,达到最佳燃油经济性、最佳排放等,这种汽车统称为混合动力电动汽车(Hybrid Electric Vehicle,HEV)。在石油能源危机和环境污染问题日益严重的条件下,混合动力汽车受到越来越多的科技工作者和国际汽车制造商的关注,其中电源混动系统是最关键的技术,其能源管理流程图见图7-14。电源系统要求体积小,质量轻,能量密度大,功率密度高,使用寿命长。超级电容作为高功率密度储能电源,能快速充放电,充放电效率高,

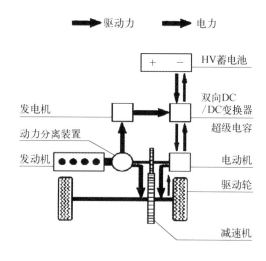

图7-14　超级电容混合动力能源管理流程图

　　　　　　　　　　　　　　　石墨烯超级电容器

充放电次数多,可以作为混合动力汽车的辅助电源,弥补蓄电池在混合动力汽车怠速启停、制动时,充放电频繁影响电池使用寿命的不足。

陈浩然等从功率的角度进行混动系统中超级电容与蓄电池的匹配,可以相当精确地定量计算出超级电容对蓄电池的寿命改善,从而为复合能源的选型和匹配提供依据。高建平等将插电式混合动力汽车的单一电源系统改造成 8 个 48 V 超级电容模组和 121 节 30 Ah 锰酸锂动力电池的复合电源系统,并经过仿真模拟分析(表 7 - 2),表明使用复合电源系统后,超级电容承担了 470 A 最大放电电流、412 A 最大充电电流,避免了大电流对动力电池的冲击,提高了动力电池的工作效率,同时整车燃油经济性提高 3.4%,纯电动行驶里程数增加 1.3%。

表 7 - 2 仿真结果

电源系统	油耗/ (L/100 km)	电耗/ (kWh/100 km)	综合油耗/ (L/100 km)	纯电动行驶里程/ (L/100 km)
单一电源	16.36	15.76	21.58	15.5
复合电源	16.15	14.18	20.85	15.7

许广举等采用天然气公交车和气电混合动力公交车(配超级电容怠速启停系统)作为样车,考察了中国典型城市公交循环工况下,怠速启停控制模式对燃气消耗量及排放特征的影响。结果表明,与天然气公交车样车相比,气电混合动力样车每 100 km 可节约能源成本 17.39 元,采用怠速启停系统后,可节约能源成本 51.8 元;采用怠速启停模式 HEV 车辆总碳氢排放降低约 32%,NOx 排放降低 44%,颗粒物质量排放下降 36%。

超级电容混动系统的优势,使得国内各大车厂争继研发制造,例如宇通客车、金龙汽车、福田汽车、中通客车、安凯客车、中车时代电气、中车电车等公司。

7.2.3 乘用车

近年来,我国汽车燃油经济性指标和排放法规越来越严格,在纯电动汽车成本过高、缺乏关键技术,尚无法解决市场需求的条件下,结合我国的实际情况,对现有的内燃动力汽车产品进行技术改进,开发新一代具有自主知识产权的低成本、低排放、低油耗的怠速启停系统,从宏观上降低燃油消耗,满足未来市场的需要,是实现汽车节能减排要求的一条重要途径。

日本的启停系统新车装配率从 2010 年的几万台迅速增长至 2012 年的几百万台,占其新车销量的 40% 以上,预计到 2019 年该比例将提升至 90%。欧洲的启停系统新车装配率也从 2008 年的 5% 迅速增长至 2014 年的 60% 左右,预计到 2019 年该比例将提升至 90%。国内 2014 年启停系统的新车装配率仅为 8% 左右,预计 2019 年中国汽车年销量规模将达到 3 000 万辆,其中 30% 将配备启停系统。安装启停系统的汽车可以达到 5%～15% 的节油减排功效。至 2020 年所有乘用车企业必须满足平均燃料消耗量 5 L/100 km。启停电池使用工况见图 7-15。

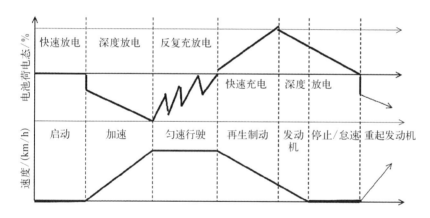

图 7-15 启停电池使用工况(频繁深度放电、部分荷电态下使用)

汽车启停电池的使用主要分为三个阶段:(1) 汽车运行至红灯时,车内发动机停止工作,电池供给车内辅助负载使用(如前灯、广播、电控单元),电流不大,小于 50 A;(2) 在红灯变绿灯很短时间内由电池启动 BSG(或 ISG)模式下的高速电机,使电机高速带动发动机启动,电流大小为 10 C 左右(300 A);(3) 发动机启动后为蓄电池进行充电。

目前启停系统分为 3 种:铅酸电池 + 铅酸电池、铅酸电池 + 锂离子电池、铅酸电池 + 超级电容系统。梅赛德斯—奔驰在其 S 级、E 级及 CLS 级

石墨烯超级电容器

等多个系列的车型,雪佛兰 2014 款迈锐宝(北美版)等车型均采用双铅酸电池作为启停系统,其主电池采用 12 V/95 Ah 的 AGM 蓄电池,辅助电池采用 12 V/12 Ah 的 AGM 蓄电池。铃木汽车的 ENE‐CHARGE 技术采用了日本东芝公司提供的 SCiBTM 系列 3 Ah 钛酸锂电池组加铅酸蓄电池的双电池组合,其系统已应用于铃木汽车旗下的 WagonR、Spacia、Hustler、Swift、Solio 等诸多车型。

由于铅酸电池的低温性能较差、老化速度快、寿命短等缺点,因此易于导致发动机节能自动启停系统禁用。因超级电容拥有宽工作温度(−40~70℃)、超长寿命(100 万次循环寿命)特点,所以超级电容受到汽车厂商的青睐。美国 Maxwell 和日本 NipponChemi‐Con 率先研制成功了汽车启停系统用超级电容系列(图 7‐16 和表 7‐3),其中 1 200 F 超级电容应用最广,因为 1 200 F 超级电容单体不仅实现系统长寿命、低温启动、启停能量回收,同时可负载使用提供稳压(音响、车灯以及雨刷)。

图 7‐16 汽车启停系统用美国 Maxwell 和 NipponChemi‐Con1 200 F 超级电容

表 7‐3 美国 Maxwell 和 Nippon-Chemi‐Con 的 1 200 F 超级电容单体性能

单体参数	Maxwell	NipponChemi‐Con
容量	1 200 F	1 200 F(min 1 080)
电压	2.7 V	2.5 V
直流内阻	0.58 mΩ	0.8 mΩ
比能量	4.70 Wh/kg	3.93 Wh/kg
比功率	12.09 kW/kg	6.98 kW/kg
重量	260 g	280 g
规格	φ60.7×74(不包括极柱高 3.2 mm)	φ40.4×151(不包括极柱高 5 mm)

大陆汽车电子公司采用 Maxwell 的 5 V/600 F 超级电容模组作为启停系统的辅助电源，广泛应用于 PSA 旗下(标志雪铁龙)配置 E‑HDi 系统的车型如 C4、C5、308 等、以及通用汽车的凯迪拉克 ATS、CTS、ATScoupes、CT6。本田汽车 Fit、Vezel、Shuttle、Grace 等车型的双电源启停系统采用了日本 NipponChemi‑Con1200 F 超级电容模组，其规格为 15.5 V/225 F 模组。马自达的 Atenza、CX‑5、Axela、Demio、CX‑3、Roadster 等车型采用 NipponChemi‑Con 的 25 V/120 F 超级电容模组和 12 V 铅酸电池构成 I‑ELOOP 双电池系统。

2012 年 3 月，澳大利亚 CAP‑XX 公司宣称开发了一种汽车启停系统用超级电容单体及模组(图 7‑17)，其性能参数见表 7‑4。该超级电容单体的电压为 2.3 V，容量为 1 100 F、内阻小于 0.45 mΩ。模块由 6 个超级电容单体组成，可承受 300 A 启动电流。CAP‑XX 首席执行官 Anthony Kongats 表示："我们的汽车超级电容器的能量密度是铅酸电池的 10～100 倍。在室温条件下完成了超过 11 万次的启停循环，而电池仅经过 4.4 万次的启停循环就坏掉了。"

图 7‑17　澳大利亚 CAP‑XX 公司开发的 1 100 F 超级电容单体及模组

单体电压	2.3 V
单体容量	约 1 100 F
单体内阻	约 0.45 mΩ
模块（单体个数）	6 个
模块电压	14 V

表 7‑4　澳大利亚 CAP‑XX 公司开发的 1 100 F 超级电容性能参数

　　　　　　　　　　　　　　　石墨烯超级电容器

模块容量	150 F
模块内阻	4.5 mΩ
启动峰值电流	300 A
模块批量成本	60 美元

7.2.4　其他

　　超级电容除了可以和蓄电池、燃料电池组成储能系统以外,还可以与光伏电池联用,应用于特殊情况。陈慕奇等针对汽车停放在室外时,因阳光暴晒引起的温度升高,进而车内有害气体增多的现象,设计了一套基于光伏电池和超级电容为供电系统的智能空气循环系统,实现了温度超过设定阈值温度时,利用光伏电池和超级电容的供电系统,让连接在汽车外循环的风扇自动运行的预期目标,从而可以排出车内环境中有毒气体。

7.3　工程车辆

　　国外很多工程机械厂商,如斗山、小松、沃尔沃、日立建机、住友机械、卡特彼勒和三菱等都已推出混合动力的工程机械产品,而国内各学院与工程机械厂近年才开始加大对混合动力工程机械的研究,目前已有几家企业推出了若干混合动力的工程机械产品,如柳工 2010 年推出了国内首台混合动力装载机 CLG862‐HYBRID。卞永明等结合推土机混合动力驱动单元实例,建立了超级电容的 MATLAB/Simulink 模型,并对其进行了仿真研究。超级电容放电时电压比较稳定,能够很好地应用于工程机械的混合动力驱动单元装置。选择型号为 HCAP‐HE‐2R7‐508 超级电容 141 只,采用串联方式,其内阻为 15 mΩ,北京合众汇能科技有限公司高能量型超级电容,选型正确。赵峰等针对普通动力电池难以提供机器人所需大电流放电的情况,结合动力电池和超级电容的特性,设计了动力电池和超级电容组成的混合电源。通过机器人模型进行运动学仿真得出使机器人爬上不同角度的坡道所需的最大电流,而以普通动力电池和混合电源的电流输出能力分别能使机器人爬上的最大坡度为 30°和 37°,并通过机器人爬坡试验获得了机器人实际最大爬坡角度,与仿真结果一致。表明混合电源能够提高机器人的越障能力。日本的小松、三菱、丰田,德国的 STILL 等都推出混合动力叉车样机,并有部分实现销售。国内主要有无锡开普、安徽合力推出了混合动力叉车样车。尽管国内外叉车生产厂商在混合动力叉车产品开发上竞相投入。武叶等采用超级电容下同作为叉车的势能回收装置,仿真模拟,采用该方法叉车在稳定工作情况下货物下降的重力势能回收利用率可达 49.8%,超级电容的充放电能量利用率最多可达 89.1%。

邹焕青等在蓄电池电力工程车上采用复合电源(蓄电池 + 超级电容)系统,可以充分发挥蓄电池和超级电容各自的优势,从而显著改善电力工程车的动力性能,提高制动能量回收率,达到节约能源和提高经济效益的目的。其输出功率与持续时间关系曲线见图 7-18。文章结合设定工况,分析了蓄电池电力工程车复合电源的参数,并利用功率约束法,计算出了复合电源系统中超级电容的规模和数量。选用 Maxwell 的BMOD0063P125B14 型超级电容产品。电容容量 C = 63 F,额定电压UW = 125 V,内阻 RES = 0.018 Ω(参数来自产品资料),设定工作范围为

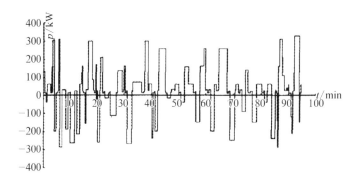

图 7-18 蓄电池电力工程车输出功率与持续时间的关系曲线

石墨烯超级电容器

125～62.5 V。推断出每组串联的超级电容组的数目 $m = UB/UW =$ 5.488,取 $m = 5$,则并联数目 $n = 252/5 = 50.4$,取 $n = 51$,最终得到超级电容的总数为：$m \times n = 51 \times 5 = 255$。认为一旦工程车运行中 0.2% 的坡道占总运行距离 1/3 以上时,存在工程车频繁地大功率牵引输出和制动回馈问题。在这种运行条件下,一方面增加了蓄电池的容量,另一方面频繁的大电流放电对蓄电池的寿命也有损害。因此考虑用复合电源系统代替单一的蓄电池电源,并假定工程车常用速度匀速运行以及辅助系统所需的功率由蓄电池提供,工程车启动、加速额外需要的功率由超级电容组提供。刘志欣等针对现有的两种基于蓄能器和超级电容的复合储能式混合动力装载机,对油电液复合储能式和油电复合储能式混合动力装载机的燃油消耗量和燃油消耗率进行分析：相比较于传统混合动力,两种复合储能混合动力方式油耗更低、经济性更佳。

牛建民等为解决某型车辆低温启动难的老问题,分别采用铅酸蓄电池、超级电容器模块或复合电源单独启动车辆发动机三种典型方案,进行了低温启动试验测试,结果表明：超级电容器模块与铅酸蓄电池组成的复合电源,具有超强快速提升车辆低温启动能力、且启动次数多及工作可靠性高等特点,是一种解决低温环境条件下车辆启动难的新的有效途径(图 7-19)。利用复合电源进行低温启动车辆发动机的成功次数几乎不受限制,工作可靠性大幅度地提高。由于超级电容器模块的高功率特性,

图 7-19　复合电源连续 5 次启动车辆电流电压测试曲线

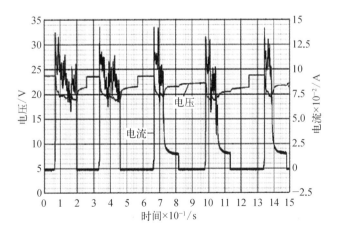

提高了启动冲击电压,所以延长了铅酸蓄电池的使用寿命;同时也找到了解决严寒低温环境条件下车辆启动难的新途径。复合电源技术的首次应用,对车辆严寒低温启动技术的应用和发展起关键性作用。

7.4　船舶

　　对于船舶电力推进系统而言,如何减少燃油消耗、系统维护成本、有害气排放和增加整船的稳定性和可靠性,一直是研究人员研究的重点。这当中 Corvus 公司技术领先其他公司,并开发出了广泛应用的 AT6500储能系统。图 7 - 20 给出了该储能系统应用于近海支援船的系统结构图。其中储能单元公用直流母线,直流母线通过 DC/AC 变换环节与交流母线相连接,完成能量的选择从而降低了系统的复杂性,减少不必要的开支。整个储能系统由多个 AT6500 模块组成锂电池组,能够持续提供大功率输出,为船舶系统集成和设计提供一个更好的储能系统。陈刚等

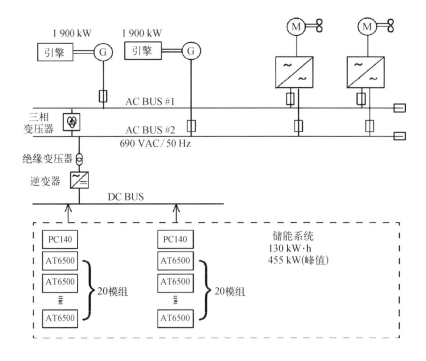

图 7 - 20　含储能单元的近海支援船系统结构图

分别介绍了两种典型的能量储存技术即超级电容技术和锂电池技术,对这两种技术的基本原理和各自的优缺点进行了归纳,给出了应用与实际船舶的实例。结果表明混合储能技术的使用不仅可以平抑船舶电网功率波动,还可以节省燃油减少有害气体的排放。

　　翟性泉等分析了航行横向补给系统的电动机再生发电问题,通过对蓄电池储能、超导线圈储能、飞轮储能和超级电容储能技术特点的对比,选用超级电容储能系统回收和利用再生电能,提出了超级电容储能系统的设计和应用方案,并对基本设计参数进行了计算。航行横向补给物资传送如图 7 - 21 所示,航行横向补给过程中,受到补给船和接收船距离不断变化的影响,补给装置绞车电机在电动和发电两种状态间频繁交互运行。电动机在发电状态下向变频器直流母线反馈大量再生电能,影响电网质量和设备的正常工作。由于超级电容具有功率密度高、充放电功率大、使用寿命长和工作温度范围广的优点,非常适用于电能的快速回收和释放,能够降低系统功率、减小对电网的影响、节约能源,在需要反复进行电能回收和释放的设备中具有较好的应用前景。陈晨等采用能量存储技术,将储能单元(锂电池和超级电容器)引入到船舶电力推进系统中。建立系统功率传输模型,并创新性地把粒子群算法与非线性规划算法相结合对目标函数进行寻优。利用 MATLAB 软件进行建模和实例仿真,结果表明,引入储能单元可以明显地改善船舶电力推进系统的性能,增强电站和电网的稳定性。

图 7 - 21　航行横向补给物资传送示意图

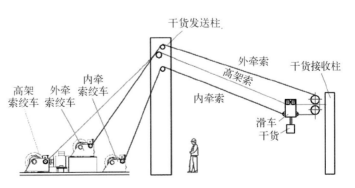

日前,位于嘉定的上海瑞华集团研发的国内首艘 500 t 级电动运输船"瑞华一号"顺利完成首次重载试航。"瑞华一号"和普通游船不同,底舱装了近 10 t 的磷酸铁锂电池,同时搭配了超级电容,充电后航行时间长达 50 h,航运里程达 400～500 km,与传统柴油驱动船舶相比,在每天行驶 100 km 以上的情况下,纯电动船的使用成本可以降低 10% 左右,并实现了零排放。目前,瑞华集团研发的新能源船用电池、超级电容、船载控制器等设备已取得中国船级社的认证。

为在船舶电力系统中引入储能技术以解决由于负载频繁变化带来的问题,黄一民等针对由电池和超级电容组成的混合储能系统进行研究,提出了一种应用于推进系统和脉冲功率负载的新型电池/超级电容混合储能系统。研究表明,新型混合储能系统可以提高船舶电力系统稳定性和可靠性、提高燃油利用率、减少有害气体排放,是船舶电力系统发展的新方向。张欢欢等基于环形舰船中压直流电力系统,增加了锂电池和超级电容混合储能系统,优化了发电系统的效率,研究了发电机启动、负载突变以及脉冲负载过程的能量优化与控制。针对不同工况,实行不同的功率分配方案。仿真结果表明,将混合储能系统应用在舰船上不仅能够快速响应负载、稳定直流母线电压,而且可以使发电机工作在最佳状态,提高了能量利用率。

N. Bennabi 等指出,未来小型船舶建造的目标之一是减少船舶排放,以符合国际海事组织(International Maritime Organization,IMO)关于温室气体和污染物排放现行和将来的规定。首先介绍了船舶对环境影响的背景和相关规章,指出电力推进,特别是混合动力推进系统(Hybrid Propulsion System,HPS)是减少小型船舶环境影响的具有前景的解决方案。小型船舶常常在人口密集区域附近使用,这些区域是减少污染和排放的非常关键的区域。然后提出了几种小型船舶混合动力和电力推进系统,包括综述了对未来船舶建造的挑战,以及描述了可能用于小型船舶的 HPS 拓扑结构。最后介绍了 HPS 的主要特征,并给出了小型电力混合船舶的实例,如图 7‑22 所示。

陈维原等提出了一种基于模型预测控制的燃料电池超级电容混合动

图 7-22 法国 Ar Vag Tredan 超级电容客轮

力船舶的功率跟踪控制策略。在提升了系统的瞬态功率响应能力的同时，实现了对超级电容中能量的滚动储备；在平抑燃料电池系统的端口功率波动的同时，实现了系统的可靠运行。仿真结果表明了所提出的控制策略的有效性，对比不同控制参数的情况，验证了控制器设计的有效性。

聂冬等介绍了现代储能技术基本原理和特点及该技术在电力系统中的应用，着重分析了飞轮储能和超级电容储能技术在舰船消磁系统中的工作原理、实现方式及突出作用。带超级电容储能的消磁电源的组成框图如图 7-23 所示。其工作原理是超级电容模块在脉冲间歇期间通过充供模块的充电器从交流电源吸取能量，在脉冲放电期间为充供模块和直直交换模块提供能量。充供模块和直直交换模块在控制模块的控制下可分时、协调工作，在电站配置容量较小的情况下，满足消磁输出功率的需求。因超级电容体积小，多用于小型消磁电站和消磁船中。据报道，采用

图 7-23 带超级电容储能的消磁电源的组成框图

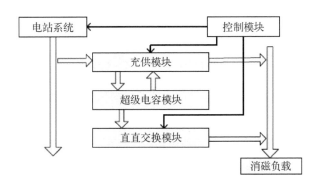

超级电容储能及直通式消磁技术的车载消磁站已研制成功,它既可以依托运载车在码头进行消磁作业,也可由舰船承载在海上进行消磁,机动性和适应性很强。

7.5 重型机械

美国加州早在 20 世纪 90 年代颁布零排放汽车近期规划,普遍认为超级电容汽车满足这一标准。瑞士等国也在超级电容的应用方面做了一些研究,美国的 Maxwell 公司和 Exide 公司正联合开发这种复合电源系统,用于卡车低温启动、中型和重型卡车、陆上和地下的军用车,它在大电流以及高低温条件下工作,都会有很长的寿命。

宋志峰等围绕混合动力地下铲运机的研制,对混合动力地下铲运机驱动系统及控制策略进行研究:通过研究地下铲运机 L 型循环工况,针对地下铲运机联合铲装工况功率需求高的特点,提出了以具有比功率大特点的超级电容器作为储能单元的串联式混合动力驱动系统结构。通过试验调试,使得混合动力驱动系统能够根据不同工况选择不同的工作模式,实现各种工作模式的平滑切换,并有效防止了母线欠压、过压等故障。驱动系统控制策略使得混合动力铲运机不仅具有与传统铲运机相同的动力性,还具有更高的效率和更加智能的应对各种工况的能力。

刘刚等分析了以超级电容和启动发电机(Integrated Starter Generator,ISG)电机组成辅助动力源、电机驱动回转为特征的并联混合动力挖掘机系统;提出了发动机双模式转矩均衡控制策略,以负载工况与超级电容荷电状态(State of Charge,SOC)为决策依据,实现发动机工作点的自适应调节。在特定工作点下,以转矩均衡控制策略替代传统的转速感应控制,系统转速更加稳定。在并联混合动力挖掘机系统中,建立电机驱动回转仿真模型,在一个回转周期内,考察回转制动再生系统的节能效果。仿真结果表明,与普通回转机构相比,具有再生制动系统的并联混合动力挖掘机,在回转过程中可以节能 45%。这对提高挖掘机的使用经济性具有重大意义。

张俊等为了降低挖掘机能耗,提高动力系统的效率,采用了混联式控制策略。由发动机、ISG 电动机组成新的动力源,由超级电容供电的回转电动机取代传统的液压马达,构成了挖掘机的回转系统,并采用了超级电容作为储能元件。结合试验数据分析得出(图 7-24),采用混联式控制策略不仅优化了动力系统的资源配置,回收了制动能量,达到了节能减排的目的,而且实际工作效果达到甚至超过了传统挖掘机。

图 7-24 混合动力挖掘机的混联式动力系统的组成及 ISG 电动机助力、充电时超级电容的参数曲线

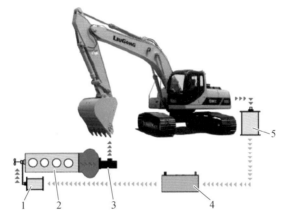

1. ISG电动机;2. 发动机;3. 液压泵;4. 超级电容;5. 回转电动机

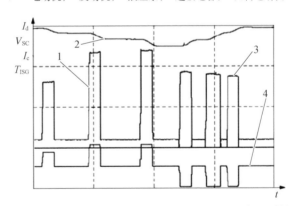

1. 放电电流;2. 超级电容电压;3. 充电电流;4. ISG电动机转矩

港口的装卸生产能耗占港口总能耗比例最大,是影响港口能耗的最重要因素。在这其中又以轮胎式集装箱门式起重机耗能较大,其运行能耗占装卸生产用能总量的 40%～50%。轮胎吊高耗能的生产特性使众多

单位的科研人员对其进行节能研究。在其中轮胎吊应用超级电容与调速节能技术,即应用电力电子手段降低柴油机转速以减少柴油发电机组油耗的技术,是其中的主要手段。超级电容与调速节能技术是通过对轮胎式集装箱门式起重机的柴油发电机组进行调速运行来达到节能减排的目标。该技术根据实测的负载状况实现柴油发电机组的速度调节,同时对运行过程中柴油机运转的富余能量和下放过程中产生的部分能量利用储能超级电容进行缓冲储能,主要是在以下三个方面实现了节能运行:(1)根据负载变化情况进行机组转速调节,保证机组尽量低速节油运行;(2)利用超级电容组作为能量缓冲装置,以及吸收部分下放过程产生的回馈能量;(3)通过超级电容组在提升瞬间的电能供给,大幅减少系统装机容量。陈旭等通过对柴油机、超级电容、起升机构和负载,以及能量管理系统几个关键部分的研究,讨论起升过程中负载所产生扭矩的变化范围,建立了系统机械平衡方程,利用 MATLAB/Simulink 构造相应的仿真系统。对系统的动态性能进行了仿真,对系统直流母线电压的变化进行了初步探讨,并获得了有实用价值的成果。

徐立等采用以超级电容作为储能元件的工程机械环保节能新型混合动力系统,以轮胎起重机为例,利用 Saber 仿真软件作为工具,建立轮胎起重机新型混合动力系统仿真模型,主要包括柴油发电机组模块、超级电容器模块、DC-DC 变换器模块以及异步电机变频调速模块等,通过对混合动力系统中柴油机输出功率谱图与未进行混合动力改造机型实测结果对比,分析起重机一次作业循环过程中的节能潜力,并且进行了混合动力系统中柴油机与超级电容器的功率分配分析、超级电容器的充放电过程的仿真分析(图 7-25),得出新型混合动力系统的节能结果,在理论上论证这种新型混合动力系统的使用价值。

周新民等针对基于超级电容的轮胎式起重机混合动力系统采用恒温器+功率跟随的控制策略,对系统的工作状态划分、工作状态的判断进行了分析,并提出了不同状态下超级电容能量控制方法,以避免超级电容的频繁充放电,延长使用寿命。发动机的启动过程中采用纯储能器供能方

图 7 - 25 柴油机和超级电容输出功率曲线图

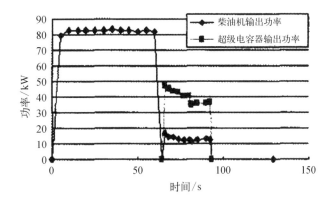

式以提高系统的快速响应。实验结果表明所提出的控制策略是可行的。系统实验还进行了油耗对比试验。以同等型号(250 KN)轮胎式起重机原机型和采用混合动力技术新机型进行比较。原机型采用 138 kW 发动机,新机型采用 90 kW 发动机。新机型相对原机型节省油耗 31.7%。

曹智超等运用零电流谐振式 DC-DC 转换器以及动态均衡电路提高电能回收效率和延长超级电容器的使用寿命。通过试验得出结论,利用超级电容快速存储电能的特性实现电梯的安全运行与节能降耗。同时利用超级电容取代传统应急平层装置的蓄电池,开发了一种全新的应急平层装置,进一步提高了电梯节能的效果。检测结果显示,采用超级电容器节能系统后,电梯在空载运行和满载运行的节电率可达到 31.2% 以上,模拟工况的平均节电率也可达到 20.6%。电压总谐波畸变率基本无变化,电流总谐波畸变率减少 3.4%,一定程度上,避免了电能在回送时因逆变造成的高次谐波对电网造成的冲击,且由于超级电容器节能系统输出的是平滑的直流电并且返回至变频器直流母线上,故不会对电网造成冲击和干扰,也不会出现电表倒转的情况,弥补了能量直接回馈到电网带来的缺点,能更好地改善电网的供电性能。

2016 年 1 月 21 日,中车株洲电力机车有限公司(中车株机公司)发布消息称,由该公司研发的国内第一台石油钻井机超级电容储能系统在中原油田投入应用,这是超级电容储能系统运用在采油领域的一次成功尝试。目前,石油开发由柴油机或电网供电给电机,形成钻机动力采油。而油田一般地处偏远地带,面临供电和发电难的局面。超级电容储能系统投入应用后,可极大降低燃油消耗,减小钻井场电机配备,为企业减排增效。经初步试用估算,运用超级电容储能系统的钻井机每台日均可为企业节省柴油约 500 L。该储能系统通过普通电网、势能回馈和 1 台电机进行补电,当钻井杆上提或其他需要时进行放电。在钻机下钻过程中,可将八成左右的钻井机下落势能转化为电能回馈再利用。据开发人员介绍,该石油钻井机超级电容储能系统经一年时间研发成功,配备有 1 280 只 9 500 F 单体超级电容,是目前在石油机械领域单台设备功率最大的储能系统,功率最大可达 600 kW。近年来,中车株机公司研发了多种型号、不同功率等级的超级电容,这些超级电容每次充电数十秒即可,充电次数达 100 万次,且无污染以及爆炸风险,是物理式储能装置的典型。

7.6 智能电网

超级电容作为新型储能方式,在户用型系统中的优势非常明显,其主要表现为:超级电容器可在额定电压范围内被充电到任意电位,并可完全放出;超级电容的荷电状态(State of Charge,SOC)可与电压构成简单函数;与体积相似的传统电容器相比,超级电容器可存储更多的能量;超级电容可反复传输能量脉冲,且无任何不良影响;超级电容器可反复循环使用几十万次,循环利用率极高。

刘怡然等分析了超级电容在离网型住宅户用供电系统中的应用优势及稳定性,详细探讨其充、放电控制方法(图 7 - 26),为超级电容更加高速、有效地应用于住宅户用小型光伏发电系统提供参考。

在混合储能协调控制方面国内外已经有了一定的成果。(1)提出基于锂电池充放电状态的超级电容状态调整方法的混合储能控制策略,详细讨论了储能元件的过充过放与最大功率限制保护问题;(2)提出综合改进下垂模式减小频率振荡与平抑风电波动功能一体的混合储能技术;

图 7 - 26 简易离网型光伏发电系统

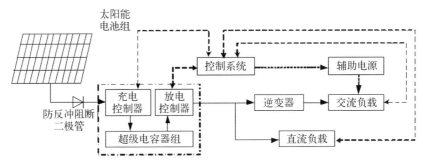

(3) 采用指数平滑法平滑光伏输出,提出以超级电容为充放电主体的混合储能系统能量管理策略;(4) 在储能系统的能量优化方面,提出基于区间削减技术的主动式能量反馈控制,避免了储能系统的过充和过放;(5) 提出了一种基于知识库管理的混合储能控制策略配合风电机组的运行,提高了混合储能利用效率;(6) 以平抑可再生能源功率波动为目标,采用模糊控制理论将目标外功率在超级电容与锂电池之间进行分配,减少蓄电池的充放电次数,避免储能介质出现荷电状态越限现象,优化了混合储能系统的运行。锂电池之间进行分配,减少蓄电池的充放电次数,避免储能介质出现荷电状态越限现象,优化了混合储能系统的运行。毕锐等采用超级电容、蓄电池和柴油发电机组成多元互补系统协调分享差额功率。根据机组的不同特性,提出按优先级设计的双层能量管理协调策略,提升多元系统的整体性能;通过爬坡限制控制,设计基于当前超级电容荷电状态与差额功率实时波动程度的功率分配法;规范了蓄电池的出力,减少其承担频繁功率波动,同时可以确保超级电容能量优先级;柴油发电机根据蓄电池荷电状态配合协助蓄电池的运行,保证储能系统能量充足。算例结果表明,所述策略具有较好的优势,分配算法实时快速,便于实现工程应用。

2014 年 9 月 26 日,全国首个兆瓦级离网型微网示范工程——南麂岛微网示范工程正式投运。该工程是含多种分布式新能源的独立海岛微电网系统,以孤网方式运行。工程包括风力发电系统 1 000 kW(年上网电量约 250.5 万千瓦时),光伏发电系统 660 kWP(年发电量约 66 万千瓦时),

柴油机发电系统 1 700 kW,储能系统由磷酸铁锂电池组(2 MW×2 h)和超级电容(1 MW×15 s)组成。容量 1 660 kW 的分布式新能源发电能够有效满足岛上通常用电需求,同时储能系统在用电低谷期存储多余电能,并在高峰期向电网供电,尽可能减少柴油发电机运行时间。

参考文献

［1］ 张立哲,闫鹏飞,黄宝亮.沈阳浑南新区 70%低地板有轨电车概述[J].电力机车与城轨车辆,2016,39(3):8-12.

［2］ 曾桂珍,曾润忠.沈阳浑南现代有轨电车超级电容器储能装置的设计及验证[J].城市轨道交通研究,2016,19(5):74-77.

［3］ 杨颖,彭钧敏.城市轨道交通车辆车载储能器件选型研究[J].电力机车与城轨车辆,2017,40(1):1-6.

［4］ 刘友梅.储能式轻轨车——通向节能、环保和智能化[J].城市轨道交通研究,2012,15(10):6.

［5］ 索建国,邓谊柏,杨颖,等.储能式现代有轨电车概述[J].电力机车与城轨车辆,2015,38(4):1-6.

［6］ 聂文斌,张宇,柳晓峰.武汉大汉阳地区 100%低地板储能式现代有轨电车[J].电力机车与城轨车辆,2017,40(2):48-52.

［7］ 金雪丰,陈裕楠.有轨电车充电装置快速储能优化设计研究[J].计算机仿真,2017,34(5):151-155.

［8］ 高义洋.武汉光谷现代有轨电车无接触网供电方式分析[J].冶金丛刊,2017(2):135-136.

［9］ 周小华,路静,王敏.武汉光谷现代有轨电车与其他交通方式的一体化衔接[J].都市快轨交通,2016(5):116-119.

［10］ 路静.现代有轨电车规划及设计要点研究——以武汉东湖国家自主创新示范区有轨电车示范线为例[J].交通与运输(学术版),2016(1):152-157.

［11］ 陈维荣,卜庆元,刘志祥,等.燃料电池混合动力有轨电车动力系统设计[J].西南交通大学学报,2016,51(3):430-436.

［12］ 陈维荣,张国瑞,孟翔,等.燃料电池混合动力有轨电车动力性分析与设计[J].西南交通大学学报,2017,52(1):1-8.

［13］ 杨颖,陈中杰.储能式电力牵引轻轨交通的研发[J].电力机车与城轨车辆,2012,35(5):5-10.

［14］ 张慧妍,韦统振,齐智平.超级电容器储能装置研究[J].电网技术,2006,30(8):92-96.

[15] 曹成琦,王欣,秦斌,等.车载超级电容储能系统和逆变回馈系统协调控制[J].新型工业化,2016,6(10):10-14.

[16] 许爱国.城市轨道交通再生制动能量利用技术研究[D].南京:南京航空航天大学,2009.

[17] Hase S，Konishi T，Okui A，et al. Fundamental study on energy storage system for DC electric railway system[C]//Proceedings of the Power Conversion Conference-Osaka 2002（Cat. No. 02TH8579）. IEEE，2002，3：1456-1459.

[18] Steiner M，Scholten J. Energy storage on board of railway vehicles[C]//2005 European Conference on Power Electronics and Applications. IEEE，2007：1-10.

[19] 赵亮,刘炜,李群湛.城市轨道交通超级电容储能系统的 EMR 建模与仿真[J].电源技术,2016,40(1):124-127.

[20] Rufer A. Energy storage for railway systems，energy recovery and vehicle autonomy in Europe[C]// Power Electronics Conference. IEEE，2010：3124-3127.

[21] 马丽洁,廖文江,高宗余.城轨列车车载超级电容储能控制策略研究[J].电工技术学报,2015(s1):63-68.

[22] 胡敏,黄嘉烨,王婷.锂离子超级电容器在轨交能量回收系统中的应用[J].电器与能效管理技术,2016(14):85-91.

[23] 付亚娥,李玉梅,张彦林,等.超级电容用于地铁应急牵引的研究[J].电力机车与城轨车辆,2015(2):5-7.

[24] 王雁飞,王成涛,荀玉涛.浅析国内混合动力动车组的发展[J].轨道交通装备与技术,2016(4):1-3.

[25] 尹华.混合动力动车组需求分析及关键技术研究[J].山东工业技术,2014(24).

[26] 韩尚文,李胜.基于油电混合技术的新型混合动力动车组[J].中国铁路,2015(10):36-38.

[27] 何安清,王建荣,欧阳国龙.采用超快充技术的储能式现代电车[J].电力机车与城轨车辆,2015,38(4):33-35.

[28] 吴憩棠.第三代高能量超级电容城市客车在 26 路上示范运营[J].汽车与配件,2013(32):19-21.

[29] 陈鸣.世博科技——超级电容客车[J].城市公用事业,2010,24(05):40-45.

[30] Kamiev K，Montonen J，Ragavendra M P，et al. Design principles of permanent magnet synchronous machines for parallel hybrid or traction applications[J]. IEEE Transactions on Industrial Electronics，2012，60(11)：4881-4890.

[31] Baronti F，Fantechi G，Roncella R，et al. High-efficiency digitally controlled charge equalizer for series-connected cells based on switching

converter and super-capacitor［J］. IEEE Transactions on Industrial Informatics，2012，9(2)：1139‐1147.

［32］ 陈浩然.超级电容对混合动力汽车蓄电池的寿命优化［J］.农业装备与车辆工程,2008(8)：17‐21.

［33］ Pawar D K，Shaikh J S，Pawar B S，et al. Synthesis of hydrophilic nickel zinc ferrite thin films by chemical route for supercapacitor application［J］. Journal of Porous Materials，2012，19(5)：649‐655.

［34］ 龚海华,郭金坤,邬大为.超级电容剩余容量估计研究［J］.电源技术,2015, 39(10)：2137‐2140.

［35］ 张玉龙,王银山,贾同国.超级电容在混合动力汽车中的应用发展［J］.长春工程学院学报(自然科学版),2012,13(1)：53‐56.

［36］ 高建平,赵金宝,葛坚,等.插电式混合动力汽车车载复合电源功率分配策略研究［J］.图学学报,2015,36(4)：603‐608.

［37］ 许广举,李铭迪,陈庆樟,等.怠速起停控制模式重型气电混合动力客车的能耗与排放特征［J］.汽车工程,2016,38(7)：805‐808.

［38］ 黄兴华,宁海强,许广举.发动机怠速起停试验系统设计［J］.机电工程技术, 2016,45(5)：34‐37.

［39］ 尚晓丽,黄镔,吴贤章.起停电池国内外技术发展现状［J］.蓄电池,2016,53 (1)：45‐50.

［40］ 阮先轸.乘用车双电池系统方案浅析［J］.科技视界,2016(27)：17‐19.

［41］ Moody M. CAP‐XX 停车起步超级电容模块——延长电池使用寿命 支持更小容量电池［J］.重型汽车,2012(1)：23.

［42］ 李璘,罗冰,王军,等.混合动力装载机电控系统的设计［J］.建筑机械：上半月,2015(4)：103‐105.

［43］ 邹乃威,章二平,韩平,等.混合动力装载机节能途径分析及结构方案探讨 ［J］.工程机械,2012,43(12)：43‐51.

［44］ 卞永明,赵芳伟,吴昊,等.超级电容在工程机械中的应用研究［J］.中国工程机械学报,2011,9(4)：443‐447.

［45］ 赵峰.煤矿环境探测机器人混合动力电源研究［J］.煤矿机械,2011,32(12)： 60‐62.

［46］ 龚俊,何清华,张大庆,等.混合动力叉车节能效果评价及能量回收系统试验 ［J］.吉林大学学报(工学版),2014(1)：29‐34.

［47］ 武叶,高有山,师艳平,等.叉车举升系统能量回收利用研究［J］.液压气动与密封,2016(3)：1‐4.

［48］ 邹焕青,蓝正升.超级电容应用于蓄电池电力工程车的理论研究［J］.电力机车与城轨车辆,2011,34(4)：28‐31.

［49］ 刘志欣,林慕义,陈勇,等.复合储能方式对混合动力工程车辆燃油经济性的影响［J］.机床与液压,2017,45(22)：53‐57.

［50］ 牛建民,薛海,刘学霖,等.复合电源低温起动应用研究［J］.车辆与动力技术,2012(3)：47‐50.

石墨烯超级电容器

第 8 章

石墨烯超级电容器
专利分析

8.1 前言

从 2004 年首次被发现以来,石墨烯材料便以其特殊的纳米片层结构以及优异的物理化学性能,不仅在理论科学上受到了广泛关注,并且在储能、电子、光学、生物医学、催化和传感器等诸多领域展现出巨大的应用潜能,引起了企业院校的高度关注。近十年来,全球科研力量和科研经费在石墨烯产业的投入呈现高速增长态势,该产业已成为一个活跃的新兴热点领域。

超级电容是储能领域蓬勃发展十年来最为活跃的储能器件之一,基于其高功率、长寿命、宽温区、免维护等特点,在轨道交通、绿色节能、工程机械、公交大巴、军工重装等方面得到了广泛应用。随着石墨烯材料在超级电容领域的深入研究,超级电容性能达到了新的技术水平。与此同时,各大研究机构也十分重视知识产权保护,近 10 年来,该领域的专利申请在全球范围内呈现出高速增长态势。

基于以上原因,本章节重点从全球石墨烯超级电容技术研发背景出发,通过文献资料调研和专家咨询,利用 DII 等权威专利数据库,采用由浅到深的分析思路对石墨烯超级电容专利的整体发展态势、专利布局和国内国际专利申请情况进行了分析,以体现石墨烯超级电容技术的专利保护现状和发展趋势。

本节的主要研究内容包括:(1)石墨烯超级电容领域的国际专利整体态势;(2)石墨烯超级电容领域涉及的技术方向;(3)全球主要国家与地区石墨烯超级电容专利申请情况;(4)我国石墨烯超级电容专利申请情况及优劣势。

检索中,中文数据库选择 CNABS,外文数据库选择 VEN。采用以关键词为主、分类号为辅的检索方式。检索关键词包括:石墨烯、超级电容器、电极材料、graphene + 、supercapacitor + 、ultracapacitor + 。

8.2   石墨烯超级电容器专利整体态势分析

自 2004 年英国曼彻斯特大学物理学家发现石墨烯的分离制备方法,石墨烯在超级电容器中的应用也逐渐开始迅速发展,全球石墨烯专利年申请数量快速增长,处于逐年上升趋势。2016 年全球石墨烯专利年申请数量达到最高值——15 539 件,2017 年数据由于部分专利未公开导致数量少于实际申请数(图 8‑1)。而石墨烯各主要应用领域——储能、复合材料、电子信息、医疗健康、传感器、介质处理等方面的专利申请数量也处于逐年上升阶段。

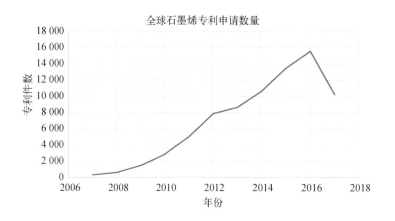

全球石墨烯专利申请数量

图 8‑1   全球石墨烯专利年申请数量趋势图

8.2.1   全球专利申请态势

如表 8‑1、图 8‑2 所示,无论是全球还是中国,石墨烯超级电容器领域专利申请数都处于快速增长阶段,可以判断的是,该领域的专利申请数量还将呈现继续上升趋势。同时从专利申请数量,可以看到中国对该领域的研究稍晚于其他发达国家和地区。但中国追赶势头迅猛,从 2011 年起就占全球总量的 50%以上,到 2016 年已占全球总量的 77.5%。

石墨烯超级电容器

年　份	全球申请专利数	中国申请专利数
2007	13	1
2008	23	2
2009	33	9
2010	102	38
2011	146	78
2012	234	159
2013	273	175
2014	347	233
2015	423	291
2016	472	366
2017	310	257
总数	2 376	1 609

图 8-2　全球与中国石墨烯超级电容器专利年申请数量趋势图

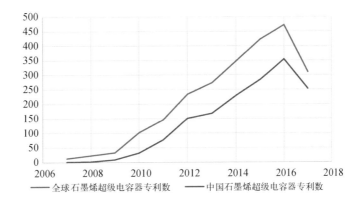

——全球石墨烯超级电容器专利数　——中国石墨烯超级电容器专利数

8.2.2　国家和地区分析

在国际市场布局上,中国主要关注于本土专利布局,申请比例达 90% 左右,此外在美国、日本、世界知识产权组织(WIPO)、欧洲专利局(EPO)也有少量申请。相比之下,美国、韩国除本土申请外,均在该领域的各主要技术市场进行了大量海外布局,如中国、日本、加拿大等地区,竞争较为激烈。

从表 8-2 可以看到,无论是石墨烯还是石墨烯超级电容器领域中国专利申请数量均占全球主要国家和地区总量的一半以上。其中,石墨烯超级电容器领域专利申请数较多的国家和地区排序为：中国、美国、韩国、WIPO、日本、EPO、德国、法国、俄罗斯，基本与国家在石墨烯领域研发力量的投入相匹配。

国家或机构	石墨烯专利申请数	石墨烯-超级电容器专利申请数
中国	39 783	1 609
美国	13 222	411
韩国	7 590	147
世界知识产权组织	5 802	114
日本	3 983	24
欧洲专利局	2 381	33
德国	570	14
法国	296	2
俄罗斯	215	8
总数	73 842	2 362

表 8-2 不同国家或机构累积石墨烯专利和石墨烯超级电容器专利申请数

8.2.3 技术布局

本部分内容基于中国石墨烯领域专利查询结果为基础进行分析。

从储能领域来看，石墨烯方面的专利申请总计 6 893 件，主要集中在锂离子电池、太阳能、超级电容器、燃料电池、钠离子电池、固态电解质等领域，其中申请量较多的主要有锂离子电池（专利申请量 2 336 件，占总申请量的 33.9%）；第三位为超级电容器（专利申请量 1 609 件，占总申请量的 23.34%），具体分布如图 8-3 所示。

将石墨烯超级电容专利具体分类，可以看出石墨烯在超级电容器领域的应用专利（表 8-3，图 8-4）采用关键词分类方式，主要有氧化石墨烯、石墨烯/活性炭复合材料、石墨烯/碳纳米管复合材料、石墨烯/导电高分子复合材料、石墨烯/金属氧化物复合材料以及多孔石墨烯等方面。占比最大的为氧化石墨烯方向（30%），主要因为氧化石墨烯是合成超级电容用多孔石墨烯、石墨烯复合材料的重要前驱体。其他领域的专利申请数量排序标

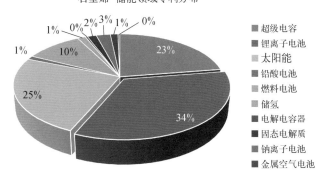

图 8-3 石墨烯-储能领域专利分布图

石墨烯-储能领域专利分布

- 超级电容
- 锂离子电池
- 太阳能
- 铅酸电池
- 燃料电池
- 储氢
- 电解电容器
- 固态电解质
- 钠离子电池
- 金属空气电池

志着目前研究及产业化相关领域在石墨烯-超级电容中的关注热点情况,如目前对于石墨烯/碳纳米管或石墨烯/活性炭研究较多,这两个方面也是目前已实现部分产业化或者即将产业化的方向。此外,从纯多孔石墨烯-超级电容专利数来看,目前采用纯石墨烯作为单一超级电容储能材料在电极、器件制备领域的前景不容乐观,相关科研机构更多地将石墨烯作为复合材料中重要的组成部分而不是单一活性物质。

表 8-3 石墨烯超级电容器领域分类专利申请数

重 要 领 域	专利申请件数
氧化石墨烯	465
石墨烯/碳纳米管复合材料	398
石墨烯/活性炭复合材料	313
石墨烯/金属氧化物复合材料	172
多孔石墨烯	82
石墨烯/导电高分子复合材料	18
其他	112

图 8-4 石墨烯超级电容器领域分类专利分布图

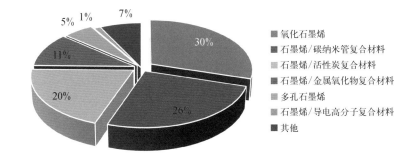

- 氧化石墨烯
- 石墨烯/碳纳米管复合材料
- 石墨烯/活性炭复合材料
- 石墨烯/金属氧化物复合材料
- 多孔石墨烯
- 石墨烯/导电高分子复合材料
- 其他

高校科研机构与企业科研机构对于石墨烯超级电容器研发关注点与侧重点有所差别,高校科研机构往往比较关注材料的研发及专利布局,特别是氧化石墨烯、石墨烯/金属化合物复合、石墨烯/导电高分子复合等可能成为未来石墨烯超级电容产业化方向的领域,而企业科研机构往往关注石墨烯/碳纳米管复合材料、石墨烯/活性炭复合材料、石墨烯超级电容制备工艺等更贴近目前产业化实际应用方面。此外,国际专利分类(International Patent Classification,IPC)是国际通用的专利技术分类方法,蕴含丰富的有价值的专利技术信息。通过对石墨烯超级电容器专利的 IPC 进行统计分析,可以准确地定位该领域涉及的主要技术主题和研发重点。表 8 - 4 列出了石墨烯超级电容器专利申请量排名前 10 个 IPC 分类号(大组)。

表 8 - 4　石墨烯超级电容器专利技术 IPC 分类情况

序次	IPC 大组	分类号含义	技术内容
1	H01G - 0011	混合电容器,即具有不同正极和负极的电容器;双电层(EDLC)电容器;其制造方法或其零部件的制造方法	电容器及其制造
2	C01B - 0031	碳及其化合物	电极材料
3	H01G - 0009	电解电容器、整流器、检波器、开关器件、光敏器件或热敏器件;其制造方法	电容器及其制造
4	H01M - 0004	电极	电极
5	B82Y - 0030	用于材料和表面科学的纳米技术,例如:纳米复合材料	电极、电极材料
6	B82Y - 0040	纳米结构的制造或处理	电极、电极材料
7	H01M - 0010	二次电池及其制造	电容器及其制造
8	H01B - 0001	按导电材料特性区分的导体或导电物体;用作导体的材料选择	电容器结构设计
9	C08K - 0003	使用无机配料	电极材料
10	H01L - 0051	使用有机材料作有源部分或使用有机材料与其他材料的组合作有源部分的固态器件;专门适用于制造或处理这些器件或其部件的工艺方法或设备	电极材料

8.2.4　专利技术生命周期分析

一种技术的生命周期通常由投入(萌芽)、成长(发展)、成熟(稳定)、衰退(瓶颈)四个阶段构成(表8-5)。通过分析一种技术的专利申请数量及专利申请人数量的年度变化趋势,可以分析该技术处于生命周期的何种阶段,进而可为投入、研发、生产等提供决策参考。

表8-5 技术生命周期主要阶段解析

阶　　段	阶段名称	代　表　意　义
第一阶段	前期投入	开始有科研资金和科研力量投入,专利申请数量与专利权人数量都很少
第二阶段	技术成长	产业技术有了一定突破或厂商对于市场价值有了认知,竞相投入发展,专利申请数量与专利权人数量呈现快速上升
第三阶段	技术成熟	厂商投资于研发的资源不再扩张,且其他厂商进入此市场意愿低,专利申请数量与专利权人数量逐渐减缓或趋于平稳
第四阶段	技术瓶颈	相关产业已过于成熟,或产业技术研发遇到瓶颈难以有新的突破,专利申请数量与专利权人数量呈现负增长

　　基于石墨烯超级电容相关专利的历年申请数量和机构申请人数量,绘出了石墨烯相关专利技术的发展进程(图8-5)。结合文献调研,可以认为:2009年之前为石墨烯超级电容器相关专利技术的萌芽阶段;2010年之后石墨烯超级电容相关专利技术开始进入快速成长阶段,且到2016年为止增长速率持续保持在29.09%以上。因此,该领域目前正处于产业发展的初期成长阶段,是开展产业布局的战略机遇期。

图8-5 石墨烯超级电容器技术发展阶段图

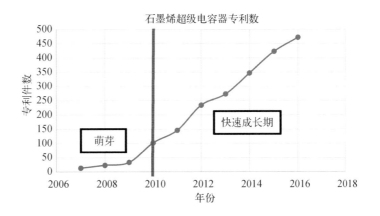

　　此外,从新增发明人情况可以看出,自2009年开始每年都有大量的新增发明人进入石墨烯超级电容器相关技术领域。这也说明该领域相关

技术正处于技术成长阶段,全球相关技术研发投入在快速增长,推动石墨烯超级电容器应用不断深化。可以预测,在未来几年中,全球石墨烯超级电容器专利申请数量将会处于继续稳定增长态势。

8.3 全球主要国家及地区专利申请量分析

从石墨烯超级电容全球专利申请分布图(图8-6)来看,占比最大的是中国,占这一领域申请的68%,由此可见中国在石墨烯超级电容领域占有绝对优势;其次是美国,而韩国、WIPO及其他国家对石墨烯基超级电容器这一领域的研究力量投入尚不多,研发实力较薄弱。

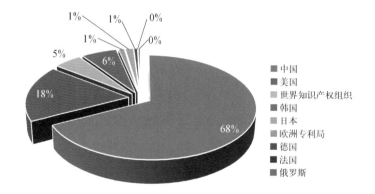

图8-6 不同国家及组织石墨烯超级电容器专利申请分布图

从国际专利该领域重要申请人及相关信息进行分析(表8-6),可以看到主要申请人集中在美国、韩国、德国、中国、新加坡等国家,该结果也符合各国专利申请总量排序。然而从中国在其他国家申请专利情况来看,虽然中国占据全球石墨烯专利申请总量的68%,但中国在其他国家和地区的专利布局较为落后。仅海洋王照明科技股份有限公司以15件专利申请排名第四,但该公司主营业务为LED强光防爆手电筒、防爆灯、平台灯、通路灯、棚顶灯、投光灯、应急工作灯等照明灯具,与石墨烯超级电容器行业相差较远。因此可以从侧面反映出,中国各科研机构及相关科研人员,还需要在国际布局中进一步加强自己的专利申请及布局安排。

排名	国　　外	数量	国　家
1	NANOTEK INSTRUMENTS INC	56	美　国
2	THE REGENTS OF THE UNIVERSITY OF CALIFORNIA	18	美　国
3	BASF SE	17	德　国
4	OCEAN'S KING LIGHTING SCIENCE TECHNOLOGY CO LTD	15	中　国
5	SAMSUNG ELECTRONICS CO LTD	14	韩　国
6	BOARD OF REGENTS THE UNIVERSITY OF TEXAS SYSTEM	13	美　国
7	KOREA INSTITUTE OF ENERGY RESEARCH	13	韩　国
8	ROBERT BOSCH GMBH	13	德　国
9	NATIONAL UNIVERSITY OF SINGAPORE	11	新加坡
10	RUOFF RODNEY S	10	美国(个人)
11	KOREA ADVANCED INSTITUTE OF SCIENCE AND TECHNOLOGY	9	韩　国
12	WILLIAM MARSH RICE UNIVERSITY	8	美　国

将排名第一的 NANOTEK INSTRUMENTS INC(美国)公司在石墨烯超级电容领域的研发进行分析,可以看到该公司于 1997 年成立,核心业务是将尖端纳米技术应用于储能器件——超级电容、燃料电池、下一代电池中。对其中主要专利阅读后,可以看到其专利布局主要在石墨烯电极、石墨烯电极工艺、石墨烯超级电容单体应用、石墨烯材料等领域,重要专利列表及布局领域如表 8-7 所示。

专利内容	专　利　名　称
电极	Supercapacitor electrode having highly oriented and closely packed graphene sheets and production process
电极	Supercapacitor having an integral 3d graphene-carbon hybrid foam-based electrode
电极	Production of graphene-based supercapacitor electrode from coke or coal using direct ultrasonication
电极	Supercritical fluid production of graphene-based supercapacitor electrode from coke or coal using direct ultrasonication
工艺	Process for producing graphene oxide-bonded metal foil thin film current collector for a battery or supercapacitor

专利内容	专　利　名　称
单体	Graphene oxide-bonded metal foil thin film current collector and battery and supercapacitor containing same
单体	Supercapacitor having a high volumetric energy density
电极	Flexible asymmetric electrochemical cells using nano-graphene platelet as an electrode material
电极	Nano-scaled graphene plate nanocomposites for supercapacitor electrodes
电极	Process for producing nano-scaled graphene platelet nanocomposite electrodes for supercapacitors
电极	Spacer-modified nano graphene electrodes for supercapacitors
材料	Mass production of pristine nano graphene materials
工艺	Process for producing dispersible nano graphene platelets from oxidized graphite
工艺	Process for producing dispersible and conductive nano graphene platelets from non-oxidized graphitic materials

8.4　中国专利申请分析

8.4.1　中国专利发展趋势及专利类型分析

研究近十年石墨烯超级电容器国内专利申请发展趋势(图 8 - 7)以及各专利类型(表 8 - 8)分析,可以看到从 2010 年以后专利申请数进入快速

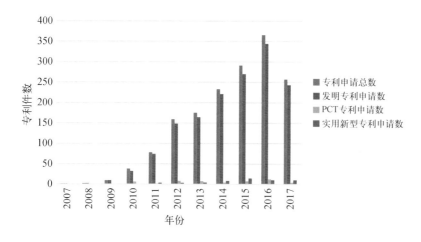

图 8 - 7　不同专利类型年申请数趋势图

　　　　　　　　　　　　　　　　　　　石墨烯超级电容器

增长阶段，并于 2016 年达到顶峰（366 件），但 2017 年数量的减少可能是由于部分专利仍未公开。从 2010—2016 年的专利增长数据来看，年复合增长率达到 45.86%。

表 8-8　中国石墨烯超级电容器不同类型专利申请情况汇总

年份	申请总数	发明专利	PCT 专利	实用新型
2007	1	1	0	0
2008	2	2	0	0
2009	9	9	0	0
2010	38	32	6	0
2011	78	74	1	3
2012	159	148	8	3
2013	175	164	7	4
2014	233	221	4	8
2015	291	270	7	14
2016	366	344	12	10
2017	257	243	4	10
总数	1 609	1 508	49	52

从不同专利类型分布（图 8-8）来看，石墨烯超级电容领域申请专利中发明专利占绝大多数（93.7%），实用新型只占 3.23%，另外 3.05% 为 PCT 专利。国内申请 PCT 专利数偏少，主要原因为：(1) 国内科研机构和企业在国际专利保护领域意识不强；(2) 部分 PCT 专利申请还未公开。从专利类型占比可以看出，本领域主要为技术含量高、创新性强、发明点集中的领域，多为首创性的方法及产品，且发明专利保护期限更长。

图 8-8　不同专利类型分布饼图

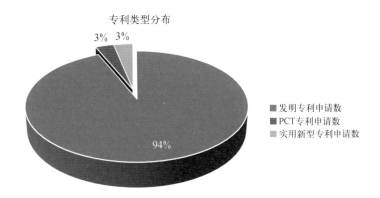

专利类型分布

3%　3%

94%

■ 发明专利申请数
■ PCT专利申请数
■ 实用新型专利申请数

8.4.2 重点申请人分析

从申请人排序统计(表8-9)可以看出石墨烯在超级电容器领域的应用专利重要申请人主要集中于高校(占据申请数排序前列的一半数量);其次是中科院,包括中科院宁波材料技术与工程研究所、国家纳米科学中心、大连化学物理研究所等;企业中排名前五中有两家为超级电容器制造厂家,占据国内超级电容市场份额较大。此外,可以看到的是国外申请人在中国申请的专利数量非常少,排序靠前的申请人中无境外研究机构或者个人。表8-10将对高校、企业、中科院重点专利申请人所申请的发明专利技术方案做详细分析。

高 校	数量	企 业	数量
浙江大学	32	中国第一汽车股份有限公司	20
哈尔滨工业大学	31	安徽江威精密制造有限公司	17
东华大学	28	宁波中车新能源科技有限公司	14
复旦大学	27	上海奥威科技开发有限公司	13
上海大学	17	南京新月材料科技有限公司	11
山东理工大学	17	中 科 院	数量
上海交通大学	16	中国科学院宁波材料技术与工程研究所	16
广东工业大学	16	国家纳米科学中心	16
天津大学	15	中国科学院大连化学物理研究所	15
清华大学	15	中国科学院电工研究所	14
东南大学	14	中国科学院福建物质结构研究所	14
同济大学	14	中国科学院苏州纳米技术与纳米仿生研究所	14
江苏大学	14	中国科学院上海硅酸盐研究所	12

表8-9 高校、企业、中科院石墨烯超级电容器专利主要申请人

机 构 名 称	专利数量	技 术 方 案
		大 学
浙江大学	32	石墨烯(9)、石墨烯/碳材料复合(5)、石墨烯/导电高分子(5)、石墨烯/金属化合物(7)、电容器制作设备(6)
哈尔滨工业大学	31	石墨烯(4)、多孔石墨烯(5)、石墨烯/导电高分子(10)、集流体(3)、石墨烯/金属化合物(6)、石墨烯/导电高分子/金属化合物(3)

表8-10 石墨烯超级电容器重点申请人相关技术方案分析

机 构 名 称	专利数量	技 术 方 案
东华大学	28	石墨烯(6)、石墨烯/导电高分子(8)、石墨烯/金属化合物(9)、石墨烯/碳材料复合(5)
上海大学	17	石墨烯(3)、石墨烯/碳材料复合(5)、石墨烯/金属化合物(9)
上海交通大学	16	石墨烯(4)、石墨烯/导电高分子(7)、石墨烯/金属化合物(5)
天津大学	15	石墨烯(3)、石墨烯/金属化合物(5)、石墨烯/导电高分子(7)
企　业		
中国第一汽车股份有限公司	20	石墨烯(4)、石墨烯/金属化合物(7)、电容器材料(5)、石墨烯/导电高分子(4)
安徽江威精密制造有限公司	17	石墨烯/导电高分子(9)、石墨烯/金属化合物(8)
宁波中车新能源科技有限公司	14	多孔石墨烯(4)、电容器制作(1)、石墨烯/碳材料复合(4)、石墨烯/金属化合物(5)
中科院		
中科院宁波材料技术与工程研究所	16	石墨烯(5)、石墨烯/碳材料复合(1)、多孔石墨烯(8)、石墨烯/导电高分子(1)、掺杂石墨烯(1)
国家纳米科学中心	16	石墨烯/碳材料复合(10)、石墨烯/金属化合物(6)
中科院苏州纳米技术与纳米仿生研究所	14	石墨烯/碳材料复合(8)、石墨烯/金属化合物(6)
中科院电工研究所	14	石墨烯(5)、石墨烯/碳材料复合(3)、石墨烯/金属化合物(4)、石墨烯/导电高分子(2)

此外,将国内石墨烯超级电容专利申请排序前 30 位的机构及个人的专利申请数相加,总量为 580 件,占 36.05%。可以推断,国内对于石墨烯超级电容器领域的研究已经有广泛的基础,特别是从 2010 年以后,该领域的新增专利申请人呈现井喷状态。

8.4.3　石墨烯生产的主要企业分析

国内从事石墨烯生产、销售和应用开发的企业主要集中在东部地区,其中江苏省是石墨烯企业聚集程度最高的省份(表 8 - 11)。此外,由石墨烯中国专利申请各省分布状况可以看出,长三角地区在石墨烯相关的专利申请方面优势也很明显。据统计,2008—2017 年无论是专利申请总量还是有效专利数量,长三角地区都位居全国首位。

公 司	城 市	产 品
长三角地区		
宁波墨西科技有限公司	浙江宁波	石墨烯微片及石墨烯浆料
浙江碳谷上希材料科技有限公司	浙江杭州	氧化石墨烯
上海碳源汇谷新材料科技有限公司	上 海	石墨烯产品及其应用
常州第六元素材料科技股份有限公司	江苏常州	氧化石墨(烯)/石墨烯粉体,石墨烯防腐涂料
常州二维碳素科技股份有限公司	江苏常州	大面积石墨烯透明导电薄膜及石墨烯电容式触控模组
常州墨之萃科技有限公司	江苏常州	石墨烯粉体及导电和导热浆料
苏州格瑞丰纳米科技有限公司	江苏苏州	经营氧化石墨烯粉体及浆料、及其应用开发
苏州恒球石墨烯科技有限公司	江苏苏州	经销各类石墨烯粉体浆料和薄膜产品
南京吉仓纳米科技有限公司	江苏南京	CVD石墨烯膜系列
南京先丰纳米材料科技有限公司	江苏南京	进口石墨烯、国产石墨烯、氧化石墨烯、氧化石墨
珠三角地区		
鸿纳(东莞)新材料科技有限公司	广东东莞	石墨烯微片及其应用开发
京津冀地区		
北京莹宇电子科技有限公司	北 京	多孔石墨烯电极材料
天津普兰纳米科技有限公司	天津市	各类石墨烯
唐山建华	唐山市	氧化石墨烯
山 东		
青岛华高墨烯科技股份有限公司	山东青岛	氧化石墨烯、石墨烯量子点、石墨烯分散液、CVD石墨烯、机械剥离法石墨烯、石墨烯导电纤维、石墨烯导电纸、石墨烯功能复合材料、石墨烯聚吡咯复合膜
济南墨希新材料科技有限公司	山东济南	进口石墨烯粉末、石墨烯纳米纤维、石墨矿物涂料、氧化石墨烯、石墨烯薄膜等石墨烯产品
福 建		
厦门凯纳石墨烯技术有限公司	厦 门	石墨烯微片生产研发
厦门烯成新材料科技有限公司	厦 门	石墨烯化学气相沉积系统(G-CVD)
四川 & 重庆		
重庆墨希科技有限公司	重 庆	石墨烯薄膜及应用产品
中国科学院成都有机化学有限公司	四川成都	碳纳米管和各类石墨烯产品及其他
德阳烯碳科技有限公司	四川德阳	石墨烯微片、石墨烯浆料

表8-11 国内涉及超级电容用石墨烯生产的主要企业及相关产品

公　司	城　市	产　品
安　徽		
宣城亨旺新材料	安徽宣城	石墨烯微片
合肥微晶材料科技有限公司	安徽合肥	石墨烯薄膜和石墨烯粉体
山　西		
中科炭纳米科技有限公司	山西太原	热膨胀石墨烯、改性石墨烯、氧化石墨、氧化石墨烯、石墨烯/氧化石墨烯有序薄膜

8.5　小结

从前文多个角度的分析都可以看出,石墨烯超级电容目前是一个非常热门的技术领域,全球各主要国家/地区都对其提供了大量研发资金的支持,促使新技术和新产品不断涌现,上下游相关技术的产业化也开始加速。通过前述分析,可以分析出以下结论。

(1)从全球范围来看,石墨烯超级电容相关技术目前仍处于高速发展阶段,世界各国政府都在大力推动石墨烯的研究和产业化,石墨烯超级电容作为重要应用已经进入开展专利战略布局的关键机遇期。

(2)石墨烯超级电容专利技术近年来的研究热点主要包括石墨烯电极材料、石墨烯/碳材料复合、石墨烯/金属化合物复合、石墨烯/导电高分子复合、石墨烯超级电容制备工艺等领域的应用。

(3)目前,我国是石墨烯超级电容技术领域专利申请量最多的国家,但多数为本土专利申请,国外专利技术布局相对薄弱,近年来虽然也开始重视专利海外申请,但是绝大多数是以美国为目标申请国,专利国际布局缺少整体规划,专利质量总体不高,缺乏基础核心专利;韩国、美国、日本等既重视本土专利申请,也非常重视海外专利布局。

(4)在中国区域的专利主要申请来源排序为高校、中科院、企业,其中高校占比较大。而在美国和韩国,其研发和产业化主体都以企业为主,各企业通过与高校科研院所合作研究实现技术共享,企业既掌握核心技术,又洞悉市场需求,从而可有效推动石墨烯的研发进程、研发成果转化进程和产业化进程。

(5)从中国区域来看,石墨烯超级电容中国专利的申请大部分来自国内,但是,中国专利申请者往往只在国内市场申请保护,在专利布局意识上明显落后于美韩等国。从合作申请专利的情况来看,中国石墨烯超级电容的研发主体为高校和研究机构,研发偏重于基础科学而非实用技术。但产业化主体则是企业,它更强调市场应用。目前高校、科研机构与企业之间缺乏合作沟通,企业和企业之间因为利益竞争,也很难通过合作共同促进石墨烯产业化进程,因此研发主体和产业化主体之间,以及产业化主体之间很难真正合作。中国亟须建立连接研发主体和产业化主体的产业化转换平台,推动石墨烯超级电容研发成果向产业化应用转化。

8.6　建议

从全球和我国专利分析以及目前石墨烯超级电容产业发展现状来看,中国的石墨烯超级电容领域起步稍晚但中国推进速度很快,主要得益于资本的推动和政府的顶层布局。但中国在学术研究相关专利较多,应用领域的专利申请相对较少且多数集中在中低端产品的应用上,缺乏针对高端应用的专利申请和布局。此外,国际专利的申请和布局相对落后,缺乏在其他国家系统的知识产权布局。

目前石墨烯超级电容产业已经到了开展专利布局的关键战略机遇期,需要从国家层面统筹规划。一方面积极引导和扶持石墨烯超级电容产业发展,推动石墨烯材料制备和应用的示范,构建石墨烯超级电容产业链,整体进行专利技术布局;另一方面,加强石墨烯超级电容技术的国际知识产权研究,为我国产业界制定国际专利布局策略提供参考。

参考文献

［1］ 许轶,朱月仙,张娴.基于专利分析的石墨烯超级电容器技术发展趋势研究
［J］.高技术通讯,2017,27(9－10)：864－873.

［2］ 王国华,周旭峰,刘兆平.石墨烯技术专利分析［J］.新材料产业,2013(11)：
37－45.

［3］ 张芳.石墨烯基超级电容器电极材料专利技术综述［J］.科学与财富,2017
(15)：193.

索 引

A

螯合 177,178,243

B

BET 97,121,125,171,217,
221,228,233,269

半导体 5,8,12,14,15,17-
19,51,63,67,102,224,251

倍率性能 25,29,31,111,
119,122-128,133-135,
138,139,143,148-150,
156-159,161,164,166,
169,170,173,178,179,188,
189,198,200,208,218,221,
223,233,240,268-272,
275,281,288

比表面积 7,12,14,23,24,
27,29,30,33-38,42,87,
100,111-115,117,119,

121,124-127,133-136,
142,148-151,153,155-
159,161,165,168-171,
187-189,192,194,197,
199,204,205,207,208,211,
214,215,217,222,228,233,
234,236,237,243,247,252,
262,269,270,279-282,
286-288,291,301

比电容 25-27,86,111-113,
116,117,119,120,122,126,
127,129,130,133,135,136,
139,142,146,148-151,
154-156,158,159,161-
165,167-169,172,174-
176,178,187,189,192-
209,219,234-236,238,
240-242,244,247,249,
250,253,278,279

比功率 30,31,36,283,345,
354

比能量 30,31,35,36,148,

　　　　　　　　　石墨烯超级电容器

电极密度 280,307,308

电解电容器 111,142,323,370

电解质 27,37,86,97,98,100,111,112,114,115,117,119,122 - 127,129,135,136,140,142,144 - 146,151 - 154,159,161,164,169,173 - 176,189,192,204,207,211,221,223,225,229,230,235,239,253,261,268,272,275,277,368

电流密度 26,28,30,36,49,68,69,82 - 86,90,97,99,114,119,120,122,123,126 - 128,130,133,135,138,142,144,146,148,150 - 154,156,157,159,162 - 165,169,171 - 173,176 - 178,189,192,195 - 201,203,206 - 209,217 - 222,224 - 226,228,231,233,235,236,240 - 242,244,247,249 - 253,271,272,274,276,278,280,287,288,290,291

电容保持率 26,120,130,133,135,161,173,189,204,225,226,234,247,249,277

电容电池 284

电压保持能力 320,321

电泳沉积 128,153,167,176,177,242,243,253

电子传输 29 - 31,42,122,217,223,236,273

电子迁移 8

电子迁移率 7,14,41,49,95

动力电源 283,362

动力型超级电容器 301,305,313,314

断裂强度 7

多壁碳纳米管 11,63,100,140,144,145,162,163,165,242

多环芳烃 4

多孔石墨烯 118,125,134,138,146,147,155,159,207,247,253,273 - 275,281,287,290,368,369,376 - 378

E

EDLC 84,98,111,112,128,134,135,226,230,270,324,370

二氧化锰 27,28,192 - 194,242,245,247 - 250

291，293，294，302 - 306，
308，309，326，368 - 370

J

机械剥离法 21，49 - 54，65，
67，93，103，378

机械强度 35，113，130，149，
207，226，241，271，320

吉布斯自由能 129，226

极化 29，37，38，111，265，285

集流体 31，111，114，115，
117，128，131，136，142，160，
161，166，195，200，266，267，
302，304，306，308，376

介孔 121 - 126，128，146，
151，152，159，170，207，214，
217，234，250

金刚石 3，4，7，9，10，56

金属氧化物 15，24，26，27，
51，117，133，187，188，214，
232 - 234，238，262，272，
275，286，290，368，369

晶格振动 10

肼还原 79，80，82，200，205，
221

聚苯胺 27，28，37，86，148，
202 - 207，219，276

聚吡咯 202，203，208，209，

211，378

卷绕式超级电容 301，302，
314，316，319

K

抗拉强度 9

可穿戴 19，145，163，173 -
175

空穴 5，30，229

库仑效率 31，32，101，201，
278

L

拉曼光谱 68 - 70，72，77，86，
94，116，144，151，153，167，
214，215，217，223，225，230，
233

浪涌 320

老化 301，306，313，314，316，
345

冷辊碾压 307

离子插层 85，86

离子交换 85，87，88，282

离子扩散 117，125，126，136，
138，139，146 - 148，156，
269，275

离子液体 86，123，144，153，

84,120,122,130,133,135,
136,138,140,145,149,151,
152,161,171,173,176,178,
179,194 - 200,204 - 206,
208,209,219,224,226,228,
231,233,236,241,263,268,
272,273,288

Y

衍生物 5,85,208,276

赝电容 26,112,185,188,
192,193,200 - 202,205,
209,214,218,219,221,223,
225,226,228,230,231,234,
236,293

杨氏模量 12,49

氧含量 116,225,249

氧化官能团 215

氧化还原法 11,21,22,75,
85,102,103

氧化还原石墨烯 12,51,116

氧化钌 187,188,192,234

氧化镍 100,117,196,197,
234,256

氧化石墨 11,12,20,28,32,
36 - 39,50,61,65,75 - 85,
87,88,97,98,100,102,103,
113 - 116, 118, 121, 124,

129,132,133,138,142,144,
146, 149, 152 - 154, 156,
157,160 - 163, 165 - 167,
170, 171, 173 - 176, 189,
198, 200, 202 - 209, 211,
213,215,221,229,237,239,
240,243,244,247,251,253,
269,277,282,288,290,291,
293,368 - 370,378,379

液相剥离法 21,22,85,89

乙腈 157,315

阴极催化剂 38 - 41,44,45

应急牵引 338,361

硬碳 262,263,265,277,290,
294

有轨电车 330 - 335

有机电解液 26, 129, 149,
155,158,177,268,276,278,
280

预赋锂 262,266 - 268,280

原位自生模板法 98

原子力显微镜 50,53,95,
116,230

Z

载荷子 8

褶皱 7,70,83,97,100,131,
166,215,217,223,269,270,